財務報表分析

FINANCIAL STATEMENT Analysis

修訂二版

盧文隆——著

三民書局

修訂二版序
Preface to the 2nd Edition

　　一場突如其來的病毒風暴，在 2020 年席捲全球，由於這種新型冠狀病毒起源於武漢，也有人稱為武漢病毒。根據報導，在 2019 年 11 月已經發生病毒感染，12 月下旬於武漢的華南海鮮市場出現大量病例。由於中國的隱瞞與世界衛生組織 (WHO) 祕書長譚德賽替中國掩護且不作為，造成 2020 年 2 月全球大爆發。目前（2020 年 6 月 20 日止）全世界已有 856 萬人染疫，且死亡人數破 45.7 萬。

　　隨著病毒的蔓延，「臺灣」這個我們所愛的家園，也因為對疫情能有效防範與控制而聞名全球。關鍵就在於我們有優秀的衛福部門，做好分析後又有果決的執行力，加上全民的支持與配合，將確診人數控制在極低的狀況。

　　例如，超前部署口罩的禁止出口與實名制度，而後嚴格實施邊境防疫控管，採用數位化疾病監控系統，以社區為基礎的合理對策，提供民眾簡明的指導原則與資訊；而且過去每年進行疾病預防控制演習，也讓我們醫療團隊能夠迅速與正確的應付疫情。

　　問題的分析與解決能力是任何管理者都應該具備的。學習「財務報表分析」，可以幫助投資者與管理者了解企業的問題，進一步解決問題。熟習於分析與解決的能力，也可以利用這樣的技巧，來面對我們的人生，幫助我們解決生命中碰到的難題。甚至於幫助我們的親友做分析，提供他們做好決策的判斷。因此「財務報表分析」是值得我們學習的課程。

　　市面上財報分析的書籍琳瑯滿目，選擇一本合適的教科書頗不容易，筆者賣瓜推薦自己這本書，原因有幾點：

1. 減少會計理論的敘述與篇章，直接針對報表分析的重點編纂。
2. 舉上市公司為例，與實務銜接。本次改版也是採用最新年度的報表資訊，堪稱與時俱進。

3.每一章都包含「資訊補給」、「心靈饗宴」與「個案研習」,內容豐富且多元。尤其「心靈饗宴」洗滌讀者心靈,耳目清新,解除煩憂。

4.行文深入淺出,且內文與公式配合各類證照試題,有助於考取證照。

5.彙整筆者的股市投資經驗,包含三篇「股海浮沉」與一篇「股票投資心法」,提供有興趣者參考。第十三章也是與股票投資相關的「技術分析」,教師授課與否可視需要自行調整教學內容。

　　今年夏天異常炎熱,氣溫常常高達 36 度以上,加上新型冠狀病毒的肆虐,戴著口罩尤感悶熱,為了防疫大家也都配合政府的宣導,特別感受到全民共同努力,一致對抗病毒,這樣的國家一定會成長與壯大。推展這樣的觀念,遇到社會與國家問題,全民也能一致對抗那些魑魅魍魎,則社會必然進步,國家就會富強。大家共勉之!

　　　　　　　　　　　　　　　盧文隆　於 109 年 6 月

自　序
Preface

　　學習財務報表分析，目的是什麼呢？只是要拿到學分而已嗎？有抱負的同學，或許立志成為企業經營者，顯然需要瞭解財務報表，更需要分析財務報表，消極的可以避免不肖人員的欺騙，積極的可以診斷企業的症狀，加以解決。

　　或許有些人要像巴菲特一般，成為一個成功的投資家，則對報表的瞭解與分析，就需要有更多的心思與創見，尋找良好的投資標的，幫助自己儲蓄理財，進而投資致富。

　　筆者任教之後，也曾企圖瞭解股市的操作心得，斷斷續續投資幾次，沒有什麼盈虧，也沒有任何心得。直到 87 年累積了比較多的積蓄，就大量的投資股市，當時也是人云亦云，在分散投資之下，都是小賺小賠，後來開始嘗試買高價股後，卻經歷了 90 年代的網路泡沫化，在沒有停損的觀念下，慘賠 200 多萬。沉寂了好幾年，直到 98 年才慢慢翻身。

　　回首反思，古人所言「失敗為成功之母」，誠不欺我，因此我很感謝過去的失敗經驗，也感激上蒼讓我能透過這樣的經驗調整，慢慢獲得成功。我終於獲得了股市某種投資心法，藉著這次出版之際，將這些經驗形諸文字，透過「股海浮沉」（失敗經驗、鹹魚翻身、投資致富？），總計三篇，與大家分享；此外將這些經驗，簡單彙整為「股票投資心法」，希望能夠幫助各位獲得成功。

　　是否閱讀別人成功的投資經驗後，就能轉變成自己的投資心法呢？答案當然不一定，畢竟每個人的個性與心理都不相同。就像《一個投機者的告白》作者安德烈・科斯托蘭尼所說：「證券交易是大眾心理學。」大眾的心理是很難衡量與捉摸的，每個人面對價格變動反應的心理是不太一樣的。

　　學會財報分析，擴大而言，也就學會了分析問題的方法。個人、企業、社會與國家，一定會面對各種問題，小問題當然可以簡單處理，

大問題就必須謹慎以對。面對大問題的解決方法，首先是「狀況判斷」，然後是「問題分析」，接著是「決策分析」，最後是「潛在問題與機會分析」。

以大學生而言，畢業之前就要面臨繼續升學還是選擇就業的問題，繼續升學還要考慮是否出國、學習哪種領域？就業也要考慮住家所在的縣市，或是渡海遠赴他鄉、薪資、待遇、工作內容、公司環境、是否要租屋等等。分析時就應該編製表格將各種要點與狀況羅列清楚，註明優缺點，才能有全面性的考量與判斷，最後做出明智的抉擇。

未來雖然充滿不確定性，若能從小培養穩定健全的人格特質，加上學習有系統的分析方法，必然可以減少不確定的風險，規劃美好的未來。

此版將筆者自己的投資經驗透過幾篇「股海浮沉」與大家分享，卻怕各位陷入功利的迷思，因此除了每章提供的「資訊補給」、與「個案研習」外，另外還有「心靈饗宴」，藉以陶冶身心，恰如本書封面標示的「分析企業 & 闡釋人生」。

蘋果創辦人史蒂夫・賈伯斯 (Steve Jobs)，享年 56 歲，在死前說了一段話:「不斷的追求財富只會讓人變得扭曲……無法帶著生命中贏得的財富離開，我只能帶著愛情中沉澱的記憶，這是跟著你的真正財富，陪伴你，給你力量和光芒繼續下去，愛可以行一千里……」

提升學識，學習專業，除了能夠幫助我們尋找合適的工作、提高待遇外，更重要的是有明辨是非的智慧，進而增進我們人生的美好與幸福，不至於陷入悲慘的生活與煎熬。

投資致富讓生活舒適固然可喜，但是真正的富裕是心靈的滿足與充實，因此希望各位學習專業知識，豐富眼界之餘，也能夠重視心靈的陶冶，並將分析的能力與能量，擴展至「生活、工作與感情」層面，解決所面對的難題，讓自己有快樂美好、精彩豐富的人生。

　　我國舉辦的世大運於 106 年 8 月 19 日開幕，看著中華健兒們為了奪牌努力不懈，真的振奮與激勵人心。所謂「臺上一分鐘，臺下十年功」，奪牌的背後，一定是經過多年訓練而來的。學習任何課程也是一樣，「要艱苦才能卓絕，要百鍊才得精金」，在學生時期能夠潛沉與累積，將來必定能夠有豐碩的成果。

盧文隆　於 107 年 5 月

本書架構
Structure

Chapter 1　財務報表分析概論

Chapter 2　財務報表的基本認識

Chapter 3　基本分析方法

損益、資產與負債	投資、資金與風險
Chapter 4　獲利能力分析	Chapter 7　投資分析
Chapter 5　短期償債能力分析	Chapter 8　資金流量分析
Chapter 6　資本結構與長期償 　　　　　債能力分析	Chapter 9　風險分析與財務危 　　　　　機預測

總體性評價

Chapter 10　證券的評價與風險

Chapter 11　企業評價

特殊分析

Chapter 12　毛利分析與兩平
　　　　　分析

股票投資

Chapter 13　技術分析

各章專欄一覽表
List of Columns

章	資訊補給	心靈饗宴	個案研習
1	經營管理——由分析做起	理性與感性	樂在其中
2	不要忽視財務報表	人生資產負債表	尊嚴無損
3	對症下藥	以人為本	聰明的判斷
4	追求毛利	寂寞情懷	毛利率的迷思
5	股海浮沉一（失敗經驗）	孤單日記	流動比率的操弄
6	睡眠債	生活債本比	淨值與水餃
7	股海浮沉二（鹹魚翻身）	人生本益比	七倍本益比
8	水壩經營法	活在當下	失控的資金流量
9	股海浮沉三（投資致富？）	花蓮新城之夜	投機與風險
10	股票投資心法	六十石山	高收益 VS 垃圾債券
11	匯率變動對價值的影響	追求價值	雙 D 產業
12	利潤原則	人生均衡點	毛利分析的白日夢
13	財務重點專區	弈	完美指標

目　次
Contents $

Chapter 1

財務報表分析概論

Introduction of Financial Statement Analysis

沒學過會計的人，覺得會計是難解的密碼，而報表有如天書般難懂，於是市面上有不少針對此種情況而寫的書，教導企業管理者、投資者如何簡單學會計，如何快速懂報表。

商學院的學生有幸學過會計，認識報表，若能夠進一步學會分析報表的技術，不論將來作為投資者或管理人，絕對能夠如虎添翼般實現目標。

1940 年，麥當勞兄弟 (Dick and Mac) 分析財務報表，得知 80% 的營收來自漢堡，遂簡化產品種類，專注於低價的漢堡產品，因而奠定聞名世界的麥當勞公司 (McDonald's Corporation)。

美麗華集團所投資的美麗信花園酒店，事前也針對海外旅客作分析，發現日本旅客占五成以上，因而鎖定日本為主要客源，又調查日本旅客赴海外旅行時，選擇飯店的主因以「新飯店」、「重名牌」、「計畫旅遊」等為重點，於是在硬體尚未完工前，全部業務人員完成教育訓練後，就分批親赴日本東京、大阪、名古屋與福岡四個主要都市的旅行社展開拜訪，進行所謂的開幕前行銷 (Pre-Marketing)，因此在 95 年 5 月正式開幕後，馬上衝上住房率排行榜領先群，到 11 月已位居住房率榜首，也創下新飯店開幕第一年，住房率衝破 80% 的紀錄。

全國第一家取得 VPC 驗證（依照歐盟最新的翻修胎標準）的昇達橡膠企業股份有限公司，成立於 1981 年。交通部已規定自 2008 年 1 月 1 日起，只有貼有 VPC 驗證標章的翻修胎，才能行駛在高速公路及快速道路。（真希望國內不再有遊覽車因為使用再生胎而導致車毀人亡的悲劇）

昇達橡膠針對運輸車隊的報表作統計與成本分析，發現輪胎占運輸車隊維修費用的 23%，為僅次於油料第二高的費用，因而開創了「輪胎管理服務」的經營模式。

96 年 4 月有「山隆運輸」、「五崧運輸」、「世聯運輸」等車隊公司，均委由昇達經營管理其輪胎。以山隆運輸為例，目前 200 多輛車及 100 輛簽約車，過去輪胎成本（含維護及管理人員薪資）一年約 3 仟萬元，委由昇達管理後，節省了幾佰萬元。其他車隊委由昇達管理後，每年也節省了 10% 至 20% 之成本。目前昇達一年營業額 2 億元中，輪胎整合管理收入占了 5 仟萬元。

　　由上面三個例子可知，財務報表分析，包括詳細的營收分析、成本分析，乃是企業經營致勝的絕佳利器。

分析就是一種研究，對任何事物作詳細檢查，以明其特徵，窺其原委，察其利弊，斷其結果，測其未來。財務報表為企業活動之產物，屬社會科學，對其分析著重於比較研究，當然亦可採實證研究為輔助。

財務報表分析，實為對企業活動之結果作診斷，分析的對象是企業的財務報表，而分析的人員則有很多類別，分析的目的也各有不同，蒐羅資訊之多少，範圍之廣狹亦各異。狹者限於單一企業，廣者包括同業及整體產業。

本章是對財務報表分析作一概論上的介紹，包括財務報表的種類與品質、財務報表分析的意義、目的，財務報表分析的限制及風險，以及財務報表分析的方法。

第一節　主要財務報表與品質特性

一、主要財務報表

根據國際會計準則理事會 (International Accounting Standards Board, IASB) 之規定，主要的財務報表包括下列六項：

1. 當期期末的財務狀況表
2. 當期綜合損益表包含：
   (1)當期損益：此可以單獨編製一張報表，等於傳統之損益表。
   (2)其他綜合損益：將傳統損益表之當期損益單項併入其他綜合損益，成為一張簡化之綜合損益表，則完整的財務報表將成為七項。
3. 當期權益變動表
4. 當期現金流量表
5. 附註（包括重大會計政策的彙總說明及其他解釋性資訊）
6. 最早比較期間的期初財務狀況表

準則公報則稱為「財務狀況表」，金管會決定實務上仍採用「資產負債表」一詞，故兩者通用。

以上財務報表只有資產負債表為靜態報表，因為其僅表達某特定時日之財務狀況；綜合損益表，權益變動表與現金流量表則為表達某段會計期間之相關資訊，故均為動態報表。

二、財務報表的品質特性

報表品質的好壞，將影響報表使用者之決策，因此財務報表應該具備良好的品質，才能幫助使用者訂定決策。IASB 將有用的財務資訊之品質特性分為基本品質特性與強化品質特性，前者包含攸關性與忠實表達，後者係為了強化攸關性與忠實表達，包含可比性、可驗證性、可瞭解性與時效性；當兩種方法都具備攸關性與忠實表達時，強化性的品質特性有助於決定選用何種方法。分述如下：

㈠攸關性 (Relevance)

所謂攸關性亦即資訊與決策相關，能幫助問題之解決，成分有二：

1.預測價值

意指資訊能幫決策者預測未來可能結果，以作當前的最佳抉擇。

2.回饋價值

意即資訊能將決策執行的結果回饋給決策者，IASB 稱為「確認價值」，意指資訊能確認或變更先前評估之回饋。

在決定是否攸關時，重要性 (Materiality) 將會有所影響，當會計資訊足以影響使用者的判斷與決策時，則具有重要性，應按會計原則衡量與提供資訊。而對無損於公正表達之事項（不重要事項），可以權宜方式處理，不必嚴格遵守會計原則。

資訊是否重要性並無絕對，大致之判斷方法有二：

1.性　質

如屬於不尋常、不適當、或為未來情況改變的徵兆，即為重要。

2.數　量

與同類或相關項目之金額比較，其比例大者，即為重要。

㈡忠實表達 (Faithful Representation)

忠實表達意指會計對經濟活動所作之衡量與經濟活動的事實完全一致或吻合。忠實表達需要配合正確的衡量方法，否則方法錯誤，表達之結果也是錯誤。其內含三個因素：

1.完整性

完整性意指為了公正表達企業之財務報表，其所發生之經濟事項與必要資訊，在考量重要性與成本的限制下，均應完整提供，以免遺漏對使用者有幫助的資訊，因為遺漏的話將使財務報表不具攸關性與忠實表達。

2.中立性

中立性意指對資訊的衡量與報導沒有預設立場，能夠公正客觀，不偏不倚。會計人員不能為了達成私人意圖而預設立場，影響資訊所要表達的結果。

3.免於錯誤

免於錯誤意指對於事項沒有誤述或遺漏，對於方法的選擇與會計處理過程並無錯誤。

㈢可比性 (Comparability)

可比性就是比較性，意指能使資訊使用者，從兩組經濟情況中區別出異同點。為了達到比較性，相同的經濟事項，應該採用相同的會計方法或原則，而不同的經濟事項，應該採用不同之會計方法或原則。

可比性並非一致性，一致性係指對相同之事項採用相同之方法。但是會計處理符合一致性將有助於前後各期之比較，達成可比性之目標。

㈣可驗證性 (Verifiability)

可驗證性意指對於事項有充分瞭解且獨立之個人，對於某一描述是否忠實表達與其他人能達成共識。資訊若具可驗證性，更可確保資訊之忠實表達。

㈤可瞭解性 (Understandability)

可瞭解性意指財務報表與會計資訊可以讓使用者瞭解。會計資訊的使用者並非機器而是人，因此財務報表應該讓使用者能夠瞭解，否則對使用者沒有幫助，當然使用者本身也應具備商學基礎，並對經濟活動有合理的認知，會計資訊與使用者兩者能密切配合，就能發揮最大的效用。

㈥時效性 (Timeliness)

時效性意指在決策尚未決定，或在問題的關鍵時刻前提供資訊給決策者。

第二節　財務報表分析的意義與目的

一、財務報表分析的意義

財務報表分析係針對企業的財務報表，蒐集攸關的財務資訊（甚至非財務資訊），採適當的方法整理分析，以瞭解財務報表隱含的實質內容、利弊得失，然後解釋其結果，提供分析者與管理人員作為未來各類決策之參考。

二、財務報表分析的目的

分析企業的財務報表，即為對企業活動之結果作檢查診斷，首先可以瞭解企業經營績效的好壞而予以評估，其次可以知悉企業目前的財務狀況，對其資產、負債、權益有適當之衡量，最後可以預測企業未來的發展趨勢。其基本目的即鑑往知來，以幫助資訊使用者解決問題提高績效。

然而，各類財務報表分析者可能有其不同的分析重點與分析目的，茲分別說明如下：

㈠企業外部分析者

1.投資者

投資者為企業資金的供應人，也是企業風險的承擔者，其分析之目的主要在企業的財務狀況，經營成果，獲利能力與成長能力。而短期投資者比較在乎的是股票市價的變動。長期投資者則希望企業有穩定的獲利能力與成長。

2.債權人

債權人包括供應商與金融機構，前者係為短期債權人，後者對資金之借貸方式可為短期，亦可為長期。通常短期債權人關心的是企業的短期償債能力，其分析之重點在企業的財務狀況、資本結構、流動性與週轉性。

長期債權人關心的是企業的長期償債能力以及付息能力，其分析之重點包括資本結構、獲利能力、資金流量等，對企業的短期財務狀況也會重視。

3.購併分析者

企業購併在美國較為常見，而趨勢使然，我國亦有購併情況。購併者分析的目的與投資者差不多，不同的是其對無形資產有較為確實之考量。

4.會計師

會計師查核企業的財務報表，對其允當性與否加以簽證，表示其專家意見，其分析重點在於證實會計科目各項金額之可靠性、會計事項是否有重大之變動或異常、財務報表之合理性及允當性。

5.政府機構

有很多相關的政府機構，如國稅局可透過財報分析，審查企業所得稅是否合理，證期局審查企業報表是否允當，有無捏造，以保障投資人權益，維護金融安定。經濟部相關單位亦可查核財務報表，作為各項費率訂定是否合理之依據。

6.其 他

其他財報分析者，如工會、律師等，各為其談判、訴訟之目的而從事分析。

㈡企業內部分析者

　　企業內部分析者為各階層管理人員，不同之管理者其分析重點必然各不相同，但綜合而言，舉凡外部分析者所重視者，管理者應該等同重視。如果各方面都能符合外部分析者之要求，必然為一優質之企業。其分析重點包括財務狀況、經營成果、獲利能力、償債能力、資本結構、資金流量、成長能力、以及各種成本分析。

　　綜合上述各類，除了特殊者外，最常見者莫如企業內部分析者，以及廣大的投資大眾。股票投資者對股票的投資分析有所謂的技術面、基本面、籌碼面及消息面。

1. 技術面即根據成交量、成交價等資料來分析，如 K 線、心理線 (RSI)、KD 值、MACD 等。
2. 基本面即公司的經營層面，以企業之獲利情形及財務狀況為主所做的分析，而財務報表分析即基本面分析的最佳工具。
3. 籌碼面則包括外資、投信業者與自營商的買超或賣超。
4. 消息面包括國際、政治、經濟、社會之大消息及各種小道消息。

　　至於企業內部分析者，如前所述，對於財務報表分析的各種指標均會使用，均會重視，因此本書對各種分析的解釋，除少數債權人重視者外，多以內部分析者及投資者之立場論述之。

財務報表分析是一種社會科學，科學的分析當然屬於理性的作為，如果你用感性的方法，除非萬分之一的湊巧，否則不會得出正確的結果。

　　有人研究刮彩券，選擇在刮不中的旁邊，比較有中獎的機會，這是理性的分析。雖然我只刮過一兩次彩券，卻喜歡靠直覺去挑選，中了當然高興，不中就當成貢獻社會，這算是感性的作為。

　　$2 \times 2 = 4$，這當然是純理性的科學。$2 \times 2 = 3 + 1$，可以想像包含了感性的成分，原來到了 3 時，你還要有耐心去等待 +1 的來臨。或者說 $2 \times 2 = 5 - 1$，原來到了 5 時，似乎多繞了一圈，你還要等待 −1 的結果。人生似乎也會有 +1 或 −1 的情況。

　　筆者年輕時參加過唱詩班，也聽過幾場大型音樂會，指揮家在分批或分部訓練時，是需要理性分析聲音的準確、強弱、柔和與尖銳。但是在實際演唱（演奏）時，所有參與人員，只需要用心去歌唱，用心去聆聽，自然而然會得到共鳴的回饋，感受靈命的成長，這是感性的結果。

　　生命的長短自有定數，但是生命的寬窄深淺是掌握在自己手中。我們為了成家立業辛苦工作，這是理性的作為。如果能夠建立健康的人生觀與價值觀，你也會得到心靈的滿足與成就，這是感性的成果。生命如果純理性，將會陷入呆版、僵化甚至毫無人際關係。生命如果純感性，則會過度敏感、容易被世俗衝擊、甚至失去自我。所以生命是需要感性去調和理性，生活才會快樂，生命才得昇華。

第三節　財務報表分析的限制與風險

任何分析方法均非萬能，財務報表分析亦不例外，而分析所依據之財務報表本身亦有一些缺陷，此亦構成財報分析之限制。分析者在分析時必須瞭解這些限制，否則容易受分析結果誤導，也不會因一個兩個數據而認定是或非。此種誤導或誤信誤判，則為財務分析者必須注意之風險。

一、財務報表分析的限制

財務報表雖具客觀性，亦因涵蓋企業交易活動的整個內容而具完整性，但本質上仍有一些無法避免的缺陷，而造成分析上的限制，茲分述如下：

(一)會計期間的限制

企業的經營是持續不斷的，非到結束營業清算拍賣，甚難論定其好壞成敗，然而經營者在短期內，必須知悉企業的經營成果，以便評估績效、改善問題、釐定決策；而投資人也必須在短期內瞭解企業是否值得投資。因而會計上將企業的營業劃分成若干會計期間，俾能適時提供財務報表，此舉將導致某些資訊不精確（較少可驗證性及忠實表達）。

(二)貨幣評價的限制

財務報表上的數字均以貨幣為表達之單位，通常假設幣值穩定，然事實證明幣值常常在變，故報表上彙總的數字其實是不同物價水準下的混合體。當通貨膨脹越大時，報表上的數字則被扭曲得更大，分析時不可不慎，若有必要則可以調整通貨膨脹的因素以幫助分析。

(三)成本原則的限制

財務報表上的數字，在客觀交易基礎下，當然以成本入帳，然而歷史成本在經過時間或環境情況變動後，卻不見得是決策者所需的攸關資訊，因為

決策者可能更關心市價或淨變現價值而非成本。此乃會計原則與分析者目的相互矛盾之處。

(四)估計與判斷的限制

會計人員常會用到估計與判斷來幫助會計處理，例如估計固定資產耐用年限及殘值，估計產品售後服務保證，估計壞帳，估計產能大小等等，既然會用到估計，則報表上的數字便不能斷定為絕對正確，更何況不同的人員可能會有不同的判斷或估計，因此難免會有偏差。

(五)數量化的限制

財務報表表達的是以貨幣為單位之數量化資料，可能影響企業經營之非數量資料則付諸闕如，例如優秀的管理團隊，良好的政商關係，或是研發創新能力、高階技術能力、專利權的數量等。

(六)管理者窗飾行為的限制

管理者有時候為了獎金或為了業績，運用某些手腕，窗飾美化財務報表數字，以滿足個人之私。窗飾的基本目的在增加收入、減少費用以提高盈餘，或者是增加資產、減少負債以美化財務結構。其手法有很多，例如採用「產品融資合約」，虛增銷貨來隱藏借款事實，抑或是以強迫提貨（誘導進貨）方式，將下期的盈餘提早於本期認列。更惡劣者，甚至於作假帳，掏空公司資產，如博達科技、力霸、東森等公司。

(七)其他問題

以投資者之立場而言，能否取得當月或當季之財務報表恐為一大問題，即使取得了財務報表，恐怕為時已晚，時效已過，對其投資決策已無幫助。通常資訊的時效性對內部管理者比較不構成難題，但是對外部分析者卻會構成時效上的落差。

二、財務報表分析的風險

除了以上這些分析財務報表的限制外，讀者在分析時也要注意潛在之風險，包括下列兩種：

㈠會計風險

所謂會計風險，即會計處理因無意的疏忽而錯誤，或是財務會計準則本身不夠嚴謹，使得會計資料產生疑義或具有高度的不確定性。

㈡審計風險

所謂審計風險，即財務報表經審計人員查核後，仍未能查出其可能隱含錯誤之風險。公開上市公司之財務報表，必須經過會計師查核簽證才具有公信力。但是會計師並非萬能，因受到查帳程序及某些限制條件，並不能保證財務報表絕對正確無誤，僅能說明財務報表之允當表達及一致性，提供其專家之意見，包括：一、無保留意見，二、修正式無保留意見，三、保留意見，四、否定意見，五、無法表示意見。是故分析者亦需明瞭何種情況將具有較高之審計風險，情況大致如下：

1.公司無故更換會計師。

2.公司財務狀況有問題。

3.公司經營之行業為高風險性者。

4.公司管理由少數人控制，或高層管理者更迭頻繁。

5.高層管理者個人財務出狀況。

財務報表分析既然有其限制與風險，那為何還要分析財務報表，而不另外尋求別的分析對象呢？

因為財務報表是根據企業帳簿資料而來，帳簿所登載的資料是經過客觀交易產生的，故分析財務報表有相當的客觀性，而且報表資料反映出企業整體交易之結果，又具有完整性。簡單而言，財務報表即企業活動的最佳彙總，當然要針對財務報表加以分析與診斷才對。雖然企業也可能虛設行號，假裝交易，但是此種作假，遲早會敗露被揭發。

第四節 財務數字遊戲

所謂財務數字遊戲，係指公司管理者對財務數字的操弄。少數方式係屬正常，但是有些將影響財務報導的公正性，嚴重者更牽涉到違法詐欺。讀者分析財務報表，也當對財務數字的操弄有所認識，以免誤信誤判，造成錯誤決策。

一、財務數字遊戲之名稱與定義

一般常見之財務數字遊戲如表 1–1 ❶。

表 1–1 財務數字遊戲之名稱與定義

名　稱	定　義
激進會計 (Aggressive Accounting)	不論是否合乎一般公認會計原則，公司刻意選用能夠達預設目的（通常是提高當期盈餘）之會計原則
盈餘管理 (Earnings Management)	積極操作盈餘以達到某個預定目標，如管理當局設定的盈餘、市場分析師的預測盈餘、或是一個平穩且持續之盈餘流量
所得平穩化 (Income Smoothing)	盈餘管理的一種型態，目的乃在消除正常盈餘中的高低起伏，通常採行之步驟是將高盈餘年度之部分盈餘刻意隱藏，並移至低盈餘年度予以認列
詐欺性財務報導 (Fraudulent Financial Reporting)	故意於財務報表誤列或省略應報導之金額及揭露，以詐騙財務報表使用者。是否屬於詐欺係由行政、民事或刑事訴訟程序決定
獨造會計操作 (Creative Accounting Practices)	係指使用於財務數字遊戲的各種方法或步驟，包括激進會計方法之選擇與應用、詐欺性財務報導、盈餘管理及所得平穩化的各種步驟等

以上各種財務數字遊戲通常都透過獨造會計予以操作，其方法包括下列

---

❶ 資料來源：許崇源、林宛瑩、林容芊譯，《財務報表解析全書——洞悉企業財務數字遊戲》，商周出版，2004 年 3 月初版，頁 26。

五種❷：

1. 提早認列收入或虛列收入

2. 激進性資本化和延展攤銷年限政策

3. 錯誤報導資產或負債

4. 安排獨造式之損益表

5. 操弄現金流量之報導

二、財務數字遊戲之目的

　　管理當局透過財務數字之操弄，可能各有不同之考量與目的，通常可以彙總如表 1–2 ❸。

表 1–2　財務數字遊戲之目的

類　別	目　的
股價效應 (Share-Price Effects)	更高的股票價格、降低股價的高低波動、提高公司評價、降低公司的權益資金成本、提高股票選擇權之價值
融資成本效應 (Borrowing Cost Effects)	改善信用品質、提高債信評等、降低借款成本、減少貸款條款之限制
紅利計畫效應 (Bonus Plan Effects)	提高以利潤為基礎之紅利分配
政治成本效應 (Political Cost Effects)	減少管制規定規避較高的稅負

第五節　財務報表分析的步驟與方法

　　財務報表分析的方法即本書之主要內容與精華所在，將會在爾後章節中詳細介紹。本節僅先作一淺要的說明。

---

❷　同前註，頁 44。

❸　同前註，頁 27。

一、分析步驟

在瞭解分析方法前,首先應先瞭解分析的步驟,包括下列幾項:

1.制訂分析的目標。

2.選擇適當的分析方法。

3.蒐集各項與分析決策攸關之資訊。

4.整理各項資訊,予以適當評估。

5.研究分析結果,俾作為決策執行之依據。

二、分析範圍

以分析範圍之廣狹,可分為:

1.廣義分析

包括產業分析、策略分析、財務報表分析。

2.狹義分析

僅含財務報表本身之分析。

三、分析方法

針對財務報表分析之方法,可分為:

1.基本分析方法

(1)比較分析

(2)趨勢分析

(3)同型比(共同比)分析

(4)比率分析

(5)敘述性資料分析

2.特定分析方法

(1)資金流量分析與財務預測

(2)毛利變動分析

(3)損益兩平分析

(4)其他(視公司需要而定)。例如:市場獲利性分析、物價變動分析等

我的好友蘇先生，自稱為股票投資遊戲人，其投資股票一則為了獲取報酬外，二則覺得好玩。或許這是一個投資理財的年代，利用閒餘資金在股市玩一玩，才不至於與現實脫節，我覺得「好玩」的心態是對的，所謂「知之者不如好之者，好之者不如樂之者」，以娛樂的心態悠遊於股市，才不會被股市慾海淹沒，這是一種很好的哲學。

言歸正傳，蘇先生跟多數投資者一樣，投資股市有賺有賠，在 90 年時亦慘遭套牢，還好其所賠不多，至少比我好多了。我們倆曾一起研究某些股票的走勢、獲利、轉機等。有一次他跟我說，以前曾經參加過投顧之會員，結果有好有壞、沒賺也沒虧。但是他認為投顧通常是利用自己資金在低檔買進，而利用會員資金在比較高檔買進，因此會員的獲利空間小，甚至於會有虧損套牢的狀況。

電視上看到的每位投顧經理人都好神，都能賺五個、十個漲停板，都能獲利三成、五成、一倍、兩倍。但要是有這麼「好康」的事，他們為何還需辛苦的在電視上大張旗鼓，每天在家等著數鈔票就好了。所以我們的結論是，他們多數是事後諸葛亮，而且真話只占 20～30%。

所以聰明的投資者應該去判斷哪些是可以吸收的真話，然後從中去彙整、組合、分析，以便作為自己投資決策的參考。這些投顧經理或財經專家提供的資訊，包括幾個層面，有技術分析、基本面分析、籌碼面以及各種消息面分析。蘇先生最近從中獲益不少，我則從蘇先生那裡分享點羹湯。因為我懶得聽那些人說得天花亂墜的。而蘇先生則有時會很有耐心的利用「股票機」去找尋投顧遮住股名的線型圖，偶爾會讓他找到該支股票呢。

◆問　題：

1. 何謂技術分析？何謂基本面分析？
2. 財務報表分析屬於技術分析或是基本面分析？
3. 你如何看待電視上所謂投顧經理人的言論？
4. 聽說世界上所有股市投資者，大概只有一成的人會獲利，其他九成則會虧損，你認為如何做才會獲利？

■ 思考與練習 ■

一、問答題

1. 何謂財務報表分析？

2. 財務報表分析的一般性目的為何？

3. 財務報表分析有何限制？

4. 財務報表分析有何風險？

5. 財務報表分析之方法包括哪些？

6. 何謂「激進會計」？

7. 何謂「獨造會計操作」？

二、選擇題

( ) 1. 會計師查核報告的意見種類不包括：

(A)無保留意見　(B)保留意見　(C)同意意見　(D)無法表示意見

【券商業務】

( ) 2. 從總體經濟、個別產業、個別公司獲利能力來探求股價走勢為：

(A)基本分析　(B)技術分析　(C)趨勢分析　(D)產業分析　【券商業務】

( ) 3. 利用公司現在以及預測未來的獲利情況之各種資訊，來估計其合理股價，此種分析是屬於：

(A)信用分析　(B)基本分析　(C)系統分析　(D)技術分析　【券商業務】

( ) 4. 企業財務報表中的「會計師查核報告」，主要的意義為：

(A)由會計師證明財務報表內容正確無誤

(B)由會計師針對「財務報表是否允當表達」一事表示意見

(C)會計師對企業財務狀況進行分析，並提供改進的建議

(D)以上三個敘述都是正確的　【券商高業】

( ) 5. 財務報表分析的第一個步驟為何？

(A)查閱會計報告　(B)制訂分析目標　(C)從事共同比分析　(D)分析產業環境　【券商高業】

（ ） 6.預測未來盈餘與股利的證券分析方法是屬於：

　　　(A)技術分析　(B)基本分析　(C)資金分析　(D)籌碼分析　【券商業務】

（ ） 7.依據股票過去的價量資料，可進行何種分析工作？

　　　(A)基本分析　(B)市場分析　(C)技術分析　(D)財務報表分析

【券商業務】

（ ） 8.下列何者為盈餘管理或平滑的方法？

　　　(A)透過事件之發生或承認達到平滑的目的　(B)透過不同期間之分攤
達成平滑之目的　(C)透過分類達到平滑之目的　(D)選項(A)、(B)、(C)
皆是　　　　　　　　　　　　　　　　　　　　　　　　　【券商高業】

（ ） 9.資產負債表外負債愈多，則其盈餘品質：

　　　(A)愈高　(B)愈低　(C)沒有影響　(D)不一定　【券商高業】【投信業務】

（ ） 10.下列那一手法可讓企業達到美化帳面盈餘的效果？

　　　(A)發行公司債時選擇較低的票面利率　(B)設備使用期限由原先的五
年延伸至十年　(C)資本租賃支出認列為營業租賃支出　(D)向業主借
入 1,000 萬元以支應短期資金週轉　　　　　　　　　　　【券商高業】

（ ） 11.會計資訊應具備兩項最主要品質為？

　　　(A)可靠性與一致性　(B)攸關性與可靠性　(C)一致性與比較性　(D)重
要性與一致性　　　　　　　　　　　　　　　　　　　　【券商業務】

（ ） 12.某公司將某年之一批進貨，開立兩張支票，跨越兩個會計年度，為：

　　　(A)透過事件之發生或承認達到平滑之目的　(B)透過不同期間之分攤
達到平滑之目的　(C)透過分類達到平滑之目的　(D)盈餘操縱

【券商高業】

（ ） 13.一公司在選擇會計方法時，會受到下列那些因素之影響？

　　　(A)公司的獎酬計畫　(B)股票市場的反應　(C)公司的債務契約　(D)選
項(A)、(B)、(C)皆是　　　　　　　　　　　　　　　　　【券商業務】

（ ） 14.下列對於盈餘平滑與盈餘操縱的動機之描述，何者正確？A. 吸引投資
人投資；B. 提高經營管理者聲譽；C. 經營管理者為了增加薪資紅利

　　　(A)僅 A　(B)僅 B　(C)僅 C　(D) A、B 和 C 皆是　　　【券商高業】

( ) 15.一般而言，企業的長期債權人所關心的，包括下列那些項目？A. 企業短期財務狀況；B. 企業長期之獲利能力及資金流量；C. 企業的資本結構是否穩固

    (A)僅 B　(B)僅 A 和 C　(C)僅 C　(D) A、B 和 C　　【投信業務】

( ) 16.甲公司把下一期的銷貨當作本期的銷貨，為：

    (A)透過事件之發生或承認達到平滑盈餘之目的　(B)透過不同期間之分攤達到平滑盈餘之目的　(C)透過分類達到平滑盈餘之目的　(D)盈餘操縱　　【券商高業】

( ) 17.與決策有關，具有改變決策的能力，以及對問題有幫助，我們稱之為？

    (A)可靠性　(B)攸關性　(C)可比較性　(D)時效性　　【券商業務】

( ) 18.企業為了美化財務報表，獲得較高的流動比率，可能會把一些不屬於流動項目的遞延借項列為流動資產，下列那一項流動資產最可能藏有這一類的遞延借項？

    (A)存貨　(B)應收帳款　(C)短期投資　(D)預付費用　　【證券分析】

( ) 19.下列對於盈餘平滑與盈餘操縱的動機之描述，何者不正確？

    (A)維持公司盈餘穩定性　(B)與供應商或客戶維持良好關係　(C)減少稅捐　(D)預測未來營業狀況　　【券商高業】

( ) 20.下列何者為窗飾之作法？

    (A)低列備抵壞帳　(B)將去年底已進的貨今年才登記　(C)去年出貨給關係人，今年則有大筆的銷貨退回　(D)選項(A)、(B)、(C)皆是　　【券商業務】

( ) 21.會計師查核報告的意見種類不包括：

    (A)無保留意見　(B)保留意見　(C)同意意見　(D)無法表示意見　　【券商業務】

( ) 22.下列何者是財務報表分析者的應有學養？

    (A)瞭解各個產業　(B)熟悉各項財務會計處理流程　(C)熟知各項分析工具　(D)選項(A)、(B)、(C)皆是　　【券商業務】

（　）23.財務報表分析的第一步為何？

(A)進行共同比財務報表分析　(B)制定分析的目標　(C)瞭解公司的股權結構　(D)瞭解公司所處的行業　　　　　　　　　　【券商高業】

（　）24.會計的記載，應符合下列何者之規定，才可充分表達企業之會計所得？

(A)所得稅法　(B)一般公認會計原則　(C)公司法　(D)公平交易法

【券商業務】

（　）25.預測未來盈餘與股利的證券分析方法是屬於：

(A)技術分析　(B)基本分析　(C)資金分析　(D)籌碼分析　【券商業務】

（　）26.當資訊無重大錯誤或偏差，且使用者可信賴其已忠實表達時，則該資訊具：

(A)攸關性　(B)可靠性　(C)重要性　(D)比較性　　　　【券商高業】

（　）27.財務報表之資料可應用於下列哪些決策上？

(A)信用分析，授信　(B)合併之分析　(C)財務危機預測　(D)選項(A)、(B)、(C)皆是　　　　　　　　　　　　　　　　　【券商業務】

（　）28.企業財務報表中的「會計師查核報告」，主要的意義為：

(A)由會計師證明財務報表內容正確無誤　(B)由會計師針對「財務報表是否允當表達」一事表示意見　(C)會計師對企業財務狀況進行分析，並提供改進的建議　(D)選項(A)、(B)、(C)皆正確　　　【券商高業】

（　）29.資產負債表中大部分項目都是以歷史成本作為評價基礎，主要的考量是因為歷史成本的資訊具有下列何種特性？

(A)決策攸關性　(B)可靠性　(C)可衡量性　(D)永續經營　【券商業務】

（　）30.兩公司同一年的折舊方式皆採用年數合計法，其符合：

(A)可靠性　(B)攸關性　(C)比較性　(D)重要性　　　　【券商業務】

Chapter 2

財務報表的基本認識

Basic Understanding of Financial Statement

資訊補給 B　不要忽視財務報表

《讀財務報表選股票》這本書❶第一篇〈別忽視財務報表〉，一開頭引言就指出：

「公司的財務資料和年度報告透露出以下訊息，而重要的是，這些訊息能幫助你決定投資是否正確：

- 公司的盈餘
- 盈餘的來源
- 公司的價值
- 經營者對公司該年度表現的看法
- 經營者對公司未來的願景」

筆者認為看懂財務報表是第一件事，如何分析數字與比較是第二件事，將分析的結果運用在投資決策上是第三件事。第一件事顯示企業的基本面，告訴我們公司是否賺錢、賺錢的多寡與來源、公司的價值及未來性。初步來說，第一件事最簡單，因為任何人都能取得公司的財務報告。第二件事顯然與每個人的經驗、技術與功力有關，因為每個人分析與解讀財務報告的結果可能會有差異。第三件事最關鍵，因為即使分析的結果相同，每個人的判斷與決策也可能不同。不論是步步為營或是膽大心細，最終能夠獲利者，就是成功的分析師與決策家。

雖然說第三件事是關鍵，但是若忽視第一件事，或許將導致失敗，1991年的網路泡沫化，多數投資者遭受慘重的損失，筆者也是誤聽誤判而成為受害者，原因就在於忽視第一件事，被 1990 年所謂的「本夢比」沖昏頭。

現在看《讀財務報表選股票》第二篇第三節最後兩段，顯得格外諷刺與感傷，茲摘錄如下：

---

❶ 金雅萍譯，《讀財務報表選股票》，財訊出版社，2006 年 10 月初版 2 刷。Robert Leach 原著，*The Investor's Guide to Understanding Accounts*。

「在結束本節的討論前，有必要提一下最奇特的評估方法，所謂的『大腦市占率』（Mindshare）。它在 1990 年代被用來替網路公司荒唐可笑的高價值合理化，三個神童、一臺電腦、再加個創意就價值數十億，理由是說即將開創某個新興市場，而這家企業可以囊括極大的市占率。投資這種公司，就如同投資傑克的豌豆一樣可靠。投資在大腦市占率的公司上，所得到的資本報酬率會和你投資在一箱威士忌上相同，只是沒有那麼有趣罷了。

如果你想要投資某家企業，只是因為它的息稅折舊攤銷前淨利或是知識股票。勸你泡一杯阿華田，關燈上床吧。萬一睡醒後還是沒有改變主意的話，表示你不適合投資股票，把錢投資在政府公債，不要再訂《金融時報》，看《壹週刊》就好。」

　　財務報表是企業活動的結果，是企業營運的成績單，可以讓我們瞭解企業的經營成果、財務狀況及資金流量的變動，此三者分別由綜合損益表、資產負債表及現金流量表來呈現。另外權益變動表顯示權益的變動情形。本章主要重點集中於財務報表的關聯性，以及如何閱讀的要訣上。

第一節　財務報表範例

　　印刷電路板（Printed circuit board，簡稱 PCB）用途很大，這幾年生產 PCB 的公司股價都大漲，5G 的運用與 PCB 也有很大的關係。筆者曾經投資台光電子材料股份有限公司（代號 2383，簡稱台光電）。故而以台光電為範例，從公開市場觀測站 (http://mops.twse.com.tw/mops/web/index) 擷取其主要報表如下：

一、綜合損益表

表 2–1

台光電子公司
綜合損益表
民國 108 年度及 107 年度

單位：新臺幣仟元

會計項目	108 年度		107 年度	
	金額	%	金額	%
營業收入合計	24,865,522	100	22,890,928	100
營業成本合計	18,765,219	75.47	18,314,678	80.01
營業毛利（毛損）	6,100,303	24.53	4,576,250	19.99
營業費用				
推銷費用	745,045	3	905,054	3.95
管理費用	767,916	3.09	496,952	2.17
研究發展費用	500,441	2.01	415,923	1.82
預期信用減損損失（利益）	7,351	0.03	2,988	0.01
營業費用合計	2,020,753	8.13	1,820,917	7.95
營業利益（損失）	4,079,550	16.41	2,755,333	12.04

營業外收入及支出				
其他收入	90,439	0.36	66,583	0.29
其他利益及損失淨額	77,072	0.31	37,865	0.17
財務成本淨額	−47,069	−0.19	−32,911	−0.14
採用權益法認列之關聯企業及合資損益之份額淨額	3,834	0.02	0	0
營業外收入及支出合計	124,276	0.50	71,537	0.31
稅前淨利（淨損）	4,203,826	16.91	2,826,870	12.35
所得稅費用（利益）合計	958,525	3.85	1,072,437	4.68
繼續營業單位本期淨利（淨損）	3,245,301	13.05	1,754,433	7.66
本期淨利（淨損）	3,245,301	13.05	1,754,433	7.66
其他綜合損益（淨額）				
確定福利計畫之再衡量數	−4,106	−0.02	−5,257	−0.02
透過其他綜合損益按公允價值衡量之權益工具投資未實現評價損益	−369	0	−69	0
與不重分類之項目相關之所得稅	821	0	3,091	0.01
不重分類至損益之項目	−3,654	−0.01	−2,235	−0.01
國外營運機構財務報表換算之兌換差額	−511,213	−2.06	−243,210	−1.06
與可能重分類之項目相關之所得稅	102,117	0.41	56,622	0.25
後續可能重分類至損益之項目	−409,096	−1.65	−186,588	−0.82
其他綜合損益（淨額）	−412,750	−1.66	−188,823	−0.82
本期綜合損益總額	2,832,551	11.39	1,565,610	6.84
淨利（損）歸屬於：				
母公司業主（淨利／損）	3,240,845	13.03	1,751,378	7.65
非控制權益（淨利／損）	4,456	0.02	3,055	0.01
母公司業主（綜合損益）	2,828,721	11.38	1,562,850	6.83
非控制權益（綜合損益）	3,830	0.02	2,760	0.01
基本每股盈餘				
基本每股盈餘	10.14		5.48	
稀釋每股盈餘				
稀釋每股盈餘	9.73		5.32	

二、資產負債表

表 2-2

台光電子公司 資產負債表 民國 108 年 12 月 31 日及 107 年 12 月 31 日 單位：新臺幣仟元				
會計項目	108 年 12 月 31 日		107 年 12 月 31 日	
	金額	%	金額	%
流動資產				
現金及約當現金	6,350,790	24.71	6,022,967	27.42
透過損益按公允價值衡量之金融資產－流動	4,561	0.02	0	0
應收票據淨額	293,914	1.14	311,778	1.42
應收帳款淨額	8,898,138	34.62	7,313,867	33.3
其他應收款淨額	56,946	0.22	40,441	0.18
本期所得稅資產	0	0	134,792	0.61
存貨	2,904,701	11.30	2,209,347	10.06
其他流動資產	324,208	1.26	199,310	0.91
流動資產合計	18,833,258	73.27	16,232,502	73.91
非流動資產				
透過其他綜合損益按公允價值衡量之金融資產－非流動	16,507	0.06	17,291	0.08
採用權益法之投資	21,714	0.08	0	0
不動產、廠房及設備	5,857,817	22.79	4,937,424	22.48
使用權資產	240,188	0.93	0	0
無形資產	10,316	0.04	7,388	0.03
遞延所得稅資產	231,497	0.90	118,568	0.54
其他非流動資產	493,034	1.92	649,290	2.96
非流動資產合計	6,871,073	26.73	5,729,961	26.09
資產總額	25,704,331	100	21,962,463	100
流動負債				
短期借款	663,874	2.58	713,498	3.25
應付短期票券	99,969	0.39	199,655	0.91
應付帳款	5,672,098	22.07	4,953,111	22.55
其他應付款	1,837,119	7.15	1,064,708	4.85

本期所得稅負債	250,026	0.97	137,425	0.63
其他流動負債	1,798,345	7.00	133,386	0.61
流動負債合計	10,321,431	40.15	7,201,783	32.79
非流動負債				
透過損益按公允價值衡量之金融負債—非流動	0	0	11,022	0.05
應付公司債	0	0	1,344,900	6.12
長期借款	643,014	2.50	300,000	1.37
負債準備—非流動	7,567	0.03	12,716	0.06
遞延所得稅負債	1,185,403	4.61	1,167,141	5.31
其他非流動負債	10,347	0.04	10,111	0.05
非流動負債合計	1,846,331	7.18	2,845,890	12.96
負債總額	12,167,762	47.34	10,047,673	45.75
歸屬於母公司業主之權益				
股本				
普通股股本	3,197,080	12.44	3,196,524	14.55
股本合計	3,197,080	12.44	3,196,524	14.55
資本公積				
資本公積合計	628,858	2.45	623,721	2.84
保留盈餘				
法定盈餘公積	1,710,929	6.66	1,535,792	6.99
特別盈餘公積	423,554	1.65	237,192	1.08
未分配盈餘(或待彌補虧損)	8,391,903	32.65	6,730,522	30.65
保留盈餘合計	10,526,386	40.95	8,503,506	38.72
其他權益				
其他權益合計	−832,393	−3.24	−423,554	−1.93
歸屬於母公司業主之權益合計	13,519,931	52.6	11,900,197	54.18
非控制權益	16,638	0.06	14,593	0.07
權益總額	13,536,569	52.66	11,914,790	54.25
負債及權益總計	25,704,331	100	21,962,463	100

三、現金流量表

表 2-3

台光電子公司
現金流量表
民國 108 年度及 107 年度

單位：新臺幣仟元

會計項目	108 年度	107 年度
	金額	金額
營業活動之現金流量——間接法		
繼續營業單位稅前淨利（淨損）	4,203,826	2,826,870
本期稅前淨利（淨損）	4,203,826	2,826,870
折舊費用	486,420	462,642
攤銷費用	5,637	4,985
預期信用減損損失（利益）數／呆帳費用提列（轉列收入）數	7,351	2,988
透過損益按公允價值衡量金融資產及負債之淨損失（利益）	−15,606	11,313
利息費用	21,973	8,217
利息收入	−90,439	−66,583
股利收入	−29,778	0
採用權益法認列之關聯企業及合資損失（利益）之份額	−3,834	0
處分及報廢不動產、廠房及設備損失（利益）	533	3,171
其他項目	25,096	24,694
收益費損項目合計	407,353	451,427
應收票據（增加）減少	14,415	30,009
應收帳款（增加）減少	−1,873,862	−285,411
其他應收款（增加）減少	−36,652	−4,845
存貨（增加）減少	−776,384	308,612
其他流動資產（增加）減少	−148,980	−84,309
其他營業資產（增加）減少	−90,407	−72,617
與營業活動相關之資產之淨變動合計	−2,911,870	−108,561
應付帳款增加（減少）	897,045	−126,657
其他應付款增加（減少）	408,199	−164,801
其他流動負債增加（減少）	27,039	−38,206
淨確定福利負債增加（減少）	−9,254	−14,170

其他營業負債增加（減少）	53,727	−3,602
與營業活動相關之負債之淨變動合計	1,376,756	−347,436
與營業活動相關之資產及負債之淨變動合計	−1,535,114	−455,997
調整項目合計	−1,127,761	−4,570
營運產生之現金流入（流出）	3,076,065	2,822,300
收取之利息	93,444	43,071
收取之股利	29,778	0
支付之利息	−36,346	−10,877
退還（支付）之所得稅	−697,035	−767,818
營業活動之淨現金流入（流出）	2,465,906	2,086,676
投資活動之現金流量		
取得採用權益法之投資	−18,624	0
取得不動產、廠房及設備	−1,128,155	−747,278
處分不動產、廠房及設備	412	37,996
存出保證金增加	0	−12,048
存出保證金減少	2,313	0
取得無形資產	−8,738	−5,101
取得使用權資產	−27,176	0
其他預付款項增加	0	−148,426
投資活動之淨現金流入（流出）	−1,179,968	−874,857
籌資活動之現金流量		
短期借款增加	0	566,466
短期借款減少	−46,268	0
應付短期票券增加	0	200,000
應付短期票券減少	−100,000	0
舉借長期借款	1,103,005	400,000
償還長期借款	−500,000	0
存入保證金增加	335	0
存入保證金減少	0	−5,413
發放現金股利	−1,216,465	−1,534,332
籌資活動之淨現金流入（流出）	−759,393	−373,279
匯率變動對現金及約當現金之影響	−198,722	−109,162
本期現金及約當現金增加（減少）數	327,823	729,378
期初現金及約當現金餘額	6,022,967	5,293,589
期末現金及約當現金餘額	6,350,790	6,022,967
資產負債表帳列之現金及約當現金	6,350,790	6,022,967

四、權益變動表

表2-4

台光電子公司
權益變動表
民國108年度

單位：新臺幣仟元

會計項目	普通股股本	股本合計	資本公積	法定盈餘公積	特別盈餘公積	未分配盈餘（或待彌補虧損）	保留盈餘合計	國外營運機構財務報表換算之兌換差額	透過其他綜合損益按公允價值衡量之權益工具金融資產未實現評價（損）益	其他權益項目合計	庫藏股票	歸屬於母公司業主之權益總計	非控制權益	權益總額
期初餘額	3,196,524	3,196,524	623,721	1,535,792	237,192	6,730,522	8,503,506	-423,485	-69	-423,554		11,900,197	14,593	11,914,790
提列法定盈餘公積	0	0	0	175,137	0	-175,137	0	0	0	0	0	0	0	0
提列特別盈餘公積	0	0	0	0	186,362	-186,362	0	0	0	0	0	0	0	0
普通股現金股利	0	0	0	0	0	-1,214,680	-1,214,680	0	0	0	0	-1,214,680	0	-1,214,680
本期淨利（淨損）	0	0	0	0	0	3,240,845	3,240,845	0	0	0	0	3,240,845	4,456	3,245,301
本期其他綜合損益	0	0	0	0	0	-3,285	-3,285	-408,470	-369	-408,839	0	-412,124	-626	-412,750
本期綜合損益總額	0	0	0	0	0	3,237,560	3,237,560	-408,470	-369	-408,839	0	2,828,721	3,830	2,832,551
非控制權益增減	0	0	0	0	0	0	0	0	0	0	0	0	-1,785	-1,785
其他	556	556	5,137	0	0	0	0	0	0	0	0	5,693	0	5,693
權益增加（減少）總額	556	556	5,137	175,137	186,362	1,661,381	2,022,880	-408,470	-369	-408,839	0	1,619,734	2,045	1,621,779
期末餘額	3,197,080	3,197,080	628,858	1,710,929	423,554	8,391,903	10,526,386	-831,955	-438	-832,393	0	13,519,931	16,638	13,536,569

註：1. 本期綜合損益總額＝本期淨利（淨損）＋本期其他綜合損益
2. 權益增加（減少）總額＝提列法定盈餘公積＋提列特別盈餘公積＋普通股現金股利＋本期綜合損益總額＋非控制權益增減＋其他

台光電子公司
權益變動表
民國 107 年度

單位：新臺幣仟元

會計項目	普通股股本	股本合計	資本公積	法定盈餘公積	特別盈餘公積	未分配盈餘（或待彌補虧損）	保留盈餘合計	國外營運機構財務報表換算之兌換差額	透過其他綜合損益按公允價值衡量之金融資產未實現評價（損）益	其他權益項目合計	庫藏股票	歸屬於母公司業主之權益總計	非控制權益	權益總額
期初餘額	3,196,524	3,196,524	623,721	1,256,696	126,586	6,905,344	8,288,626	-237,192	0	-237,192	0	11,871,679	11,833	11,883,512
提列法定盈餘公積	0	0	0	279,096	0	-279,096	0	0	0	0	0	0	0	0
提列特別盈餘公積	0	0	0	0	110,606	-110,606	0	0	0	0	0	0	0	0
普通股現金股利	0	0	0	0	0	-1,534,332	-1,534,332	0	0	0	0	-1,534,332	0	-1,534,332
本期淨利（淨損）	0	0	0	0	0	1,751,378	1,751,378	0	0	0	0	1,751,378	3,055	1,754,433
本期其他綜合損益	0	0	0	0	0	-2,166	-2,166	-186,293	-69	-186,362	0	-188,528	-295	-188,823
本期綜合損益總額	0	0	0	0	0	1,749,212	1,749,212	-186,293	-69	-186,362	0	1,562,850	2,760	1,565,610
權益增加（減少）總額	0	0	0	279,096	110,606	-174,822	214,880	-186,293	-69	-186,362	0	28,518	2,760	31,278
期末餘額	3,196,524	3,196,524	623,721	1,535,792	237,192	6,730,522	8,503,506	-423,485	-69	-423,554	0	11,900,197	14,593	11,914,790

　　如果人生要用資產負債表呈現，相信每個人都有不同的表達方式。閒來無事試想人生的「權益」就是我們的「生命」，人生的「負債」基本上有父母對我們的「養育債」，是屬於長期負債，親戚朋友對我們的「人情債」，則屬於短期的流動負債。

　　至於人生的資產可以用不同的分類方式來呈現。以人生的成長過程來分類，「襁褓期到高中」算是「流動資產」，是屬於花費的時期，包括用來消耗的現金，以及能夠增加基本能力的短期投資。「大學時期」算是「長期投資」，學習專業的知識能力，作為將來謀生的工具。「成家立業」屬於「固定資產」，此時期要建立長期的人生堡壘，累積儲蓄購屋置產，保護自己與照顧家人的生活。「不惑與耳順」則為「無形資產」，用智慧與愛心經營有意義的人生。「知天命」的六十歲後，只能算是「其他資產」，或許還有一些價值，若能認命的含飴弄孫也算是不錯了。「從心所欲」的七十歲，不論是「七十古來稀」還是「七十才開始」，也只能算是「遞延借項」，慢慢轉銷直到結束人生。茲列出人生資產負債表如下：

人生資產負債表

資產：	負債與權益：
流動資產：「襁褓期到高中」	負債：
長期投資：「大學時期」	流動負債：「人情債」
固定資產：「成家立業」	長期負債：「養育債」
無形資產：「不惑與耳順」	
其他資產：「知天命」	權益：「生命」
遞延借項：「從心所欲」	
合計　　　「人的一生」	合計　「人生」

　　在人生資產負債表中，每個人的「人情債」及「養育債」形式大致相似，但是每個人的「生命」權益，就要看資產所能獲得的精彩度而定。因此我們應該在不同的人生階段，盡量去擴充人生的廣度與深度，如果六個階段能有精彩的回憶，這樣的人生當然是多彩多姿。

　　我想，多數人過的應該是平凡的人生，通常是平安順利，即使偶遇逆境，

但都能夠忍耐化解，此種人生也深具意涵，因為從來不給國家社會造成負擔，謹守本分，默默對周遭的人事，做出間接的付出與貢獻，這樣的人可說無愧於心。

如果去計算人生的各種比率，其實並沒有數字上的意義，但是或許能夠提醒我們，盡量去創造無怨無悔、問心無愧的彩色人生。例如：

1.人生流動比率＝襁褓期到高中÷人情債

人生流動比率強調「襁褓期到高中」階段，此期間應該盡量減少分母的發生，然後擴張分子的學習基礎與深度，才不會枉費父母對我們的「養育債」，此時雖然會增加長期負債，但那是無可避免的。

2.人生長期投資對總資產比率＝大學時期÷人的一生

此一比率強調「大學時期」，應該要在此期間厚植專業素養與外語能力，才能夠作為「成家立業」的基礎。

3.人生固定資產比率＝成家立業÷人的一生

此一比率強調「成家立業」的階段，除了累積財富外，也要盡到作為家庭中堅份子的責任，一方面要照顧妻兒，一方面要孝順父母，「養育債」的償還全靠此一時期的努力。

4.人生固定比率＝成家立業÷生命

人生固定比率強調生命的廣度與深度，在成家立業的階段是最重要的，人的家庭責任與社會責任都在此階段達到最高峰，能否無愧於心，全看此一時期的表現。

5.人生權益比率＝生命÷人生

「生命」絕對不等同於「人生（人的一生）」，應該說生命決定於人生的長寬高低，我們無法決定人生的長度，但是可以左右人生的寬度，可以說人生的六個階段決定了人的生命，分母影響分子。

　　我覺得人生權益比率蠻有意思的，出生之一剎那，生命等於人生，此時比率等於一。然後開始有了「養育債」，除非父母沒有盡到責任，否則越累積會越多，再來也會發生「人情債」，時多時少會有變化，這些狀況導致分母增加，使得人生權益比率小於一。等到某一天，你的「人情債」與「養育債」都還清了，你的「生命」終於回歸於自我，「生命」就等於「人生」，比率又還原成一，如果又能夠實現自我與發揮自我，此時或許能大聲說 「不虛此生」。

第二節　閱讀財務報表的要訣

　　閱讀財務報表通常有其主要目的，閱讀者通常會直接尋找自己所要的資訊，例如：觀察營業額、毛利、流動資產是否大於流動負債、資本額等。其並不會也不需浪費時間從頭看到尾。

　　至於沒有特定目的之財務報表閱讀者，可能為學生或一般投資大眾，收到股東常會議事記錄隨手瀏覽者。此種情況也要避免浪費時間，應該順手擷取一些重要資訊，如本期淨利。本節特就此種情況，說明如何閱讀財務報表。

一、取得財務報表

　　因為第一節之財務報表太複雜，因此擷取台光電子公司、台燿科技公司（代號 6274）、台虹科技公司（代號 8039）之簡明報表作說明與比較。此三家公司為印刷電路板電子零組件公司，主要產品為銅箔基板。

表 2-5

台光電子公司 106～108 年度簡明損益表		
單位：新臺幣仟元		
	106 年	107 年	108 年
營業收入	23,609,983	22,890,928	24,865,522
營業成本	17,782,005	18,314,678	18,765,219
營業毛利（毛損）	5,827,978	4,576,250	6,100,303
未實現銷貨（損）益	–	–	–
已實現銷貨（損）益	–	–	–
營業毛利（毛損）淨額	5,827,978	4,576,250	6,100,303
營業費用	1,821,420	1,820,917	2,020,753
其他收益及費損淨額	–	–	–
營業利益（損失）	4,006,558	2,755,333	4,079,550
營業外收入及支出	21,894	71,537	124,276
稅前淨利（淨損）	4,028,452	2,826,870	4,203,826
所得稅費用（利益）	1,233,276	1,072,437	958,525
繼續營業單位本期淨利（淨損）	2,795,176	1,754,433	3,245,301
停業單位損益	–	–	–

本期淨利（淨損）	2,795,176	1,754,433	3,245,301
其他綜合損益（淨額）	−108,679	−188,823	−412,750
本期綜合損益總額	2,686,497	1,565,610	2,832,551
淨利（淨損）歸屬於母公司業主	2,790,957	1,751,378	3,240,845
淨利（淨損）歸屬於共同控制下前手權益	−	−	−
淨利（淨損）歸屬於非控制權益	4,219	3,055	4,456
綜合損益總額歸屬於母公司業主	2,682,420	1,562,850	2,828,721
綜合損益總額歸屬於共同控制下前手權益	−	−	−
綜合損益總額歸屬於非控制權益	4,077	2,760	3,830
基本每股盈餘（元）	8.74	5.48	10.14

表 2-6

台燿科技公司 106～108 年度簡明損益表			
單位：新臺幣仟元			
	106 年	107 年	108 年
營業收入	16,103,211	17,787,226	17,527,071
營業成本	12,765,502	13,765,229	13,389,446
營業毛利（毛損）	3,337,709	4,021,997	4,137,625
未實現銷貨（損）益	−	−	−
已實現銷貨（損）益	−	−	−
營業毛利（毛損）淨額	3,337,709	4,021,997	4,137,625
營業費用	1,996,497	1,622,380	1,980,808
其他收益及費損淨額	−	−	−
營業利益（損失）	1,341,212	2,399,617	2,156,817
營業外收入及支出	−19,114	−6,379	78,299
稅前淨利（淨損）	1,322,098	2,393,238	2,235,116
所得稅費用（利益）	320,583	556,758	482,674
繼續營業單位本期淨利（淨損）	1,001,515	1,836,480	1,752,442
停業單位損益	−	−	−
本期淨利（淨損）	1,001,515	1,836,480	1,752,442
其他綜合損益（淨額）	−85,154	−83,362	−255,577
本期綜合損益總額	916,361	1,753,118	1,496,865
淨利（淨損）歸屬於母公司業主	1,001,515	1,836,480	1,752,442

淨利（淨損）歸屬於共同控制下前手權益	–	–	–
淨利（淨損）歸屬於非控制權益	–	–	–
綜合損益總額歸屬於母公司業主	916,361	1,753,118	1,496,865
綜合損益總額歸屬於共同控制下前手權益	–	–	–
綜合損益總額歸屬於非控制權益	–	–	–
基本每股盈餘（元）	4.12	7.46	6.92

表 2-7

台虹科技公司 106～108 年度簡明損益表

單位：新臺幣仟元

	106 年	107 年	108 年
營業收入	11,192,892	9,643,051	7,583,654
營業成本	9,058,315	7,650,007	5,844,516
營業毛利（毛損）	2,134,577	1,993,044	1,739,138
未實現銷貨（損）益	–95	0	–
已實現銷貨（損）益			
營業毛利（毛損）淨額	2,134,482	1,993,044	1,739,138
營業費用	1,145,592	1,024,079	998,351
其他收益及費損淨額	–	–	–
營業利益（損失）	988,890	968,965	740,787
營業外收入及支出	–29,792	–100,423	51,667
稅前淨利（淨損）	959,098	868,542	792,454
所得稅費用（利益）	212,553	189,068	174,172
繼續營業單位本期淨利（淨損）	746,545	679,474	618,282
停業單位損益	–	–	–
本期淨利（淨損）	746,545	679,474	618,282
其他綜合損益（淨額）	1,673	–22,319	–125,002
本期綜合損益總額	748,218	657,155	493,280
淨利（淨損）歸屬於母公司業主	734,589	672,309	630,681
淨利（淨損）歸屬於共同控制下前手權益	–	–	–
淨利（淨損）歸屬於非控制權益	11,956	7,165	–12,399
綜合損益總額歸屬於母公司業主	736,316	650,156	505,924
綜合損益總額歸屬於共同控制下前手權益	–	–	–
綜合損益總額歸屬於非控制權益	11,902	6,999	–12,644
基本每股盈餘（元）	3.55	3.22	3.02

表 2-8

台光電子公司 106～108 年度簡明資產負債表			
單位：新臺幣仟元			
	106 年	107 年	108 年
流動資產	15,480,404	16,232,502	18,833,258
非流動資產	5,320,310	5,729,961	6,871,073
資產總計	20,800,714	21,962,463	25,704,331
流動負債	6,947,012	7,201,783	10,321,431
非流動負債	1,970,190	2,845,890	1,846,331
負債總計	8,917,202	10,047,673	12,167,762
股本	3,196,524	3,196,524	3,197,080
資本公積	623,721	623,721	628,858
保留盈餘	8,288,626	8,503,506	10,526,386
其他權益	−237,192	−423,554	−832,393
庫藏股票	−	−	−
歸屬於母公司業主之權益合計	11,871,679	11,900,197	13,519,931
共同控制下前手權益	−	−	−
非控制權益	11,833	14,593	16,638
權益總計	11,883,512	11,914,790	13,536,569
待註銷股本股數（單位：股）			
預收股款（權益項下）之約當發行股數（單位：股）	−	−	−
母公司暨子公司所持有之母公司庫藏股股數（單位：股）	−	−	−
每股淨值（元）	37.14	37.23	42.29

每股淨值＝(權益－非控制權益)/(普通股股數＋特別股股數(權益項下)＋預收股款(權益項下)之約當發行股數－母公司暨子公司持有之母公司庫藏股股數－待註銷股本股數)

表 2-9

台燿科技公司 106～108 年度簡明資產負債表			
單位：新臺幣仟元			
	106 年	107 年	108 年
流動資產	9,312,954	12,039,244	13,360,333
非流動資產	3,236,091	3,574,647	4,653,824
資產總計	12,549,045	15,613,891	18,014,157

流動負債	4,713,777	5,053,969	6,329,621
非流動負債	819,415	2,361,022	1,584,736
負債總計	5,533,192	7,414,991	7,914,357
股本	2,447,820	2,471,466	2,648,558
資本公積	140,146	309,664	1,652,607
保留盈餘	4,418,738	5,488,008	6,112,244
其他權益	9,149	−70,238	−313,609
庫藏股票	−	−	−
歸屬於母公司業主之權益合計	7,015,853	8,198,900	10,099,800
共同控制下前手權益	−	−	−
非控制權益	−	−	−
權益總計	7,015,853	8,198,900	10,099,800
待註銷股本股數（單位：股）	−	−	−
預收股款（權益項下）之約當發行股數（單位：股）	14,000	24,000	52,500
母公司暨子公司所持有之母公司庫藏股股數（單位：股）	−	−	−
每股淨值（元）	22.97	26.04	27.03

表 2-10

台虹科技公司 106～108 年度簡明資產負債表			
			單位：新臺幣仟元
	106 年	107 年	108 年
流動資產	8,532,677	8,425,059	7,601,893
非流動資產	3,200,559	3,516,831	3,772,088
資產總計	11,733,236	11,941,890	11,373,981
流動負債	3,920,097	3,959,460	2,295,834
非流動負債	574,076	600,981	1,725,537
負債總計	4,494,173	4,560,441	4,021,371
股本	2,088,467	2,091,197	2,091,197
資本公積	1,441,339	1,446,639	1,342,759
保留盈餘	3,690,019	3,890,519	4,043,080
其他權益	−92,974	−166,117	−230,993
庫藏股票	−	−	−
歸屬於母公司業主之權益合計	7,126,851	7,262,238	7,246,043
共同控制下前手權益	−	−	−

非控制權益	112,212	119,211	106,567
權益總計	7,239,063	7,381,449	7,352,610
待註銷股本股數（單位：股）	–	–	–
預收股款（權益項下）之約當發行股數（單位：股）	66,500	0	0
母公司暨子公司所持有之母公司庫藏股股數（單位：股）	–	–	–
每股淨值（元）	34.12	34.73	34.65

二、如何閱讀綜合損益表

為說明方便，先將台光電、台燿及台虹公司 108 年度之綜合損益表整理其主要資訊如下：

單位：新臺幣仟元

	台光電	台燿	台虹
營業收入	24,865,522	17,527,071	7,583,654
營業成本	18,765,219	13,389,446	5,844,516
營業毛利	6,100,303	4,137,625	1,739,138
營業費用	2,020,753	1,980,808	998,351
營業利益	4,079,550	2,156,817	740,787
業外淨損益	124,276	78,299	51,667
稅前淨利	4,203,826	2,235,116	792,454
所得稅費用	958,525	482,674	174,172
本期淨利	3,245,301	1,752,442	618,282
其他綜合損益（淨額）	−412,750	−255,577	−125,002
本期綜合損益總額	2,832,551	1,496,825	493,280
每股盈餘（元）	10.14	6.92	3.02
毛利率	24.53%	23.61%	22.93%

(一)觀察營業收入

1.與同業比較

　　營收以台光電約 249 億為最高，其次為台燿 175 億，台虹約 76 億。但是營收高是否有較高的獲利還要考慮成本與費用。由於台光電股本較大，台燿與台虹股本較小，相互比較若有不適，可以按公司本身不同年度資料加以比較。

2.公司本身不同年度比較

　　請參考表 2–5，台光電 106 至 108 年營收分別約 236 億、228 億及 249 億，三年差異不大。109 年是否能夠成長，也可以觀察每月 10 日前公布的上個月的營收資料，這在奇摩股市或公開資訊觀測站都可查閱，台光電 109 年前兩個月之營收比去年同期成長約 15%，但是受到武漢肺炎影響，整年是否成長，還需要後續之觀察。

(二)瞭解毛利率

　　三家公司的毛利率以台光電 24.53% 最高，台虹 22.93% 最低，可見台光電在成本控制上比較優異。若以台光電本身三年度比較（可用表 2–5 資料計算，或從公開資訊觀測站查詢），其毛利率 107 年度為 19.99%，106 年度為 24.68%。可見台光電之成本控制似乎有些起伏不定，應該是受到材料價格波動的影響。

(三)觀察營業利益

　　營業利益台光電約 41 億，台燿約 22 億，台虹只有 7.4 億，相差蠻多的。基本上營收高營業利益也會比較高，但是也有例外，如果成本與費用控制不當，也會造成營收高但是營業利益反而低的情形。

㈣注意業外損益、停業單位損益

三家公司均無停業單位損益，但是都有業外利益，台光電較多，台虹最少。業外損益多屬轉投資於其他公司，通常業外投資相較於本業之比例甚微，但是也有例外，像統一公司 105 年度的業外淨利是本業的 42%，實屬特例，但是統一公司近年來已大量減少其轉投資了。

㈤觀察其他綜合損益

108 年度之其他綜合損益台光電約 −4.1 億，台燿約 −2.6 億，台虹約 −1.2 億。對「本期綜合損益總額」都有不少影響。

㈥審視本期綜合損益總額

三家公司本期綜合損益總額分別為台光電約 28.3 億，台燿約 15 億，台虹約 4.9 億，仍以台光電為最優。若以台光電三年數字比較（參考表 2–5），106 至 108 年分別為 26.9 億、15.7 億及 28.3 億。107 年衰退不少，但是 108 年又成長回來。

㈦比較每股盈餘

三家公司每股盈餘分別為台光電 $10.14、台燿 $6.92 及台虹 $3.02，台光電最優，台燿也不錯，台虹最差，表示台虹營運仍需要努力。以 109 年 3 月 31 日 （108 年度財務報表公告最終日期） 之股價比較，三家公司分別為 $106、$122 及 $41.9，除了反映每股盈餘對股價之影響，也顯示台燿的不凡，其每股盈餘低於台光電，股價卻比台光電高，主要是有利基產品與法人炒作的影響。若以台光電三年度每股盈餘比較（參考表 2–5），106 至 108 年分別為 $8.74、$5.48 及 $10.14，顯示 107 年大幅衰退，108 年卻大幅成長。

三、如何閱讀資產負債表

資產負債表係表達企業在某特定日期的資產、負債、權益的狀況。閱讀的重點除了要掌握這三者的組成結構外，更要進一步瞭解資產負債表上下左右（垂直與水平）的各種功能。

㈠資產、負債與權益的結構

1.資產的結構

資產分為流動資產與非流動資產兩大類，前者按流動性大小排序，後者按投資性、經營性與其他項目排序。詳細內容可參考表 2–2。

2.負債的結構

負債係以到期日的先後來排序，通常分為流動負債與長期負債（非流動負債）。

3.權益的結構

權益即公司的自有資本，是無需償還的資本。大致可分為股本、資本公積與保留盈餘。另外可能有其他權益與庫藏股票。

㈡資產負債表上下左右的關係

1.資本的調度

此種閱讀方式係著重於資本結構，亦即注意資本的來源係屬外借資本抑或是自有資本。通常會考慮負債比率與權益比率兩者之平衡關係，避免負債過大。

2.資產的結構

資產可以表示公司對資本（包含負債及權益）的運用狀況，著重於資產結構的閱讀方式，多強調固定資產與流動資產兩項，包括流動資產與固定資產的詳細內容。固定資產是企業長期經營所需，但是過多的話將負擔過重，相對的流動資產過少，會增加營運風險。

3.負債的償還

負債是外部資本,即經由外部借入而來的資本,將來必須加以償還。閱讀負債應著重於長、短期負債的償還能力,尤其是在流動負債上,希望有足夠的流動資產備供償還流動負債,此為一種安全性的考量。負債雖然需要資產來償還,但也是公司資產的來源,讀者應瞭解這種相對的關係。

4.資本的運用

此種閱讀方式係著重於資本的用途,亦即注意資本的去向,是用來供應流動資產或固定資產。重點在於應以長期資金來供應固定資產。此為一種活用性分析的考慮,若將銷貨收入併入後,則為著重於資產運用效率之分析。

上述 1.、2.為垂直性的分析較為單純,因為只著重於資本與資產本身的結構性關係。 3.、4.為水平性的分析,稍為複雜,因為要考量資產、負債與權益三者的相互關係。

除了前述閱讀重點外,另外可由下列幾點疑問來作為企業營運的指南:

(1)流動負債是否增加?還款有沒有問題?

(2)長期負債是否過多?能否延長期限?注意財務槓桿的正負。

(3)權益是否適度?

(4)應收款項是否過多?品質如何?

(5)庫存產品是否適量?

(6)長期投資風險如何?

(7)固定資產資本支出是否適度有效?

茲以台光電 108 年度之簡明資產負債表說明之:

1.權益 135 億,負債 121 億,自有資本為負債之 1.1 倍,資本結構尚屬健全。

2.流動資產 188 億,非流動資產 69 億,資產結構健全,營運風險低。

3.流動資產 188 億,約為流動負債 103 億之 1.8 倍,短期償債能力佳。

4.非流動資產 69 億,權益 135 億,不考慮非流動負債 18 億之下,資金已足夠供應非流動資產,因此資本的運用相當穩健良好。

四、如何閱讀現金流量表

現金流量表本身分為三個部分，即營業活動、投資活動與籌資活動，三者分別表達三種資金的來源與用途，清清楚楚，大致上不會有閱讀上的困難。

根據會計方程式「資產＝負債＋權益」，為了特別強調現金流量，特將資產二分法為現金與非現金資產，則會計方程式變成：

$$現金 + 非現金資產 = 負債 + 權益$$

又可寫成：

$$現金 = 負債 + 權益 - 非現金資產$$

如果現金經過一段期間的變化，則現金流量的變動就可表示成：

$$\Delta\,現金 = \Delta\,負債 + \Delta\,權益 - \Delta\,非現金資產$$

這就是現金流量表的觀念，當負債及權益增加，會使現金流量增加，反之負債及權益減少，就會使現金流量減少，非現金資產變化的影響正好和負債及權益相反。

有關現金流量表的編製方法與內容，將於第八章「資金流量分析」介紹之。

第三節　財務報表公告時間

已依證券交易法發行有價證券之公司，除情形特殊，經主管機關另予規定者外，應依下列規定公告並向主管機關申報：

一、於每會計年度終了後三個月內,公告並申報經會計師查核簽證、董事會通過及監察人承認之年度財務報告。

二、於每會計年度第一季、第二季及第三季終了後四十五日內,公告並申報經會計師核閱及提報董事會之財務報告。

三、於每月十日以前,公告並申報上月份營運情形。

根據上述之規定,假設以曆年制為會計年度之公司為例,其財務報告之公告時間彙列如下:

表 2-11　曆年制公司財務報告之公告時間

財務報告	應公告時間	上市、櫃公司	公開發行公司	會計師處理
第一季報	營業期間終了 45 日內	每年 5/15 前	不用公告	核閱
第二季報	營業期間終了 45 日內	每年 8/14 前	不用公告	核閱
第三季報	營業期間終了 45 日內	每年 11/14 前	不用公告	核閱
年　報	營業期間終了三個月內	每年 3/31 前	每年 3/31 前	簽證
每月營收	次月 10 日前	各月 10 日前	不用公告	不用處理

公司若無法依照上述規定日期公告財務報告,依據《臺灣證券交易所股份有限公司營業細則》第 50 條第 1 項,及《財團法人中華民國證券櫃檯買賣中心證券商營業處所買賣有價證券業務規則》 第 12-1 條第 4 項規定,未按時公告財務報表之公司股票將被處以「暫停交易」的處分,必須等到公司補行公告後,才可恢復交易。

個案研習 B

尊嚴無損

　　在一次研習餐會上，某甲大放厥詞，認為企業財務報表無助於投資分析，因為那只是「歷史的陳蹟」，而且可信度令人質疑，否則也不會有安隆事件發生。某乙亦附和道：「股票投資只要利用技術分析，加上眼明手快就夠了。」某丙是一位資深會計師，雖不敢直接反駁意見，卻不得不維護會計人的尊嚴：「安隆事件或霸菱案件只是少數個案，雖然對社會有點衝擊，但卻無損會計對企業的幫助，會計資訊、財務報表仍然是企業主管賴以分析與決策的重要依據。並非 Mr. 甲說的『歷史的陳蹟』，歷史就是事實，事實對投資分析就有幫助，會計要改善的，就是資訊提供的時效性，會計界也都在為此一缺點盡力謀求改善之道。例如公告季報與半年報、公告每月營收、以及公告企業重大的訊息等。」

　　某丙對會計不褒不貶的言論，我個人深表贊同與好感，料想其他人亦不能再貶低會計、貶低財務報表吧！至於企業負責人或高階管理者，蓄意舞弊或詐欺，掏空公司資產謀求個人利益，那是個人的品德問題，並非會計的錯。

◆問　題：

1. 財務報表有何用途？
2. 財務報表是否足可信賴？
3. 財務報表分析對股票投資是否有所幫助？
4. 你認為有什麼方法可以改善財務報表提供的時效性？

■ 思考與練習 ■

一、問答題

1.閱讀綜合損益表有何要訣？

2.如何掌握綜合損益表的重要資訊？

3.如何閱讀資產負債表？

二、選擇題

（　）1.銷貨成本可以下列何式表達？

(A)期初存貨＋銷貨－期末存貨　(B)期初存貨－進貨＋期末存貨

(C)期初存貨－銷貨＋期末存貨　(D)期初存貨＋進貨－期末存貨

【券商業務】

（　）2.現金流量表將企業在特定期間之活動區分為數種，下列何者非屬之?

(A)營業活動　(B)營利活動　(C)投資活動　(D)融資活動　【券商高業】

（　）3.提供財務季報表主要在滿足下列何種目標？

(A)提供及時的資訊　(B)提供攸關的資訊　(C)提供可靠的資訊　(D)提供可供比較的資訊　【券商高業】

（　）4.根據行政院金融監督管理委員會公布之國內 IFRS 適用時程分為二階段，第一階段適用之對象除自願提前適用外，應自西元幾年開始依 IFRS 編製財務報告？

(A) 2012 年　(B) 2013 年　(C) 2014 年　(D) 2015 年　【券商高業】

（　）5.我國自那一年開始轉換為國際財務報導準則 (International Financial Reporting Standards)？

(A)民國 100 年　(B)民國 101 年　(C)民國 102 年　(D)民國 103 年

【證券分析】

（　）6.下列關於國際財務報導準則 (International Financial Reporting Standards) 內容的說明，何者正確？

(A)將財務狀況表 (Statement of Financial Position) 稱為資產負債表

(Balance Sheet)

　　　　(B)增加當期綜合損益表 (Statement of Comprehensive Income)

　　　　(C)須利用附註或解釋性資料，來改正不適當的會計政策

　　　　(D)以上的說明均不正確　　　　　　　　　　　　　　　【證券分析】

(　) 7.下列何者不是財務報表的一種？

　　　　(A)現金流量表　(B)權益變動表　(C)資產變動表　(D)損益表

　　　　　　　　　　　　　　　　　　　　　　　　　　　　　【券商業務】

(　) 8.完整的財務報表是由四張報表組合而成，分別為資產負債表、損益
　　　　表、權益變動表及現金流量表，請問何者表內的數字屬於存量的觀
　　　　念？

　　　　(A)資產負債表　(B)損益表　(C)權益變動表　(D)現金流量表

　　　　　　　　　　　　　　　　　　　　　　　　　　　　　【券商業務】

(　) 9.旺來食品會計報表的營業費用包含銷售費用與一般管理費用兩大
　　　　項，以下那一個部門的費用最有可能被列在銷售費用項下？

　　　　(A)媒體廣告課　(B)股務室　(C)總務課　(D)法務室　【投信業務】

(　) 10.下列那些帳戶會有借方餘額？I. 銷貨折扣 II. 進貨折讓 III. 進貨退回
　　　　IV. 銷貨折讓 V. 商業折扣

　　　　(A) I.、II.、III.　(B) I.、IV.、V.　(C) IV.　(D) I.、IV.　【投信業務】

(　) 11.下列有關損益表之表達，何者不正確？

　　　　(A)應表達至稅後淨利　(B)原則上應以多站式方式表達　(C)公開發行
　　　　公司應計算每股盈餘　(D)顯示特定期間之財務狀況　【投信業務】

(　) 12.下列那一項負債的金額不代表將來需動用該金額的現金清償？

　　　　(A)應付帳款　(B)應付薪資　(C)應付所得稅　(D)預收租金

　　　　　　　　　　　　　　　　　　　　　　　　　　　　　【投信業務】

(　) 13.前期損益調整應置於：

　　　　(A)資產負債表「權益」項下　(B)保留盈餘表「期初保留盈餘」項下
　　　　(C)以附註方式揭露即可　(D)損益表「非常損益」項下　【券商業務】

(　) 14.以下那一種資訊不在損益表上揭露？

⑷股本溢價　⒝會計原則變動累計影響數　⒞每股盈餘　⒟所得稅
費用　　　　　　　　　　　　　　　　　　　　　　　【券商業務】

(　) 15.下列何者之流動性最低？

⑷現金　⒝存貨　⒞短期投資　⒟應收帳款　　【券商業務】

(　) 16.鐵心企業本期的營業收入是 42 億元，進貨成本是 38 億元，營業費
用是 18 億元，銷貨毛利是 21 億元，則其營業利益的金額應該是：

⑷ 7 億元　⒝ 3 億元　⒞ 24 億元　⒟ 35 億元　　【券商業務】

(　) 17.企業提列呆帳之費用應歸類為：

⑷營業費用　⒝營業外費用　⒞停業部門損益　⒟非常損益

【證券分析】

(　) 18.以下那一個會計名詞，有可能在損益表中出現？

⑷進貨折扣　⒝數量折扣　⒞商業折扣　⒟促銷折扣　【券商高業】

(　) 19.下面何事件會使企業應收帳款餘額減少？

⑷現金銷貨　⒝沖銷壞帳　⒞收回已沖銷之應收帳款　⒟提列備抵
呆帳　　　　　　　　　　　　　　　　　　　　　　【券商高業】

(　) 20.下列何者不是會計交易事項？

⑷宣告發放現金股利　⒝報銷帳面無殘值之機器設備　⒞發放股票
股利　⒟股東大會決議辦理現金增資　　　　　　　【券商高業】

(　) 21.公司的價值等於：

⑷銷貨收入減銷貨成本　⒝現金流入減現金流出　⒞有形之固定資
產加上無形資產的價值　⒟負債加上權益的價值　　【券商高業】

(　) 22.預收收益不會影響下列哪一項？

⑷資產　⒝負債　⒞現金流量　⒟權益　　　　　　【證券分析】

(　) 23.下列何者事件會影響損益表的結果：

⑷ 97 年度發放員工紅利　⒝以折價發行債券　⒞以溢價買回公司
流通在外的普通股作為庫藏股　⒟備供出售的股票投資，其年底股
票價格低於買入成本，判斷價格不是永久性下跌　　【證券分析】

(　) 24.在不考慮所得稅之影響下，公司認列資產價值發生減損之損失時，

下列哪一項不會受到影響？

(A)資產帳面價值　(B)損益表淨利　(C)權益總額　(D)現金流量

【證券分析】

（　）25.下列那一項目在財務報表中是列為資產或負債的附加科目？

(A)累計折舊　(B)備抵壞帳　(C)處分固定資產溢價　(D)應付公司債溢
價　　　　　　　　　　　　　　　　　　　　　【投信業務】

（　）26.群山公司96年中誤將一筆機器設備購置列為修理費，則對當年度財
務狀況或經營績效之影響為：

(A)本期純益低估　(B)資產高估　(C)負債高估　(D)權益高估

【證券分析】

（　）27.現金流量分類為：

(A)投資、融資及營業活動　(B)融資、營業及非營業活動

(C)投資、融資及非營業活動　(D)營業與非營業活動　【證券分析】

（　）28.應付公司債折價攤銷為：

(A)負債之減少　(B)利息費用之減少　(C)公司債到期日應償還金額之
增加　(D)利息費用之增加　　　　　　　　　　【券商高業】

（　）29.償債基金在資產負債表上應列為：

(A)流動資產　(B)非流動資產　(C)負債之減項　(D)權益　【券商高業】

（　）30.所得稅費用應列為：

(A)盈餘分配項目　(B)營業外支出　(C)營業費用　(D)本期稅前淨利減
項　　　　　　　　　　　　　　　　　　　　　【券商業務】

三、計算題

1.信義股份有限公司01年的資產負債表（部分）如下：

信義股份有限公司
資產負債表（部分）
01 年 12 月 31 日

（單位：仟元）

資　產

流動資產：		
現　金	$ 12,000	
有價證券市價（成本 $20,000）	26,000	
應收帳款	33,500	
存　貨	64,000	$135,500
廠房與設備：		
土地與房屋	120,000	
減：折舊準備	35,000	85,000
機械設備	80,000	
減：累積折舊	24,000	56,000
長期投資：		
股　票	40,000	
庫藏股	20,000	60,000
其它資產：		
預付費用	2,000	
應付公司債折價	1,000	3,000
資產總計		$ 39,500

試問：請將此部分報表內，揭示不足或錯誤之處，逐項指出並修正。

【證券分析】

2.大華公司 01 年資料如下：

銷貨毛利占銷貨的	40%
銷貨成本	$42,000
營業利益	12,000
營業外費用	5,000
停業單位利益（稅前）	12,000
所得稅率	25%

試作：編製大華公司 01 年之簡明損益表。（列出必要之計算）

3. 大元公司資產負債表內容如下編排錯誤：

（單位：仟元）

資　產		負債與權益	
現　　金	$ 50,000	短期借款	$ 40,000
短期投資	30,000	應付公司債	100,000
土　　地	100,000	應付帳款	35,000
應收帳款	40,000	其他應付款	20,000
存　　貨	25,000	普通股股本	100,000
房屋淨額	75,000	資本公積	20,000
設備淨額	32,000	保留盈餘	41,500
預付費用	4,500		
資產總額	$356,500	負債與權益總額	$356,500

試作：請予更正，重新編製正確之資產負債表。

Chapter 3

基本分析方法

Basic Analysis Method

資訊補給 C 　對症下藥

不論任何分析，應該都是在幫助人類解決問題。如同醫師醫治病人，先「望聞問切」判斷狀況，掌握問題後對症下藥。財務報表分析也是一樣，要作狀況判斷，掌握問題要點，再作決策分析，有效去執行。2007 年 10 月 7 日，柯羅莎颱風襲臺第二天，破紀錄的打轉 9 個小時，也成為氣象人員研究分析的標的，這種分析也是為了將來遇上颱風警報能準確追蹤的解決方針。

《贏家管理思維》❶ 的作者，認為任何的管理辦法，追根究底也離不開制訂並執行決策，以及解決問題。不論是「組織再造」、「學習型組織」，或是「全面品管」，全部都是「狀況判斷」、「問題分析」、「決策分析」和「潛在問題和潛在機會分析」四種過程的合併，只不過加上一個比較現代化的偽裝而已。

該書作者認為決策和解決問題的技能是企業成功的基礎，也是原始主管據以發展，以及許多今天的管理妙論能被發現的基礎。在 1995 年楊可勒維契夥伴和崔果／凱普納管理顧問公司對三百名工商業界高級主管進行的調查中，有 92% 的主管認為決策和解決問題技能對企業成功是「絕對重要」或是「非常重要」的。

因此我們應該花多一點時間，反覆思索決策和解決問題的方法，這才是簡單卻又務實的「基本面」。這種過程對每個企業而言都是根本要務，歷久彌新。以下就是這四種技巧的定義：

1. 狀況判斷：一種研判、簡化、將繁複的商業問題分出先後順序的方法。
2. 問題分析：找出某些事為何出差錯的一種過程。
3. 決策分析：一種確保對於利益和風險的每一面向都給予足夠考量的決策方法。
4. 潛在問題和潛在機會分析：策劃可以規避未來問題並抓住未來機會的作法。

---

❶ 董更生譯，《贏家管理思維》，中國生產力中心，1999 年 3 月出版，原著昆恩‧史比哲 (Quinn Spitzer)、隆‧艾凡司 (Ron Evans)。請參考其前言，以及頁 20～24。

本章特別就基本分析方法作一詳細之介紹。基本分析是財務報表的主要分析方法之一，只要完成這些基本分析方法，分析者便能判斷企業各方面的狀況，包括一般所謂的五力：即安定力、收益力、活動力、成長力、生產力。此些觀念將在各章解釋各種比率時，作進一步介紹。

基本分析包括比較分析、趨勢分析、共同比分析、比率分析以及一般人常會忽略的敘述性資料分析，茲分別介紹之。

第一節　比較分析

所謂比較分析，通常係指比較財務報表而言，屬於橫向分析（水平分析），為一種動態分析方式。因為是以上期為基準，將本期數字與上期數字作比較，瞭解其變動金額及百分比關係，兩期相比故為一種動態分析方式，又可稱為比較報表。

比較分析的方法包括下列幾種：

1.絕對數字比較。

2.絕對數字增減變動。

3.百分比率。

4.百分比增減變動（變動百分比）。

茲舉例說明之：

大立公司第一年及第二年部份資料如下：

科　目	絕對數字比較		增減變動（金額）	百分比率	增減百分比
	第一年	第二年			
銷　貨	$100,000	$120,000	$ 20,000	1.20	20%
毛　利	40,000	50,000	10,000	1.25	25%
淨利（損）	(1,000)	22,000	23,000	−	−
應收帳款	50,000	40,000	(10,000)	0.80	(20%)
存　貨	30,000	30,000	0	1.00	0%
長期投資	0	20,000	20,000	−	−
應付票據	10,000	0	(10,000)	0.00	(100%)

上述資料中，某些百分比率及增減百分比無法計算，或計算出來沒有意義。包含下列三種：

1. 當基期數字為零時，百分比率及增減百分比均無法計算。

2. 當基期數字為負時，百分比率及增減百分比均沒有意義。

3. 當本期數字為負而基期數字為正時，百分比率及增減百分比沒有意義。

以上三種情況，只要比較其絕對數字及絕對數字之增減即可，不必去煩惱百分比關係。此外，應注意若兩期均為負數時，四種方法均可比較。最後，在比較增減百分比時，應注意基期數字是否太小，因為太小時，百分比率可能相當大，容易被假象迷惑，不可不慎。

第二節　趨勢分析

所謂趨勢分析，亦屬橫向之動態分析方式。乃就三期以上之財務報表，選擇某一基期，計算各項目對基期項目之趨勢變動百分比，藉以相互比較稱之。

說穿了，趨勢分析只不過是比較分析變動百分比的擴大運用而已；但是因為比較的期數為三期以上，因此易於瞭解數字變動的趨勢是往上、往下或持平，故稱為趨勢分析。趨勢分析之基期有下列幾種認定方式：

1. **固定基期：**即固定以某期的數字，作為基期的數字（通常以最早一期為固定基期）。固定基期為最常採用之方式。

2. **變動基期：**以前一期數字，作為後一期的基期數字。

3. **平均基期：**以各期的平均數字，作為基期數字。

假設大德公司連續四年毛利資料如下：

	第一年	第二年	第三年	第四年
毛利	$40,000	$50,000	$60,000	$50,000

	趨勢百分比			
	第一年	第二年	第三年	第四年
固定基期（以第一年為基期）	100	125	150	125
變動基期	100	125	120	83
平均基期 （四年平均數為 $50,000）	80	100	120	100

在作趨勢分析時，下列幾點應予注意：

1. 基期金額若為零或負數，則無意義。

2. 應輔以絕對數字比較，以免誤導。

3. 不能以非正常之營業年度為基期。

4. 會計原則或政策若有不一致之變動，應先作調整，再予分析。

5. 趨勢分析可擴大運用，以季或月為基準均可作分析。

茲以第二章台光電簡明損益表列示其比較分析與趨勢分析如下：

表 3–1

台光電簡明損益表比較分析

單位：新臺幣仟元

	絕對數字比較		增減金額	百分比率	增減百分比
	107 年度	108 年度			
營業收入	$22,890,928	$24,865,522	$1,974,594	108.62	8.62%
減：營業成本	18,314,678	18,765,219	450,541	102.46	2.46%
營業毛利	$ 4,576,250	$ 6,100,303	$1,524,053	133.30	33.30%
減：營業費用	1,820,917	2,020,753	199,836	110.98	10.98%
營業淨利	$ 2,755,333	$ 4,079,550	$1,324,217	148.06	48.06%
加：營業外收入及支出	71,537	124,276	52,739	173.72	73.72%
稅前淨利	$ 2,826,870	$ 4,203,826	$1,376,956	148.71	48.71%
減：所得稅費用	1,072,437	958,525	−113,912	89.38	−10.62%
繼續營業單位淨利	$ 1,754,433	$ 3,245,301	$1,490,868	184.98	84.98%
加（減）：停業單位損益	–	–	–	–	–
本期淨利	$ 1,754,433	$ 3,245,301	$1,490,868	184.98	84.98%
其他綜合損益（淨額）	−188,823	−412,750	−223,927	–	–
本期綜合損益總額	$ 1,565,610	$ 2,832,551	$1,266,914	180.92	80.92%
基本每股盈餘	$ 5.48	$ 10.14	$ 4.66	185.04	85.04%

表 3–2

台光電簡明損益表趨勢分析

單位：新臺幣仟元

	106 年度基期金額	106 年度（指數）	107 年度（指數）	108 年度（指數）
營業收入	$23,609,983	100.00	96.95	105.32
減：營業成本	17,782,005	100.00	103.00	105.53
營業毛利	$ 5,827,978	100.00	78.52	104.67
減：營業費用	1,821,420	100.00	99.97	110.94
營業淨利	$ 4,006,558	100.00	68.77	101.82
加：營業外收入及支出	21,894	100.00	326.74	567.63
稅前淨利	$ 4,028,452	100.00	70.17	104.35
減：所得稅費用	1,233,276	100.00	86.96	77.72
繼續營業單位淨利	$ 2,795,176	100.00	62.77	116.10
停業單位損益	–	–	–	–
本期淨利	$ 2,795,176	100.00	62.77	116.10
其他綜合損益（淨額）	–108,679	100.00	–173.74	–379.79
本期綜合損益總額	$ 2,686,497	100.00	58.28	105.44
基本每股盈餘	$　　　　8.74	100.00	60.70	116.02

第三節　共同比分析

　　所謂共同比分析 (Common-Size Analysis)，亦稱為同型比分析，係將財務報表各項目，按其占總數之百分比來表達之方式，因為其比較多以財務報表為標的，故稱為共同比財務報表，或同型比財務報表，簡稱同型表。

　　此種分析必須先選擇財務報表中之某項共同尺度 (Common-Size)，以其為 100%，然後再計算其他各項占共同尺度之比例關係，藉以彰顯各報表項目內形成之結構百分比，故又稱為結構分析 (Structural Analysis) 或組合百分比分析 (Component Percentage Analysis)，屬於垂直縱向分析 (Vertical Analysis)。此種分析在不同規模的公司相互比較，更具成效。

一、共同比分析釋例

共同比分析在分析資產負債表時，是以資產總額作為 100%，在分析綜合損益表時，則以銷貨淨額作為 100%，至於分析現金流量表時，則可以分別以現金流入合計數，與現金流出合計數作為 100%，分別計算各項流入流出占其之百分比。甚至於還可以擴大運用其範圍，例如以流動資產為 100%，分別計算流動資產組成項目占其百分比關係。

事實上，上市櫃公司每年寄給股東的股東常會議事錄，除了各項決議案外，其財務報表均會列出兩年度之金額與共同百分比。請參考第二章台光電之綜合損益表與資產負債表（表 2–1 與表 2–2）。

參考之後，就可明白共同比分析非常方便使用，與同業比較也很容易，可以迅速找出關鍵的數字及比例。至於各種比率分析之運用則於後面各章詳述，本處不再贅敘。

二、共同比分析之目的及優缺點

對於同型表分析之目的，簡要說明如下：

㈠綜合損益表共同比分析之目的

1. 可以獲悉毛利率、純益率等重要資訊。
2. 可以獲悉各項成本占銷貨之比重關係，必要時可檢討哪些成本應予抑減或加強控制。
3. 可以和同業比較，或者和前期比較，藉以瞭解公司的優劣，或是應予改善之處。

㈡資產負債表共同比分析之目的

1. 可以獲悉資產、負債、權益各大項與細項所占之重要性與適當性。
2. 初步瞭解財務結構是否健全，例如可以判斷負債與權益的比例關係，又可

判斷短期資金是否不當使用於長期之需求。

3. 可以和同業或前期比較。

㈢現金流量表共同比分析之目的

1. 可以瞭解現金來源由哪些項目構成，其比例關係一清二楚。（以現金流入為100％）

2. 可以瞭解現金的使用，分別歸向何處，所占比例各是多少。（以現金流出為100％）

3. 可以獲悉現金流入與流出之穩定性。

不過實務上，通常不會對現金流量表作共同比分析。

共同比分析的優點，有八個字可以形容，即「簡化數字，便於比較」，而缺點則是需配合其他方法，才能有較完整的分析與瞭解。

心靈饗宴 C
以人為本

雖然不斷變化的經濟環境一直影響人類，但是對事物的處理與導引，卻掌握在人的手上，企業的經營也是如此，面對著層出不窮的管理問題，依靠的不是機械、不是電腦，而是人的智慧；只有「人」才是企業成長的根源與動能。

企業中的每一個人，若能扮演好自己的角色，就能夠讓企業成長。社會中的每一個人，若能發揮自己的才能，社會也能進步。同樣的，國家中的每一個人，若能謹守本分努力工作，國家也將安定與繁榮。

對財務分析而言，關鍵的因素全在於「人」。企業的財務專業人員，可以幫助公司績效的提升，因而提高企業的價值。因為透過分析可以迅速回饋重要的資訊，透過分析能夠確切掌握決策的重點。分析之後，專業的判斷更是重要，因為分析的結果只是一個估計值，我們需要的是作一個「聰明的判斷」。

「由奢入儉難」，人要向上提升自己的專業與品德，必須一步一腳印，秉持恆心，堅決向前。跌倒了，也必須不畏艱難，起身再上。這過程雖然辛苦與漫長，卻擁有良心的安慰，終生無愧，並且贏得他人的尊敬。

「由儉入奢易」，人若向下沉淪，真是易如反掌，畢竟世上的誘惑太多，看看力霸與東森案，王家的墮落就知道。除了這種自主性的掏空為惡外，還有一些管理者非自主性的受到誘惑，導致企業的失敗。不禁讓我想起讀過兩三遍的書《董事會的前一夜：一個有關領導管理的寓言》❷。主角安德魯是一個總經理，作者透過他來描述董事會的前一夜，發生的一些怪誕事件。身為讀者，我深切希望安德魯能夠因為奇遇，而渡過董事會的難關，更希望在歷經低潮的業績後，往後可以大展鴻圖。

故事並非朝著我希望的方向發展，但是卻有一股深深吸引人的魔力，讓人手不釋卷的閱讀完畢，唏噓了一陣後，再翻閱一些關鍵之處，重新體會作者描述的五種誘惑，雖然有些在私人生活並非壞處，但是在扮演領導者時，

---

❷ 施貞鳳譯，《董事會的前一夜：一個有關領導管理的寓言》，中國生產力中心，1999 年 9 月初版，原著 Patrick Lencioni（派屈克‧藍奇歐尼）。

卻成為毒藥，妨礙公司的發展。茲整理五種誘惑及其因應之道如下：

誘　惑	行　為	因應之道
地位	只想保住地位，因而忘記了經營的目標	以經營目標做為衡量個人成功的重要指標
受歡迎	為了受部屬歡迎，因而忽略了對部屬的檢討與要求	以贏取部屬的尊敬而非部屬的喜歡為目標
正確性	屈服於做「正確」的決定，造成「時機」的延誤	將「釐清狀況」的重要性放在講求「正確」之前。
和諧	為了企業的和諧，疏忽了「建設性的意見衝突」	容忍不和諧，鼓勵不同意見的發言，但禁止人身攻擊
害怕受傷	因為害怕受下屬傷害，導致溝通不良，成為應聲蟲式的決策效果，將失去團隊力量	鼓勵部屬的質疑，並且信賴部屬，最終贏取部屬的信賴

　　身為企業的管理者，不論職位高低，難免會遇到各式各樣的誘惑與挑戰，如何妥善因應，也是管理者必須學習的課程，但是不要忘記最重要的一件事：「以人為本」，「以仁為本」。對企業經營而言，「仁」代表負責任的態度與忠誠的精神，你認為呢？

第四節　比率分析

一、比率分析的意義與概述

　　所謂比率分析，就是利用財務報表上兩個數字之間的比率關係，來研判企業之償債能力、獲利能力等各項能力。

　　比率為財務報表分析中用得最廣最多的分析方法，第三節所述之同型比分析，也是由各項比率組成。比率可以簡化複雜的資訊，但是其本身只是一種手段，尚需配合其他分析或資料才能進一步下定論。例如銷貨毛利為 $40,000，銷貨淨額為 $100,000，則毛利率為 40%。是否就表示公司一定能賺錢呢？答案是否定的，如果公司浪費太多營業費用，或者業外投資虧損，則公司雖有高達 40% 之毛利率，則未必會有純益，說不定反而是虧損呢！

　　不同的學者，不同的國家，對於比率分析都有不同之分類與強調方式。例如伯斯坦 (Leopold A. Bernstein) 在其所著《財務報表分析》(*Financial Statement Analysis*)，將財務比率區分為：短期償債能力、長期償債能力（資本結構）、資金流量、投資報酬率、營運績效、資產運用效率六大類。

　　我國財團法人金融聯合徵信中心每年都會編製「主要行業財務比率」依行業別分別列出償債能力、財務結構、現金流量分析、獲利能力、經營效能、倍數分析、資產負債分析共七類（內含 45 項比率）。至於日本學界通常強調五力分析，包括安定力、收益力、活動力、成長力及生產力。

　　茲列示以上三種分類對照表如表 3-3 所示：

表 3–3　比率分析分類對照表

伯斯坦	我國聯合徵信中心	日本學界
短期償債能力	償債能力	
資本結構	財務結構	安定力
資金流量	現金流量分析	
投資報酬率	獲利能力	收益力
營運績效		
資產運用效率	經營效能	活動力
	倍數分析	
	資產負債分析	
		成長力
		生產力

　　根據表 3–3，可讓讀者對各種比率的分類用語有一大約的參照作用，而其詳細內容，則可能有些差異。不論如何，比率只要有意義，每家企業、每個業主都可以選擇對業務經營有幫助之兩個數字來計算比率，所以實務上，難免就會有不同的分類，或特殊的公式，或另類的見解。

二、比率分析應符合之條件

　　比率分析在計算時，應符合下列條件，才有分析的價值。

㈠比率需有財務上的意義

　　報表上任意兩個數字計算出來的比率不見得會有意義，例如 (存貨 ÷ 保留盈餘) 便沒有財務上的意義。而 (銷貨成本 ÷ 平均存貨) 則代表存貨週轉率。

㈡比率需有數學計算上的意義

　　有時候比率不符合數學上的意義，例如期初存貨與期末存貨差異很大，若用 (銷貨成本 ÷ 期末存貨)，其計算上雖然成立，但不符合數學計算上的意義，故分母應改用平均存貨才能正確表達其內涵。

㈢比率需有比較上的意義

單獨看某項比率之意義並不大，若能與其他比率比較，就能產生很大的幫助。通常可茲比較的對象如下：

1. 企業過去的平均比率。
2. 同業間的平均比率 ❸。
3. 企業預算或標準比率。
4. 同業標準比率。

前兩項只算是一般水準，而後兩項則為嚴格的標準。至於同業平均比率的計算通常有四種：

1. 算術平均法

樣本公司比率合計 ÷ 樣本公司數量。

2. 綜合平均法

樣本公司分子數值合計 ÷ 樣本公司分母數值合計。

3. 中位數法

各樣本公司之比率按大小順序排列，取其中位之數。倘若樣本數為偶數，則取中間二個比率加總後再平均。

4. 眾位數

若樣本公司眾多，則可採用，此法亦先按比率大小排列，取其同比率最多者。

舉例說明之，假設臺灣 PCB 同業今年底有關流動資產、流動負債及流動比率資料如下：

---

❸ 要知道同業平均比率，可上臺灣證券交易所網站，查詢「統計報表」「上市公司季報」，然後輸入欲查詢之年度與季別即可。

公司名稱	流動資產	流動負債	流動比率
華通	$ 60,000	$ 30,000	2
清三	34,000	20,000	1.7
敬鵬	40,000	25,000	1.6
耀華	25,200	18,000	1.4
佳鼎	22,500	15,000	1.5
元豐	12,000	10,000	1.2
雅新	30,800	22,000	1.4
合計	$224,500	$140,000	10.8

1. 算術平均數：$10.8 \div 7 \doteqdot 1.54$。

2. 綜合平均數：$\$224,500 \div 140,000 \doteqdot 1.6$。

3. 中位數：由大至小排列：2、1.7、1.6、1.5、1.4、1.4、1.2。中位數為 1.5。

4. 眾位數：同比率最多者為 1.4。

三、比率分析之優缺點

㈠比率分析之優點

　　比率分析用途最廣，使用者最多，因為有下列幾項優點：

1. 可以搭配分析者需要的會計科目，計算相互關係，以獲取有用的資訊。

2. 可以簡化繁複的數字，化成比率關係，方便比較，容易理解。

3. 與同業比較，可獲悉公司相對的獲利能力與財務實力。

4. 公司本身之前後期比較，可瞭解變化之趨勢，亦有助於預測未來。

㈡比率分析之缺點

　　比率分析亦有一些缺點，分析者不可不知，瞭解缺點後，可利用方法彌補，更可發揮比率分析之優點。其缺點如下：

1. 比率是抽象的數學，並非實際金額，故不可只看比率而忽略金額。

2. 第一章述及財務報表的限制，亦影響比率分析。

3. 比率之高低好壞乃相對的，不能只看單一比率，而應著重前後期或同業間之比較。

4.比率只是兩個項目間的關係,過度重視,可能造成見樹不見林的後果,分
　析者仍應綜觀報表全體項目。

5.某些重要問題,無法藉由比率來顯示,例如公司政策,員工士氣等。

四、一般常用的比率公式

　　比率的公式很多,不同行業、不同國家可能使用不同之比率公式,不過
大多數之比率均相同,只有少數不同而已。茲列示我國財團法人金融聯合徵
信中心編製之「主要行業財務比率」之七類 45 項比率於下,以供參考,至於
各項比率之評估,以及其他企業或學者常用之比率,將於爾後各章節再詳細
說明。

表 3–4　財務比率 45 項計算公式及說明

項目	比率名稱	計算公式	判定原則 住	判定原則 否	運用說明 ↗ 表比率高;↘ 表比率低
財務結構	F1 固定資產比率	$\dfrac{固定資產}{資產總額}$	↘	↗	1.測度企業總資產中固定資產所占比例 2.本比率無一定標準,因行業特性而異 3.就資金運用觀點言,本比率愈低愈佳
	F2 淨值比率	$\dfrac{淨值}{資產總額}$	↗	↘	1.測度企業總資產中自有資本(金)所占比例 2.本比率無一定標準,因企業理財策略而定 3.就財務結構觀點言,本比率愈高愈佳
	F3 銀行借款對淨值比率	$\dfrac{銀行借款}{淨值}$	↘	↗	1.測度企業向銀行籌借資金占自有資本之比例 2.本比率無一定標準,視企業理財策略而定 3.就銀行債權保障觀點言,本比率愈低愈佳

財務結構	F4 長期負債對淨值比率	$\dfrac{長期負債}{淨值}$	↘ ↗	1.測度企業籌借長期負債占自有資本之比例 2.本比率無一定標準，視企業理財策略而定 3.就財務結構觀點言，本比率愈低愈佳
	F5 長期銀行借款對淨值比率	$\dfrac{長期銀行借款}{淨值}$	↘ ↗	1.測度企業向銀行籌借長期資金占自有資本之比例 2.本比率無一定標準，視企業理財策略而定 3.就銀行債權保障觀點言，本比率愈低愈佳
	F6 固定資產對淨值比率（固定比率）	$\dfrac{固定資產}{淨值}$	↘ ↗	1.測度企業投入固定資產資金占自有資本之比例 2.本比率正常標準低於100% 3.就投資理財觀點言，本比率愈低愈佳
	F7 固定資產對長期資金比率（固定長期適合率）	$\dfrac{固定資產}{淨值 + 長期負債}$	↘ ↗	1.測度企業投入固定資產資金占長期資本之比例 2.本比率正常標準低於100% 3.就投資理財觀點言，本比率愈低愈佳
	F8 槓桿比率	$\dfrac{負債總額}{淨值}$	↘ ↗	1.測度企業債權人被保障的程度 2.本比率無一定標準 3.就銀行債權保障觀點言，本比率愈低愈佳
償債能力	L1 流動比率	$\dfrac{流動資產}{流動負債}$	↗ ↘	1.測度企業短期償債能力 2.本比率正常標準為200% 3.就流動性觀點言，本比率愈高愈佳
	L2 速動比率	$\dfrac{速動資產}{流動負債}$	↗ ↘	1.測度企業最短期間內之償債能力 2.本比率正常標準為100% 3.就流動性觀點言，本比率愈高愈佳

	L3 短期銀行借款對流動資產比率	$\dfrac{\text{短期銀行借款}}{\text{流動資產}}$	↘	↗	1.測度企業對短期銀行借款之償債能力 2.本比率正常標準低於50% 3.就銀行債權保障觀點言，本比率愈低愈佳
經營效能	E1 應付款項週轉率	$\dfrac{\text{營業成本}}{\text{應付款項}^*}$	↘	↗	1.測度企業因營業行為需付帳款週期之長短 2.本比率應配合應收帳款週轉率分析，若後者較長，表企業有週轉困難可能性 3.就資金週轉觀點言，週轉次數愈低愈佳
	E2 應收款項週轉率	$\dfrac{\text{營業收入}}{\text{應收款項}^*}$	↗	↘	1.測度企業資金週轉及收帳能力之強弱 2.本比率無一定標準 3.就資金週轉觀點言，週轉次數愈高愈佳
	E3 存貨週轉率	$\dfrac{\text{營業成本}}{\text{存貨}^*}$	↗	↘	1.測度企業產銷效能、存貨週轉速度及存貨水準之適度性 2.本比率無一定標準 3.就資金運用觀點言，週轉次數愈高愈佳
	E4 固定資產週轉率	$\dfrac{\text{營業收入}}{\text{固定資產}}$	↗	↘	1.測度企業固定資產運用效能及固定資產投資之適度性 2.本比率無一定標準 3.就資金運用觀點言，週轉次數愈高愈佳
	E5 總資產週轉率	$\dfrac{\text{營業收入}}{\text{資產總額}}$	↗	↘	1.測度企業總資產運用效能及總資產投資之適度性 2.本比率無一定標準 3.就資金運用觀點言，週轉次數愈高愈佳
	E6 淨值週轉率	$\dfrac{\text{營業收入}}{\text{淨值}^*}$	↗	↘	1.測度企業自有資本運用效能及自有資本之適度性 2.本比率無一定標準 3.就資金運用觀點言，週轉次數愈高愈佳

	E7 營運資金 週轉率	$\dfrac{營業收入}{營運資金淨額}$	↗	↘	1.作為衡量企業營運資 金運用效果 2.本比率無一定標準 3.就資金運用觀點言， 本比率愈高愈佳
獲利能力	P1 毛利率	$\dfrac{營業毛利}{營業收入}$	↗	↘	1.測度企業產銷效能 2.本比率無一定標準 3.就經營績效衡量觀點 言，本比率愈高愈佳
	P2 營業利益率	$\dfrac{營業利益}{營業收入}$	↗	↘	1.測度企業正常營業獲 利能力及經營效能 2.本比率無一定標準 3.就經營績效衡量觀點 言，本比率愈高愈佳
	P3 營業利益率 （減利息費用）	$\dfrac{營業利益-利息費用}{營業收入}$	↗	↘	1.測度企業在正常營業 下，經減除利息支出 後之獲利能力 2.本比率無一定標準 3.就經營績效衡量觀點 言，本比率愈高愈佳
	P4 純益率 （稅前）	$\dfrac{稅前損益}{營業收入}$	↗	↘	1.測度企業當期稅前淨 獲利能力 2.本比率無一定標準 3.就經營績效衡量觀點 言，本比率愈高愈佳
	P5 純益率 （稅後）	$\dfrac{稅後損益}{營業收入}$	↗	↘	1.測度企業當期稅後淨 獲利能力 2.本比率無一定標準 3.就經營績效衡量觀點 言，本比率愈高愈佳
	P6 淨值報酬率 （稅前）	$\dfrac{稅前損益}{淨值}$	↗	↘	1.測度企業自有資本之 稅前獲利能力 2.本比率無一定標準 3.就經營績效衡量觀點 言，本比率愈高愈佳
	P7 淨值報酬率 （稅後）	$\dfrac{稅後損益}{淨值}$	↗	↘	1.測度企業自有資本之 稅後獲利能力 2.本比率無一定標準 3.就經營績效衡量觀點 言，本比率愈高愈佳
	P8 總資產報酬率 （稅前、未加回 利息費用）	$\dfrac{稅前損益}{資產總額}$	↗	↘	1.測度企業當期總資產 之稅前獲利能力 2.本比率無一定標準

					3.就經營績效衡量觀點言，本比率愈高愈佳
獲利能力	P9 總資產報酬率（稅後、未加回利息費用）	$\dfrac{稅後損益}{資產總額}$	↗	↘	1.測度企業當期總資產之稅後獲利能力 2.本比率無一定標準 3.就經營績效衡量觀點言，本比率愈高愈佳
	P10 資產報酬率（稅前、加回利息費用）	$\dfrac{稅前損益 + 利息費用}{資產總額}$	↗	↘	1.加回利息費用所求得之總資產報酬率，較能反映企業投資報酬真正情況，亦可作為衡量企業舉債經營是否有利 2.就經營績效衡量觀點言，本比率愈高愈佳
	P11 資產報酬率（稅後、加回利息費用）	$\dfrac{稅後損益 + 利息費用}{資產總額}$	↗	↘	1.加回利息費用所求得之總資產報酬率，較能反映企業投資報酬真正情況，亦可作為衡量企業舉債經營是否有利 2.就經營績效衡量觀點言，本比率愈高愈佳
	P12 折舊＋折耗＋攤銷對營業收入比率	$\dfrac{折舊 + 折耗 + 攤銷}{營業收入}$	↘	↗	1.計算折舊、折耗、攤銷占營業收入之百分比 2.藉以分析企業之費用 3.就企業成本效用而言，本比率低愈佳
	P13 利息費用對營業收入比率	$\dfrac{利息費用}{營業收入}$	↘	↗	1.計算利息費用占營業收入之百分比 2.藉以分析企業之費用 3.就企業成本效用而言，本比率愈低愈佳
倍數分析	T1 利息保障倍數	$\dfrac{稅前損益 + 利息費用}{利息費用}$	↗	↘	1.表達企業以淨利支應利息的能力 2.就債權保障觀點言，本比率愈高愈佳
	T2 利息保障倍數（加回折舊、折耗、攤銷）	$\dfrac{稅前損益 + 利息費用 + 折舊、折耗、攤銷}{利息費用}$	↗	↘	1.表達企業以淨利支應利息的能力 2.就債權保障觀點言，本比率愈高愈佳

倍數分析	T3 營業活動之 淨現金流量對 利息費用比率	$\dfrac{\text{營業活動之淨現金流量}}{\text{利息費用}}$	↗	↘	1.表示企業以現金流量負荷利息的能力 2.就債權保障觀點言，比值愈高，流動性愈強
	T4 營業活動之 淨現金流量對 負債總額比率	$\dfrac{\text{營業活動之淨現金流量}}{\text{負債總額}}$	↗	↘	1.表示企業以現金流量負荷債務的能力 2.就債權保障觀點言，比值愈高，流動性愈強
	T5 自由支配之 淨現金流量對 負債總額比率	$\dfrac{\text{自由支配之淨現金流量}}{\text{負債總額}}$	↗	↘	1.表示企業以可自由支配現金流量負荷總債務的能力 2.就債權保障觀點言，比值愈高，流動性愈強
	T6 營業活動之 淨現金流量對 短期銀行借款 比率	$\dfrac{\text{營業活動之淨現金流量}}{\text{短期銀行借款}}$	↗	↘	1.表示企業償付到期債務的能力 2.就債權保障觀點言，比值愈高，流動性愈強
	T7 營業活動之 淨現金流量對 資本支出比率	$\dfrac{\text{營業活動之淨現金流量}}{\text{資本支出}}$	↗	↘	1.表示企業以現金流量支應資本支出的能力 2.就投資理財觀點言，比值愈高，流動性愈強
	T8 資本支出對 折舊 + 折耗 + 攤銷比率	$\dfrac{\text{資本支出}}{\text{折舊 + 折耗 + 攤銷}}$	↗	↘	1.瞭解企業資本支出與折舊、折耗及攤銷之情況 2.就企業投資觀點言，比值愈高愈佳
資產負債分析	B1 折舊 + 折耗對 折舊資產毛額 比率	$\dfrac{\text{折舊 + 折耗}}{\text{折舊資產毛額}}$	－	－	藉以瞭解企業所採用之綜合折舊率有無變動或所提折舊費用是否充足及有無以折舊為均衡各年度淨利之手段
	B2 累計折舊對 固定資產毛額 比率	$\dfrac{\text{累計折舊}}{\text{固定資產毛額}}$	－	－	1.瞭解企業之累計折舊占固定資產之比率 2.藉以顯示企業固定資產使用概況

資產負債分析	B3 資本支出對固定資產毛額比率	$\dfrac{資本支出}{固定資產毛額}$	↗	↘	1. 藉以顯示企業之資本支出占固定資產毛額的比率 2. 就企業投資觀點言,本比率愈高愈佳
	B4 資本支出對固定資產淨額比率	$\dfrac{資本支出}{固定資產淨額}$	↗	↘	1. 藉以顯示企業之資本支出占固定資產淨額的比率 2. 就企業投資觀點言,本比率愈高愈佳
現金流量分析	C1 現金流量比率	$\dfrac{營業活動之淨現金流量}{流動負債}$	↗	↘	1. 作為衡量企業短期償債能力的指標 2. 就債權保障觀點言,本比率愈高,能力愈強
	C2 現金再投資比率	$\dfrac{營業活動之淨現金流量－現金股利}{固定資產毛額＋長期投資＋其他資產＋營運資金}$	↗	↘	1. 用以測試營業活動之現金流量支付投資的比率 2. 就企業投資觀點言,本比率愈高愈佳

* 係指平均值＝(期初餘額＋期末餘額)÷2

第五節　敘述性資料分析

　　一般分析者針對財務報表分析,常因過於投入比較、趨勢、同型比與比率四類分析,反而忽略了在財務報表之外的一些資訊,例如附屬於報表之附註說明,或者是公開說明書中公司概況及營運概況等,其實這裡頭包括很多重要資訊,分析者不可不察。茲分述如下:

一、附註中的資訊

　　國際會計準則 (International Accounting Standards, IAS) 第 1 號, 規定了財務報表附註揭露的整體結構,包括了:

 1. 會計政策的揭露
 2. 管理階層的判斷（不涉及估計）

3.估計不確定性的來源

4.資本的揭露

5.其他揭露

　　以上五項內容頗多，牽涉到很多會計理論與觀念，不適合在本書詳述，有興趣可參考中級會計學書籍自行研究。分析者瀏覽這些附註，也需自行篩選，對投資有重要影響的資訊加以詳讀研析，才能審慎的做出投資決策。

二、公開說明書中的資訊

　　股票上市（上櫃）的公開說明書中，包括很多的資訊，分析者可從中瞭解公司整體資訊，或選擇性地分析自己所需要的資訊。其內容包括：

1.公司概況

　　包括公司簡介、公司組織（內含主管、董事、監察人資料等）、資本及股份（內含近三年度每股市價、淨值、盈餘、股利等）及其他資料。

2.營運概況

　　其中「公司之經營」這一項內，包含很重要的資訊，如業務內容、市場及產銷概況、環保支出資訊、勞資關係、因應景氣變動之能力、關係人交易等等。還有「固定資產及其他不動產」、「轉投資事業」、「重要契約」、「營運概況及其他必要補充說明事項」內含訴訟或非訟事件等。

3.營業及資金運用計畫

　　包括「營業計畫」、「現金增資資金運用計畫分析」。

4.財務概況

　　其「最近五年度簡明財務資料」，內含財務分析，此些資訊可幫助分析者節省很多分析時間。「財務及經營結果之檢討及分析」亦有助於分析者之瞭解。還有「期後事項」等資訊。

5.推薦證券商評估報告

　　含「評估報告總評」、「產業狀況」，包括行業概況、行業分析、市場分析。「業務狀況」、「財務狀況」、「律師意見」、「對發行公司內部控制制度之評估意見」等。

　　為節省篇幅起見，以上所述只不過列舉其中之一部分，分析者一旦取得公開說明書，當可自行從中發掘出自己需要的寶貴資訊。

三、其他資訊

　　除了附註與公開說明書外，分析者還可從相關雜誌、報紙或書籍、及電視媒體獲取一些資訊，有時候一句話，一點吉光片羽便能使分析者做出不同的決定，可見這些敘述性分析的重要性。不過最後需提醒者，就是任何隻字片語，都應確認無誤才可，否則便會造成錯誤之分析結果。

　　由於網際網路的廣泛運用，投資者也可以透過網路擷取相關資訊。例如我們可以直接進入上市上櫃公司的網站瀏覽相關的資訊。或者也可以進入公開資訊觀測站查詢各類即時資訊或歷史資料，如公司概況、重大訊息、營運概況、財務報表、各項專區等。

價值投資之父——班哲明·葛拉漢 (Benjamin Graham)，曾提醒投資者，「不要花太多時間過度分析公司及產業狀況」，因為再詳細的研究，得到的結果仍然只是一個估計值，既然是估計值，便不值得花太多時間去研究。

重點在於「判斷」，判斷是否接受這些估計值，如果接受，可能還要考慮樂觀、持平、或悲觀的不同預測，然後根據其結果做出決策。

如果決策正確，當然最好。如果決策錯誤，至少我們犯的是智慧型錯誤，而非愚蠢的錯誤。因為只有在研究不夠充分及判斷力很差的情況下，決策才會變得不明智。

就好像下圍棋一樣，除了分析三手、五手、甚至十手棋之後的情況外，也必須花一點時間作「形勢判斷」，有時候太專注於技術面的分析，反而容易忽略整體形勢判斷的重要，導致獲取小地而失去大盤，最後輸掉整盤棋局。

為人處世也一樣，有時候為了逞一時之快，鬥嘴爭勝，殊不知過於投入的辯論逞強，反而導致家庭失和，情感生變，應該學會跳脫出來作「聰明的判斷」，是繼續爭吵獲勝重要呢？還是修補裂痕重要呢？

投資分析、棋局爭勝或是生活點滴，其實都需要「聰明的判斷」，你認為呢？

◆問　題：

1. 你認為分析重要還是判斷重要？

2. 橋牌高手的心思是「打對牌，而非打贏牌」，因為長期下來，打對牌就會贏，打錯牌就會輸。你認為「打對牌，而非打贏牌」意涵為何？

3. 與朋友爭吵時，你是否能夠及時跳脫出來，作個「聰明的判斷」？這是人生必修的學分吧！本小題請自行思索，不提供參考解答。

■ 思考與練習 ■

一、問答題

1.何謂比較分析？比較分析的方法有哪幾種？

2.何謂趨勢分析？趨勢分析之基期有哪幾種？

3.何謂共同比分析？

4.綜合損益表之共同比分析有何目的？

5.何謂比率分析？

二、選擇題

( ) 1.連續多年或多期財務報表間，相同項目或科目增減變化之比較分析，
稱為：
(A)比率分析　(B)垂直分析　(C)水平分析　(D)共同比分析

【券商業務】

( ) 2.共同比 (Common-Size) 分析是屬於哪些種類的分析？甲.結構分析；
乙.趨勢分析；丙.動態分析；丁.靜態分析
(A)乙和丙　(B)甲和丁　(C)甲和丙　(D)乙和丁　【券商業務】

( ) 3.下列何者非為動態分析？
(A)流動比率分析　(B)趨勢分析　(C)現金流量分析　(D)水平分析

【券商業務】

( ) 4.財務報表的結構分析，是在分析一個企業的：甲.資產結構；乙.資
本結構；丙.盈利結構
(A)僅甲　(B)僅乙　(C)僅丙　(D)甲、乙和丙都是　【券商高業】

( ) 5.共同比 (Common-Size) 損益表是以哪一個項目金額為 100%？
(A)銷貨總額(B)賒銷總額(C)銷貨淨額(D)本期淨利　【券商高業】

( ) 6.將損益表中之銷貨淨額設為 100%，其餘各損益項目均以其占銷貨
淨額的百分比列示，請問是屬於何種財務分析的表達方法？
(A)動態分析　(B)趨勢分析　(C)水平分析　(D)靜態分析　【券商業務】

( ) 7.下列何項是屬於動態分析？

(A)計算某一財務報表項目不同期間的金額變動　(B)計算某一資產項目占資產總額的百分比　(C)計算某一期間的總資產週轉率　(D)將某一財務比率與當年度同業平均水準比較　【券商高業】【投信業務】

( ) 8.下列哪一報表通常不作共同比分析？

(A)資產負債表　(B)損益表　(C)現金流量表　(D)選項(A)、(B)、(C)皆非
【券商高業】

( ) 9.一比率欲於財務分析時發揮用途，則：

(A)此比率必須大於 1 年　(B)此比率必可與某些基年之比率比較　(C)用以計算比率之二數額皆必須以金額表示　(D)用以計算比率之二數額必須具備邏輯上之關係　【券商業務】

( ) 10.採用同一張財務報表中某項目為比較基礎，將其設為 100，而其他各項目與其比較計算，計算其百分比予以表示與分析稱為：

(A)比較財務報表分析　(B)共同比財務報表分析　(C)比率分析　(D)特殊分析　【證券分析】

( ) 11.在計算財務比率時：

(A)僅使用資產負債表帳戶　(B)可能同時包含資產負債表帳戶與損益表帳戶於同一比率之中　(C)一定必須使用一個資產負債表帳戶與一個損益表帳戶　(D)僅使用損益表帳戶　【證券分析】

( ) 12.比較兩家營業規模相差數倍的公司時，下列何種方法最佳？

(A)共同比財務報表分析　(B)比較分析　(C)水平分析　(D)趨勢分析
【投信業務】

( ) 13.共同比 (Common-Size) 財務報表中會選擇一些項目作為100%，這些項目包括哪些？甲.總資產；乙.權益；丙.銷貨總額；丁.銷貨淨額

(A)甲和丙　(B)甲和丁　(C)乙和丙　(D)乙和丁　【券商業務】

( ) 14.下列哪一種情況發生時，將無法採用「共同比」(Common-Size) 的分析方式比較兩個年度的損益表？

(A)第一年的盈餘為負值

(B)第二年的盈餘為負值

(C)當選項(A)或(B)發生時都不能用共同比的分析方式

(D)即使盈餘為負值仍可使用共同比的分析方式

【投信業務】【券商高業】

( ) 15.編製共同比 (Common-Size) 損益表時：

(A)每個損益表項目均以淨利的百分比表示

(B)每個損益表項目均以基期金額的百分比表示

(C)當季損益表項目的金額和以前年度同一季的相對金額比較

(D)每個損益表項目以銷貨淨額的百分比表示

【券商高業】【投信業務】

( ) 16.共同比資產負債表係以下列何者為總數？

(A)資產總額 (B)負債總額 (C)權益 (D)收益　　　【券商業務】

( ) 17.下列對比較分析之敘述，何者正確？

(A)銷貨增加表示獲利一定增加 (B)比較分析應考慮物價變動之影響

(C)負債增加為不利經營之現象 (D)擴充廠房必須發行新股籌措資金

【券商業務】

( ) 18.下列何者為靜態報表？

(A)資產負債表 (B)綜合損益表 (C)權益變動表 (D)現金流量表

【券商業務】

( ) 19.比率分析是就財務報表中具有意義的兩個相關項目計算比率，並將該比率與下列何者相比較，以評估企業財務狀況及營業結果？

(A)過去的比率 (B)事先設定的標準

(C)同業的比率 (D)選項(A)、(B)、(C)均是　　　【券商業務】

( ) 20.下列何種組合是財務報表分析中之同義詞？

(A)比率分析－趨勢分析 (B)水平分析－趨勢分析

(C)垂直分析－比率分析 (D)水平分析－比率分析　　　【證券分析】

( ) 21.藉由使用財務比率分析工具，仍然無法揭露以下那一種情況？

(A)存貨大量堆積，造成營運資金的週轉困難

83

(B)公司的純益並非來自本業經營

(C)企業與金融機構所簽訂信用額度契約，對企業流動性有負面影響

(D)企業的利息負擔重，影響其償債能力　　　　　【券商高業】

(　) 22.維納斯公司為關係企業開立的支票背書保證，此舉將：

(A)提高負債對總資產比率

(B)增加應收票據

(C)可能增加或減少流動比率，視原來的流動比率是否大於 1 而定

(D)不影響任何財務比率　　　　　　　　　　　【券商高業】

(　) 23.編製共同比財務報表係屬下列何種分析？

(A)比較分析　(B)比率分析　(C)結構分析　(D)趨勢分析　【券商高業】

(　) 24.下列就比較分析之敘述何者有誤？

(A)其比較方法有絕對數字比較法、絕對數字增減變動法、增減百分
　數法以及增減比率法

(B)前後期營業性質不一樣不影響其正確分析

(C)是以整個財務報表為對象

(D)前後期物價水準變動對其正確分析有影響　　　【券商高業】

(　) 25.下列何者通常並非財務報告分析人員常用的工具？

(A)趨勢分析　(B)隨機抽樣分析　(C)共同比分析　(D)比較分析

　　　　　　　　　　　　　　　　　　　　　　【券商業務】

(　) 26.趨勢分析最常用的基期是：

(A)固定基期　(B)變動基期　(C)平均基期　(D)隨機基期

　　　　　　　　　　　　　　　　　【券商高業】【投信業務】

(　) 27.下列敘述何者有誤？

(A)將財務報表項目之增減金額與增減百分比相比較，分析者對於增
　減金額較感興趣

(B)財務分析時，如果無形資產不具任何價值，應予以消除

(C)財務報表分析在投資決策中仍為一項不可忽視之基本分析方法

(D)財務報表分析的目的之一為預測出企業未來發展趨勢

（　）28.在損益表上，何項目最能預測未來營業狀況？

　　　　(A)營業部門稅前淨利　(B)保留盈餘　(C)營業費用　(D)銷貨收入

（　）29.何謂財務報表的「水平分析」？

　　　　(A)比較同一家公司不同年度的財務資料　(B)計算各種有用的財務比

　　　　率　(C)係以共同比財務報表方式分析　(D)可表現應收帳款及存貨週

　　　　轉率　　　　　　　　　　　　　　　　　　　　　　　

（　）30.立大公司在共同比財務分析中，若比較基礎為資產負債表者，應以

　　　　何項目作為 100%？

　　　　(A)負債總額　(B)權益總額　(C)資產總額　(D)固定資產總額

三、計算題

1. 大連公司今年銷貨收入 $110,000，銷貨退回 $10,000，銷貨成本 $65,000，
營業費用 $16,000，利息費用 $4,000，試作：編製大連公司共同比損益表。

2. 大發公司去年及今年之同型損益表如下：

	去年	今年
銷貨收入	100%	100%
銷貨成本	60%	65%
銷貨毛利	40%	35%
營業費用	20%	18%
淨　利	20%	17%

銷貨之趨勢百分比去年 100，今年 120。

試作：今年銷貨毛利之趨勢百分比為何？

3. 試計算下列各項目之趨勢百分比，分別採固定基期與變動基期，並說明趨勢情況為有利或不利。

	前年	去年	今年
銷貨收入	$150,000	$169,500	$178,500
存　貨	30,000	36,000	39,600
應收帳款	20,000	25,000	28,000

4. 華元公司前年至今年之比較損益表如下，請你將其完成。

華元公司
比較損益表
前年～今年

	前年	去年	今年	每年平均金額
銷貨收入	$40,000	$	$50,000	$
銷貨成本		30,000		32,000
銷貨毛利	$10,000	$	$	$12,000
營業費用				5,000
稅前淨利	$	$ 7,000	$ 8,000	$ 7,000
所得稅費用	1,500	1,750	2,000	
稅後淨利	$	$	$	$

5. 華通公司去年及今年趨勢與共同比之部分損益表如下：

	趨勢百分比 %		共同比	
	去年	今年	去年	今年
銷貨淨額	100	120	100	100
銷貨成本	100	?	?	?
銷貨毛利	100	?	?	40
營業費用	100	?	28	25
淨　利	100	?	10	?

試作：(1)假設去年淨利為 $50,000，試編製這兩年之比較損益表。

(2)完成這兩年趨勢百分比及共同比損益表。

6.華夏公司連續兩年之簡明資產負債表如下：

	去年	今年
流動資產	$ 40,000	$ 50,000
固定資產	60,000	70,000
資產總額	$100,000	$120,000
流動負債	$ 30,000	$ 40,000
長期負債	30,000	30,000
權益	40,000	50,000
負債及權益	$100,000	$120,000

試作：編製華夏公司之比較資產負債表，並列出絕對數字與百分比之增減變動。

7.當你分析台北公司的資產負債表時，發現下列財務資料：

	2007	2006	2005
銷貨趨勢百分比	147.0%	135.0%	100.0%
銷售費用占淨銷貨比	10.1%	14.0%	15.6%
流動比率	2.9	2.7	2.4
速動比率	1.1	1.4	1.5
存貨週轉率	7.8 次	9.0 次	10.2 次
固定資產週轉率	3.8 次	3.6 次	3.3 次
總資產週轉率	7.0 次	7.7 次	8.5 次
總資產報酬率	2.9%	2.9%	3.3%
權益報酬率	9.1%	9.7%	10.4%
利潤率	9.75%	11.50%	12.25%

台北公司之總裁召開一個記者會，只提及以下比率：

	2007	2006	2005
銷貨趨勢百分比	147.0%	135.0%	100.0%
銷售費用占淨銷貨比	10.1%	14.0%	15.6%
固定資產週轉率	3.8 次	3.6 次	3.3 次
流動比率	2.9 次	2.7 次	2.4 次

試說明：(1)你認為台北公司總裁為何只報導上述四種比率，而不直接報導你認知的十項比率？

(2)你對總裁此項報導作法有何看法。　　　　　　【證券分析】

Chapter 4

獲利能力分析

Analysis of Profitability

資訊補給 D

追求毛利

你知道嗎？聯發科 （聯發科技股份有限公司） 99 年度的毛利率高達 54%，第二章所述之台光電子公司，其 99 年度的毛利率也高達 42%，比其他同業都高。

近年來，高毛利率是多數企業追求的目標之一，抑減成本的目的也就是想要提高毛利率，在較高的毛利率之下，如果也作好管銷成本的控制，則盈餘自然能夠增加，如此就能夠滿足管理者與股東的需要。

其實過去並非不重視毛利率，只不過在經濟高度發展的現代，商業競爭太過激烈，為了擴展市場追求營收成長，導致削價競爭，反而犧牲了毛利，結果得不償失，盈餘不增反減，因此各家企業回過頭來，又再強調毛利的重要性。

有篇文章即言：「法人觀察個股的指標有很多，毛利率是絕對不容忽視的一項指標。歷史上的高價股均是高毛利率股，有品牌價值的公司毛利率也不會低，可以說毛利率是品質的一項認證。」❶

根據 100 年 11 月 19 日工商時報❷資訊所提供之訊息，內容如下：

「國內上市櫃公司前三季合併財務報告公布完畢，在歐債問題短期內無法平息之際，法人建議可挑選單季毛利較第二季、去年同期均持續成長的公司如力旺、和旺等，以基本面抗股災。

國泰證券研究部協理簡伯儀指出，在下半年景氣明顯趨緩，許多公司業績呈現衰退下，單季毛利率仍可成長的公司更顯難能可貴。據此，研究部篩選出目前股價仍在票面之上，交投熱絡，第三季合併毛利率較前季與去年同期均增加的個股，預期在毛利率轉佳或是更上層樓的情況下，獲利表現可望有進一步的提昇。

簡伯儀觀察，第三季毛利率超過 20% 以上，表現優於平均值的個股有力旺、和旺、中探針、龍巖、歐買尬等。此外，第三季單季毛利率，不管是相

---

❶ 李兆華，〈從高毛利率族群尋找潛力飆股〉，《MONEY 錢》雜誌，民國 98 年 11 月 6 日。

❷ 潘臆涵，〈選股看毛利率，力旺、和旺、歐買尬 Q3 更上層樓〉，《工商時報》。

較前季或是去年同期表現來看，皆是呈現增加的個股則有力旺、和旺、中探針、龍巖、歐買尬、勁永、力麒及新復興。

而從累計三季是呈現獲利的個股來看，則以遊戲類股的歐買尬獲利表現最強，獲利已超過 1 個股本，而營建相關的龍巖以及日勝生獲利也有 3 元以上的水準，表現也不弱。」

毛利率成長當然很好，但是筆者認為最終還要看營收是否增加，以及淨利是否增加，否則隨便投資，萬一盈餘不佳，可能股價稍漲即跌，將得不償失。

通常營收創新高，或是毛利提升，股價就會上漲，但是聰明的投資者可不要被高營收與高毛利沖昏頭，公司有無獲利？EPS 高或低？才是我們應該進一步探究的資訊。

　　企業經營或許有許多目標，如追求市場占有率、追求企業聲望、追求最高品質，但是最重要且最主要的，還是要賺錢獲利。企業不能獲利，短期間尚可苦撐；長期不賺錢，終將關門大吉，能夠獲利才是企業永續經營的先決要件。

　　既然獲利是永續經營的先決要件，分析企業的財務報表，不妨以綜合損益表為首要的對象。不論是投資者、債權人與管理者，都非常在意公司賺不賺錢，能獲利則一切都沒問題，不能獲利問題都將紛至沓來。甚至於政府也希望公司能夠獲利永續經營，一方面可增加稅收，二方面經濟繁榮可以帶動一切建設、安定社會問題等。

　　對綜合損益表作比率分析，一般稱為獲利能力分析，在介紹各種獲利能力比率前，讀者應瞭解綜合損益表中的淨利及其品質如何？其營收是否穩定？未來前景如何？這些問題將於本章詳加說明。

第一節　淨利的組成及品質

　　淨利是傳統損益表的最終結果，淨利的組成項目，其實就是傳統損益表的內容架構。茲列示如下：

銷貨收入
減：銷貨成本
──────────
銷貨毛利
減：銷管費用
──────────
營業淨利
加（減）：其他收益（費損）
──────────
稅前淨利
減：所得稅費用
──────────
稅後淨利

　　若其他收益、其他費損金額很小，也可併入銷管費用中，將分析簡化，不過近年來流行轉投資，因此業外的收益或費損金額都不小，連帶也左右了稅後淨利，分析者也應留心。淨利的組成及品質可分三點說明。

一、營業收入、營業成本與營業費用

淨利的主要來源為銷貨收入,亦即營業收入,營業收入太少,淨利是不會多的,而營業收入愈多,當然就有機會創造較多的淨利,上市公司每月 10 日前都會公布上個月的營收數據,倘若營收成長,甚至屢創新高,則股價都會上漲。

然則淨利的高低還要看銷貨成本(營業成本)及銷管費用(營業費用)兩者來決定。因為營業成本高,毛利就不多,淨利也不會太多,即使營業成本低而毛利高,若營業費用過度浪費,淨利也會被侵蝕掉。

茲以台光電、台燿與台虹 108 年度之簡明綜合損益表(筆者將格式再簡化),說明如下:

表 4-1

台光電、台燿與台虹 108 年度之簡明綜合損益表			
			(單位:新臺幣仟元)
	台光電	台燿	台虹
營業收入	$24,865,522	$17,527,071	$7,583,654
減:營業成本	18,765,219	13,389,446	5,844,516
營業毛利	$ 6,100,303	$ 4,137,625	$1,739,138
減:營業費用	2,020,753	1,980,808	998,351
營業淨利	$ 4,079,550	$ 2,156,817	$ 740,787
加(減):業外淨損益	124,276	78,299	51,667
稅前淨利	$ 4,203,826	$ 2,235,116	$ 792,454
所得稅費用	958,525	482,674	174,172
本期淨利	$ 3,245,301	$ 1,752,442	$ 618,282
其他綜合損益(淨額)	−412,750	−255,577	−125,002
本期綜合損益總額	$ 2,832,551	$ 1,496,865	$ 493,280

㈠營業收入由高而低分別為台光電(249 億)、台燿(175 億)、台虹(76 億)。

㈡營業成本由高而低分別為台光電(188 億)、台燿(134 億)、台虹(58

億）。

㈢營業毛利由高而低分別為台光電（61 億）、台燿（41 億）、台虹（17 億）。

㈣營業費用由高而低分別為台光電（20 億）、台燿（20 億）、台虹（10 億）。

㈤營業淨利由高而低分別為台光電（41 億）、台燿（22 億）、台虹（7 億）。

以上資料都為正相關，並無例外之情況。

二、業外淨損益的影響

淨利若大部分由營收產生，則品質好，相反的，若大部分由業外收入創造，則品質較差。本例三家公司之稅前淨利大都為主要營收產生，品質較穩定。另外都有少數業外淨利，對稅前淨利不無小補。

很多公司由於本業的飽和與不足，因此將資金另外作轉投資，目的當然是為了賺更多的錢，此已行之多年，此種損益屬於業外損益。轉投資不一定賺錢，也有可能虧損，因此也要慎行。

三、其他綜合損益（淨額）

其他綜合損益如果是利益當然最好，若是損失則對綜合損益總額將會有不利的影響，因此也要特別去關注。三家公司 108 年度都有其他綜合損失，其中台光電損失最多約 4.1 億，台燿約 2.6 億，台虹約 1.3 億。

四、淨利的穩定性

如果公司的淨利品質良好，亦即淨利大多來自正常營運，接下來便要注意其是否穩定，穩定與否要作長期的趨勢分析，更要注意未來性。趨勢分析用的是過去的資料，過去穩定不見得未來也穩定，其實未來才是分析者最關心與重視的。如果未來呈現成長的趨勢，則可大膽預測營收是穩定的，甚且是成長的。如果未來呈現衰退的現象，就要注意其衰退的幅度，以及公司是否有研發推出新產品，或者公司有調整各類產品的營收比重，減少低獲利產品的比重，而增加高獲利產品的比重，也是維持營收穩定的方式。

以台光電而言（參考第二章，表 2–5），106 至 108 年度之綜合損益總額分別為 26.9 億、15.7 億及 28.3 億，107 年呈現衰退，還好 108 年又成長回來，在 5G 推廣的年代，109 年成長似乎可期，然而受到武漢肺炎的影響，後市如何有待觀察。

第二節　損益表的獲利比率

綜合損益表上有四利，即毛利、營業淨利、稅前淨利及稅後淨利，此四者可分別與營業收入加以比較，分析者可藉以瞭解企業的獲利情形。（其他綜合損益之性質特殊，本文不贅）

一、毛利率

毛利率 (Gross Profit Margin) 即銷貨毛利占銷貨收入淨額的百分比，或者說是營業毛利占營業收入淨額的百分比。公式為：

$$毛利率 = \frac{營業毛利\ (OP)}{營業收入\ (OR)} \quad 或 \quad 毛利率 = \frac{銷貨毛利\ (GP)}{銷貨淨額\ (NS)} \qquad (4-1)$$

茲計算台光電、台燿與台虹 108 年之毛利率如下：

$$台光電毛利率 = \frac{\$6,100,303}{\$24,865,522} \doteqdot 24.53\%$$

$$台燿毛利率 = \frac{\$4,137,625}{\$17,527,071} \doteqdot 23.61\%$$

$$台虹毛利率 = \frac{\$1,739,138}{\$7,583,654} \doteqdot 22.93\%$$

台光電毛利率最高 (24.53%)，台燿居中 (23.61%)，台虹最低 (22.93%)，三家公司差異不太大，但是台光電成本控制較佳，產品也較具競爭優勢。雖

然毛利率高獲利的機會較高，但是否有較高的營業淨利，還要將營業費用算進來。

毛利率愈高，表示銷貨成本占銷貨收入的比重愈低，創造愈多淨利的機會就愈大。毛利率愈高，即使營業費用過多，也不至於產生虧損，但若毛利率低，營業費用也多，則可能造成虧損。毛利率的高低也會影響股價的表現，因此一般投資者或是股市分析師，都很重視毛利率的變化。筆者投資的宇瞻(8271)，105 年度毛利率為 16.95%，106 年 8 月 10 日公布第二季毛利率下滑至 12.14%，股價從 8 月 9 日收盤價 $42.75，連跌三天後之收盤價為 $37.7。

毛利率影響股價最典型的例子為產銷 CDR 的中環公司，其在股價高達 $200 時之毛利率約 50%，但 91 年至 92 年初毛利率卻低至 10%，股價最低降到 $11.25。92 年第 2 季毛利率慢慢回升到 20% 以上，因此股價也上漲至 $26 左右。由此證明毛利率的高低會影響公司的獲利，當然會影響股價的漲跌。

毛利是一般零售業在經營上的重要參考指標，代表企業在扣除商品成本後，還有多少可用來支應營業費用。假設企業每個月的租金、水電、薪資大約 $200,000，若每個月能創造 $200,000 以上的毛利，則企業大致是可以經營下去而不會虧損。如果毛利率為 50%，則每個月的營業額應達到 $400,000，才不會虧損。其計算如下：

$$損益平衡營業額 = \frac{營業費用}{毛利率} = \frac{\$200,000}{50\%} = \$400,000$$

現在許多加盟連鎖業，都保證加盟者可得到一定之毛利率，有意者可先行評估是否能達到不虧損的營收水準，若能創造更大的營收，自然有利可圖。嚴格而言，損益兩平點的公式為 (固定成本 / 邊際貢獻率)，但是零售業或加盟業者大致可用上列公式而不會偏差太多。真正的損益兩平點，將於第十二章介紹之。

另外，以銷貨成本除以銷貨收入淨額可得出銷貨成本率（簡稱成本率），

由綜合損益表明顯得知，1 – 銷貨成本率＝毛利率。是故成本率愈高、毛利率愈低，成本率愈低、毛利率愈高，兩者呈現相反的變化。

二、營業淨利率

營業淨利率即營業淨利占銷貨淨額的百分比。公式為：

$$營業淨利率 = \frac{營業淨利 (OI)}{銷貨淨額 (NS)} \qquad (4\text{–}2)$$

營業淨利率愈高，表示公司每元銷貨創造的營業淨利愈大。茲計算台光電、台燿與台虹 108 年之營業淨利率如下：

$$台光電營業淨利率 = \frac{\$4,079,550}{\$24,865,522} \doteqdot 16.41\%$$

$$台燿營業淨利率 = \frac{\$2,156,817}{\$17,527,071} \doteqdot 12.31\%$$

$$台虹營業淨利率 = \frac{\$740,787}{\$7,583,654} \doteqdot 9.77\%$$

台光電營業淨利率最高 (16.41%)，台燿居中 (12.31%)，台虹最低 (9.77%)。可見台光電對營業費用的控制比台燿、台虹好很多，每 $100 之收入，就可以賺 $16.41，而台虹每 $100 才賺 $9.77，如此可見公司想要獲利，在營業成本與營業費用上，應予以相當之控制才行。

此外，與毛利率相比，台光電僅差 8.13%，台燿差 11.30%，台虹差 13.16%，台虹的營業費用控制很差。

三、稅前淨利率

稅前淨利率為稅前淨利與銷貨淨額之百分比關係。公式為：

$$稅前淨利率 = \frac{稅前淨利\ (EBT)}{銷貨淨額\ (NS)} \qquad\qquad (4\text{--}3)$$

稅前淨利率也是愈高愈好。如果公司沒有顯著的非營業收入與支出時，稅前淨利率約等同於營業淨利率。不過轉投資已經普及多年，轉投資在景氣佳，股市興隆時，多半有豐厚的業外收入，但是在景氣衰退，股市低迷時，便可能有龐大的業外損失。因此，稅前淨利率便受到非營業收入與支出的影響，連帶使得營業淨利率帶來的效果更好或更差，真是水能載舟，亦能覆舟。因此轉投資的行動不可不慎，企業對風險的控管要比一般個人理財者更加小心，畢竟企業是屬於每位股東的。

台光電、台燿與台虹 108 年之稅前淨利率計算如下：

$$台光電稅前淨利率 = \frac{\$4,203,826}{\$24,865,522} \doteqdot 16.91\%$$

$$台燿稅前淨利率 = \frac{\$2,235,116}{\$17,527,071} \doteqdot 12.75\%$$

$$台虹稅前淨利率 = \frac{\$792,454}{\$7,583,654} \doteqdot 10.45\%$$

稅前淨利率台光電最高 (16.91%)，台燿居中 (12.75%)，台虹最低 (10.45%)，對照表 4–1 的資料也可知悉。三家公司的轉投資還不錯，造成業外淨利。若是業外淨利很大，如同金雞母下金蛋，將回饋給投資公司。

四、稅後淨利率

稅後淨利率係指稅後淨利（本期淨利）與銷貨淨額之百分比關係。公式為：

$$稅後淨利率 = \frac{稅後淨利\,(NI)}{銷貨淨額\,(NS)} \qquad (4\text{-}4)$$

稅賦的多寡也是企業理財，經營管理的一個要項，能妥善規劃企業的稅賦，使每年的稅賦減輕，相對的也可使淨利增加。因此衡量企業經營成果，通常會重視損益表最後的獲利數字——稅後淨利。如果稅後淨利大，當然稅後淨利率也愈高，代表企業獲利佳，經營成果好。

如果每元銷貨能創造 0.2 元的稅後淨利，代表稅後淨利率為 20%。若公司一年能創造 1,000 萬營收，便有 200 萬的稅後淨利。一年能創造 10 億營收，便有 2 億稅後淨利。因此稅後淨利率的高低，左右著公司獲利的大小，在經濟景氣繁榮時，稅後淨利率愈高的公司，便有可能創造更大的獲利。

台光電、台燿與台虹 108 年之稅後淨利率計算如下：

$$台光電稅後淨利率 = \frac{\$3,245,301}{\$24,865,522} \doteqdot 13.05\%$$

$$台燿稅後淨利率 = \frac{\$1,752,442}{\$17,527,071} \doteqdot 10.00\%$$

$$台虹稅後淨利率 = \frac{\$618,282}{\$7,583,654} \doteqdot 8.15\%$$

稅後淨利率台光電最高 (13.05%)，台燿居中 (10.00%)，台虹最低 (8.15%)，稅後淨利率與稅前淨利率之差別就是所得稅費用的影響而已。

五、綜合損益率

綜合損益率為綜合損益與銷貨淨額之百分比關係，公式為：

$$綜合損益率 = \frac{綜合損益\,(CI)}{銷貨淨額\,(NS)} \qquad (4\text{-}5)$$

我們知道其他綜合損益（淨額）的高低與正負，將會影響綜合損益表最終之數字，也就是本期綜合損益總額，因此計算獲利比率不能只計算至稅後淨利率，還要進一步計算綜合損益率。台光電、台燿與台虹 108 年之綜合損益率計算如下：

$$台光電綜合損益率 = \frac{\$2,832,551}{\$24,865,522} \doteq 11.39\%$$

$$台燿綜合損益率 = \frac{\$1,496,865}{\$17,527,071} \doteq 8.54\%$$

$$台虹綜合損益率 = \frac{\$493,280}{\$7,583,654} \doteq 6.50\%$$

綜合損益率台光電最高 (11.39%)，台燿居中 (8.54%)，台虹最低 (6.50%)。此一比率也是愈高愈好，表示公司最終之獲利比率高低，就像是最終的成績單一般。

以上各項比率，當然要輔以絕對數字加以比較，才能有全盤的觀點，否則將以偏概全，此在第三章比較分析中已經提過，此處再強調一次。

心靈饗宴 D

寂寞情懷

「更深夜靜人已息，微聞秋蟲鳴；晴空萬里無雲跡，皓月懸當空；明月千古總相似，沉落又高升；亭台樓閣今何在，銀輝照荒城。」

大提琴緩緩淌流著「荒城之月」的旋律，腦中不禁浮出兒時學習的歌詞，蕭瑟的情景似乎隱藏著千古的寂寞。每次聽到低沉的大提琴音，總會觸動我的寂寞心情，並非傷悲，而是一種懷想。

寂寞為人性的本質，在幼年時如繭般封閉在心靈深處，直到青春期，才像蝴蝶般破繭而出，翩飛著人生最燦爛的容顏，也開始品嚐悵惘說愁的寂寞滋味。這是最令人無法忘懷的，一點澀澀的、苦苦的、卻又甜蜜帶酸的味道；如果可以的話，每個人都願意穿越時光回到絢麗的當時。

人生無法回到過去，只留下回憶與懷想。幸運的，我沒有痛苦回憶，也沒有沉重的懷想，儘管有點傷春悲秋，卻也喜歡這樣的惆悵滋味。李白也曾舉杯邀月對影成三，蘇軾也曾把酒問天嬋娟與共，這樣的情懷付諸詩詞，濾過千年如醇酒般，我們有幸可以品嚐、共鳴，與懷千古之思，同銷萬古之愁。

涓流的大提琴音儘管引起寂寞，碰觸傷悲，卻又隱隱有一股癒合的能量，讓人在弦音震動的共鳴中得到安慰，音樂本身就是受傷心靈的良方，而大提琴撫慰心靈的能量更是無與倫比。

但是在低沉的弦音中，我總覺得安慰中帶著一絲無奈，然後又是悵惘，也在這樣的寂寞中，感受到慰藉，然後有溫暖；如此的循環，好像我們朗讀唐宋詩詞時，咀嚼聖賢的寂寞，引發我們的寂寞，也因為作者在詩意與詞境的拈成當中，得到共鳴與安慰，如此反覆的循環，只能在睡夢中忘卻，或許……。

或許經過寂寞斷續的淬煉，在工作中因而得到力量。

第三節　各種報酬率

第一節所言，營收可創造淨利率。第二節又云，經濟景氣繁榮，稅後淨利率愈高，獲利愈大。問題是如何由 1,000 萬營收，擴大為 10 億營收，沒有雞，則生不了蛋。營收與利潤，都源自於投入的資金，資金愈多，創造營收與利潤就應愈多，然則這種資金與利潤的關係是否能夠成正比的持續下去，則不無疑問。果真能成的話，那全世界都有福了，因為企業經營沒有風險，大家確定都能賺錢。

本節專門討論「資金」與「利潤」的關係，如果利潤愈高，資金愈低，則代表每元資金創造愈高的報酬，相反的，若利潤愈低，資金愈高，則每元資金的報酬就愈低。至於「資金」與「利潤」分別有多種觀念與數字可使用，茲分述如下。

一、資產報酬率 (ROA)

所謂資產報酬率 (Return on Assets)，又稱「總資產報酬率」 (Return on Total Assets)，就是以企業的全部資產為基準來衡量其每元資產所創造的利潤。全部資產等於全部資金，即負債加上權益總額。資產報酬率的公式為：

$$資產報酬率 = \frac{稅後淨利 + 利息費用 \times (1 - 稅率)}{平均資產總額} \tag{4-6}$$

計算資產報酬率的目的在衡量管理當局運用總資產替公司賺錢的經營績效。公式中的分子必須加回利息費用乘以 (1 – 稅率)，主要原因是運用資產的績效與理財費用無關，故應予以調整。舉例說明之。

X、Y 公司的資料如下：

	X 公司	Y 公司
稅前淨利（不含利息）	$ 20,000	20,000
利息費用（利率 10%）	0	(4,000)
所得稅費用（稅率 25%）	(5,000)	(4,000)
稅後淨利	$ 15,000	$ 12,000
非流動負債	0	$ 40,000
權益	100,000	60,000
總資產	$100,000	$100,000

(一)若不調整利息因素，兩家公司資產報酬率分別為

$$X 公司資產報酬率 = \frac{\$15,000}{\$100,000} = 15\%$$

$$Y 公司資產報酬率 = \frac{\$12,000}{\$100,000} = 12\%$$

X 公司優於 Y 公司，但此種比較並不公平，對 Y 公司不利。

(二)若調整利息因素，兩家公司資產報酬率為

$$X 公司資產報酬率 = \frac{\$15,000}{\$100,000} = 15\%$$

$$Y 公司資產報酬率 = \frac{\$12,000 + \$4,000 \times (1 - 25\%)}{\$100,000} = 15\%$$

　　兩家公司有相同的資產報酬率，經營績效一樣好。因為兩家的資金均為
10 萬，稅前也都賺 2 萬，故運用資金所獲得之報酬率均相同。至於 Y 公司的
利息費用則屬於理財費用，跟運用資產的績效無關，自然不應包括在內。

　　至於公式中的分母，因為期間內資產數額可能有所變動，故應採用期初

資產與期末資產的平均數，本例予以簡化，係假設期初期末之總資產不變。

二、權益報酬率 (ROE)

所謂權益報酬率 (Return on Equity)，又稱為「淨值報酬率」、「自有資本報酬率」。係衡量公司使用每元自有資本創造了多少利潤。公式為：

$$權益報酬率 = \frac{稅後淨利}{平均權益} \tag{4-7}$$

以前述 X、Y 公司之資料計算，其權益報酬率分別為：

$$X \ 公司權益報酬率 = \frac{\$15,000}{\$100,000} = 15\%$$

$$Y \ 公司權益報酬率 = \frac{\$12,000}{\$60,000} = 20\%$$

顯然 Y 公司權益報酬率優於 X 公司，為何如此呢？因為 Y 公司權益只有 6 萬，而 X 公司有 10 萬，但 Y 公司另外舉債 4 萬，替公司賺錢，扣掉利息費用後，多餘之部分便歸股東享受。此種舉債經營的作用，稱為財務槓桿作用。財務槓桿作用可能好，可能不好，視其獲利能否超過利息費用而定。茲解構 Y 公司權益報酬率及資產報酬率如下：

當 Y 公司運用 6 萬資產 (自有資金) 時，按比例可賺稅前淨利的 0.6 倍，即 $\$20,000 \times 0.6 = \$12,000$，另外舉債之 4 萬，可賺稅前淨利的 0.4 倍，即 $\$20,000 \times 0.4 = \$8,000$。則 Y 公司運用 6 萬之報酬率為：

$$\frac{\$12,000 \times (1 - 25\%)}{\$60,000} = \frac{\$9,000}{\$60,000} = 15\%$$

Y 公司運用 4 萬（不考慮利息）的報酬率為：

$$\frac{\$8,000 \times (1 - 25\%)}{\$40,000} = \frac{\$6,000}{\$40,000} = 15\%$$

故 Y 公司的資產報酬率為 15%，即：

$$\frac{\$9,000 + \$6,000}{\$60,000 + \$40,000} = 15\%$$

然 Y 公司的權益報酬率為 20%，即：

$$\frac{\$9,000 + \$6,000 - \$4,000(1 - 25\%)}{\$60,000} = 20\%$$

因為運用 4 萬 （不考慮利息） 之稅後淨利為 $6,000，而利息費用為 $40,000 \times 10\% = \$4,000$，稅後利息費用為 $\$4,000 \times (1 - 25\%) = \$3,000$，故運用 4 萬在減除利息費用後，所剩 $3,000 ($6,000 − $3,000) 盡歸股東享受，本來股東只賺 $9,000，加上 $3,000 即為 $12,000，$12,000 ÷ $60,000 = 20%。亦可計算如下：

運用 4 萬減除利息後之稅後報酬率為：

$$\$3,000 \div \$40,000 = 7.5\%，15\% + 7.5\% \times \frac{\$40,000}{\$60,000} = 20\%$$

運用財務槓桿作用時，權益報酬率便涵蓋經營績效和理財績效，如 Y 公司便是。若要衡量理財績效的好壞，可計算財務槓桿因數與財務槓桿指數（並非財務槓桿度），公式如下：

財務槓桿因數 = 權益報酬率 (ROE) − 資產報酬率 (ROA)　　　　(4–8)

財務槓桿因數大於零,表示舉債經營有利,小於零則不利,等於零,則可能沒有舉債經營,如 X 公司之例,也可能舉債所賺正好支付利息。

財務槓桿指數 = 權益報酬率 (ROE) ÷ 資產報酬率 (ROA)   (4-9)

財務槓桿指數大於一,表示舉債經營有利,有正的財務槓桿作用,小於一,則相反。等於一之情況亦如財務槓桿因數等於零之情況。

前例 X、Y 公司之財務槓桿因數及指數分別為:

X 公司財務槓桿因數 = 15% – 15% = 0

Y 公司財務槓桿因數 = 20% – 15% = 5%

X 公司財務槓桿指數 = 15% ÷ 15% = 1

Y 公司財務槓桿指數 = 20% ÷ 15% = 1.33

台光電 107 及 108 年底之總資產分別為 21,962,463 仟元及 25,704,331 仟元,權益分別為 11,914,790 仟元及 13,536,569 仟元。108 年度之稅後淨利(本期淨利)為 3,245,301 仟元,利息費用(財務成本)為 47,069 仟元,我國營利事業所得稅率為 20%。台光電 108 年度之資產報酬率及權益報酬率計算如下:

$$資產報酬率 = \frac{\$3,245,301 + \$47,069 \times (1 - 0.20)}{\dfrac{(\$21,962,463 + \$25,704,331)}{2}} = \frac{\$3,282,956.2}{\$23,833,397} \doteqdot 13.77\%$$

$$權益報酬率 = \frac{\$3,245,301}{\dfrac{(\$11,914,790 + \$13,536,569)}{2}} = \frac{\$3,245,301}{\$12,725,679} \doteqdot 25.50\%$$

筆者實際於公開資訊觀測站查詢台光電之營運資訊，得知其 108 年度資產報酬率為 13.77%，權益報酬率為 25.50%，與上述計算結果完全相同，有興趣者可上公開資訊觀測站查詢。

三、長期資金報酬率

所謂長期資金報酬率，係衡量公司使用每元長期性資金所創造的利潤。公式為：

$$長期資金報酬率 = \frac{稅後淨利 + 長期負債利息費用 \times (1 - 稅率)}{平均 (長期負債 + 權益)} \quad (4\text{--}10)$$

此一觀念與資產報酬率的唯一差別在於長期資金報酬率不含流動負債。因為就企業有效利用資金的觀點而言，流動負債必須在短期內償還，而且相對地要有等額以上之流動資產備供償還，因此才著重於「長期資金」觀念來計算報酬率。

茲假設 Z 公司資料如下：

稅前淨利（不含利息）	$ 40,000
利息費用（利率 10%）	(4,000)
所得稅費用（稅率 25%）	(9,000)
稅後淨利	$ 27,000
流動負債	$ 20,000
長期負債（利率 10%）	40,000
特別股股本（股利率 10%，贖回價格 120）	40,000
普通股股本	100,000
總資產	$200,000

$$Z\,公司長期資金報酬率 = \frac{\$27,000 + \$4,000(1 - 25\%)}{\$180,000} = 16.67\%$$

四、普通股權益報酬率

普通股權益報酬率，係衡量普通股股東每元投資所獲得之報酬。公式為：

$$普通股權益報酬率 = \frac{稅後淨利 - 特別股股利}{平均普通股權益} \qquad (4\text{--}11)$$

此公式乃將權益報酬率之特別股東部分予以扣除，因此稱為普通股權益報酬率。應注意下列幾點：

1. 分母之普通股權益 = 權益總額 - 特別股股數 × 清算（或贖回）價格 - 特別股積欠股利。

2. 分子之特別股股利，除非沒有盈餘才不扣除，否則不論發放與否均應扣除，但不必計入積欠股利，因為主要在計算今年的報酬率。

3. 特別股股數以年底股數為基準計算。

以前述 Z 公司為例，其普通股權益報酬率計算如下：

$$\frac{\$27,000 - \$40,000 \times 10\%}{\$140,000 - \$40,000 \times 1.2} = \frac{\$23,000}{\$92,000} = 25\%$$

第四節　資產運用效率

所謂資產運用效率 (Assets Utilization Ratio)，係指企業的營業收入淨額對各項資產的比例關係。除了可以比較營業收入與各項資產之關係是否合理外，亦可用來評估企業運用各項資產之效率高低，一般稱為資產週轉率 (Turnover of Assets)，通俗的說，就是資產利用率，即利用資產創造收入的比率。

資產運用效率可以說是企業運用資產創造收入的速度快慢，創造的速度

快，獲利自然佳，創造的速度慢，獲利就差。茲以簡單的公式作一說明。

$$資產週轉率 = \frac{收入}{資產}$$

倘若資產有 1 萬元、收入也有 1 萬元，表示運用資產創造一次相同的收入，週轉率為一次 ($10,000 ÷ $10,000 = 1)，若能夠運用 1 萬元創造十次收入，則顯然收入應為 10 萬元 ($100,000 ÷ $10,000 = 10)。因此，在一個期間內，資產週轉率愈高，表示創造收入的速度快，獲利機會就多。以下將分別介紹各項資產週轉率。

假設 X 公司去年度銷貨淨額為 $2,000,000，其中賒銷淨額為 $1,710,000，銷貨成本為 $1,200,000，去年度及今年度資產負債表如下：

	去年度	今年度	兩年平均
現金	$ 40,000	$ 50,000	$ 45,000
應收帳款（淨額）	90,000	100,000	95,000
短期投資	60,000	60,000	60,000
存貨	70,000	80,000	75,000
固定資產	200,000	200,000	200,000
其他資產	20,000	30,000	25,000
資產總額	$480,000	$520,000	$500,000
流動負債	$ 60,000	$ 80,000	$ 70,000
長期負債	150,000	150,000	150,000
普通股股本	200,000	200,000	200,000
保留盈餘	70,000	90,000	80,000
負債及權益總額	$480,000	$520,000	$500,000

一、總資產週轉率

總資產週轉率 (Total Assets Turnover)，係指銷貨淨額與資產總額的比例關係。公式為：

$$總資產週轉率 = \frac{銷貨淨額}{平均資產總額} \qquad (4\text{--}12)$$

$$X\,公司總資產週轉率 = \frac{\$2,000,000}{\$500,000} = 4\,（次）$$

　　總資產週轉率愈高愈好，代表運用資產創造收入的效率高。當然，企業的營運會受經濟景氣及市場結構影響，故每種行業的資產週轉率將有區別，一般而言，資本額愈大的公司，週轉率比較低，資本額小的公司，週轉率比較高。故勞力密集產業週轉率通常高於資本密集產業。以鋼鐵業而言，因屬於資本密集產業，其資產週轉率比較低。故在比較資產週轉率時，通常以相同產業作比較，或企業本身作趨勢分析。

二、固定資產週轉率

　　固定資產週轉率 (Fixed Assets Turnover)，係指銷貨淨額與固定資產之比例關係。公式為：

$$固定資產週轉率 = \frac{銷貨淨額}{平均固定資產} \qquad (4\text{--}13)$$

$$X\,公司固定資產週轉率 = \frac{\$2,000,000}{\$200,000} = 10\,（次）$$

　　固定資產週轉率在實務上較受重視，因為企業將資金投資於營業需要的財產，廠房、設備等資產，當然希望藉此替公司創造更多收入，企業在擴廠、購併等動作，創造更大的收入也是主要考慮目標之一。因此對於固定資產週轉率，莫不予以極大之重視，期盼固定資產充分發揮效率。

　　在分析固定資產週轉率時，應注意下列幾點：

1. 不同折舊方法將會影響公司間之相互比較。

2. 通貨膨脹過劇，會影響週轉率，使之偏高。

3. 注意是否遺漏租賃之資產。

4. 因大量購買較經濟，在整批性的急劇擴充下，往往會降低週轉率。

5. 週轉率易受臨時性或短期性的訂單需求影響。

三、營運資金週轉率

營運資金週轉率 (Working Capital Turnover)，係指銷貨淨額與營運資金之比例關係。公式為：

$$營運資金週轉率 = \frac{銷貨淨額}{平均營運資金} \qquad (4\text{--}14)$$

$$X\ 公司營運資金週轉率 = \frac{\$2,000,000}{\$205,000} = 9.76（次）$$

$$平均營運資金 = \$45,000 + \$95,000 + \$60,000 + \$75,000 - \$70,000$$
$$= \$205,000$$

此一公式主要在測驗企業對營運資金運用之效率良否。若能用較少的營運資金創造較多的銷貨收入，表示能有效的運用營運資金，不過應注意是否營運資金有過低的現象，因為過低將會造成週轉窒礙之不良後果，假如變賣長期性資產，將影響企業的長期發展。相對地，如果週轉率偏低，表示企業對營運資金的運用效率差，應予檢討改進。

四、權益週轉率

權益週轉率 (Equity Turnover)，亦稱淨值週轉率，係指銷貨淨額與權益之比例關係。公式為：

$$權益週轉率 = \frac{銷貨淨額}{平均權益} \qquad (4\text{-}15)$$

$$X\ 公司權益週轉率 = \frac{\$2,000,000}{\$200,000 + \$80,000} = 7.14\ （次）$$

　　此公式可以測驗企業運用權益之效率高低。其實就是對企業自有資本的運用效能與適度性作一測度。週轉率高表示企業有效運用權益，週轉率低則對權益運用效率較差。

五、其他週轉率

　　除了以上幾個主要的週轉率外，企業管理者或外部分析者如果有必要也可針對某些資產項目計算其週轉率。簡介如下：

$$1.現金週轉率 = \frac{銷貨淨額}{平均\ (現金 + 約當現金)} \qquad (4\text{-}16)$$

　　約當現金之意義，請參考短期償債能力分析一章，速動比率該段。

$$2.應收款項週轉率 = \frac{賒銷淨額}{平均應收款項}\ （詳見短期償債能力分析一章） \qquad (4\text{-}17)$$

$$3.存貨週轉率 = \frac{銷貨成本}{平均存貨}\ （詳見短期償債能力分析一章） \qquad (4\text{-}18)$$

$$4.資本週轉率 = \frac{銷貨淨額}{平均普通股本} \qquad (4\text{-}19)$$

　　以上各種週轉率基本上也是愈高愈好，有些在短期償債能力分析一章詳述，有些則很少用到，此處不再贅敘。

以 X 公司相關資料代入以上公式，得出之各種週轉率如下：

1. 現金週轉率 $= \dfrac{\$2,000,000}{\$45,000} = 44.44$（次）

2. 應收款項週轉率 $= \dfrac{\$1,710,000}{\$95,000} = 18$（次）

3. 存貨週轉率 $= \dfrac{\$1,200,000}{\$60,000} = 20$（次）

4. 資本週轉率 $= \dfrac{\$2,000,000}{\$200,000} = 10$（次）

第五節　杜邦分析

杜邦分析 (DuPont Analysis) 是美國杜邦公司根據資產報酬率的組成因素，所建構的一套完整分析系統。其模式如下：

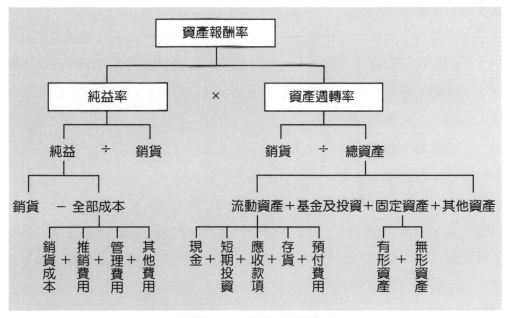

↗圖 4–1　杜邦分析模式

在本章第三節所介紹的資產報酬率公式，分子應為稅後淨利 + 利息費用 $\times (1 -$ 稅率)，然而在採用杜邦分析時，一般都予以簡化，直接用稅後淨利計算。因此成為下列公式：

$$資產報酬率 = \frac{淨利}{總資產}$$

$$= \frac{淨利}{銷貨} \times \frac{銷貨}{總資產} \tag{4-20}$$

$$= 純益率 \times 資產週轉率$$

　　如第四節所言，資產週轉率乃利用資產創造收入的速度，創造快則獲利佳。當純益率不變時，資產週轉率愈高，則資產報酬率愈高，公司獲利當然高。當資產週轉率高，而純益率不佳時，自然也會造成報酬率被抵銷，至於最後的結果，仍要視純益率與資產週轉率高低情況而定，故純益率與資產週轉率將會影響資產報酬率高低。

　　純益率與資產週轉率又分別決定於淨利、銷貨與總資產，此三者又將影響資產報酬率。矛盾的是銷貨收入為純益率的分母，卻為資產週轉率的分子，分子大當然好，分母大則會降低純益率嗎？其實不會，如果按變動成本與固定成本的屬性，銷貨收入變大，照道理淨利應會隨著加大，在固定成本不變之下，純益率反而增加，所以銷貨收入增加並不會產生矛盾現象。除非企業成本控制不良才會有反效果。

　　因此，當全部成本當中有任何一項異常增加就會降低淨利，導致純益率降低，也影響資產報酬率。倘若資產無法有效創造收入，公司應分別檢討是何項資產有閒置或運用效率不高。可見杜邦分析有其特殊之貢獻，由大而小，由淺入深，一層一層探究下去，找出資產報酬率高低之因，汰弱留強，提高公司的競爭力。簡單而言，若要提高報酬率，則應增加銷貨、降低成本，並減少缺乏效用之資產。

　　此外，亦可擴大運用杜邦分析，將財務槓桿併入，變成以權益報酬率為主來計算。其運用如下：

$$權益報酬率 = 資產報酬率 \times \dfrac{權益報酬率}{資產報酬率} \qquad (4\text{--}21)$$

$$= 純益率 \times 資產週轉率 \times 財務槓桿指數$$

此一方式，只是特別強調財務槓桿指數的影響而已，其作用已如前述。
權益報酬率的運用亦可變化如下：

$$權益報酬率 = 純益率 \times 資產週轉率 \times 財務槓桿指數$$

$$= 純益率 \times 資產週轉率 \times \dfrac{\dfrac{稅後淨利}{權益}}{\dfrac{稅後淨利}{總資產}}$$

$$= 純益率 \times 資產週轉率 \times \dfrac{總資產}{權益}$$

$$= 純益率 \times 資產週轉率 \times \dfrac{1}{\dfrac{權益}{總資產}}$$

$$= 純益率 \times 資產週轉率 \times \dfrac{1}{權益比率}$$

假設 W 公司純益率為 4%，資產週轉率為 3，權益比率 60%，則其權益
報酬率為 20%，計算如下：

$$權益報酬率 = 4\% \times 3 \times \dfrac{1}{60\%} = 4\% \times 5 = 20\%$$

由於純益率 × 資產週轉率 = 資產報酬率，若知悉權益比率，則可以計算
權益報酬率。以 W 公司而言，其資產報酬率為 4% × 3 = 12%，其權益報酬率
$= 12\% \times \dfrac{1}{60\%} = 20\%$。

陳老師是某大學的英文教授，在 89 年投資股市，90 年網路泡沫化後，慘遭套牢，還好投資資金不多，也是閒餘資金，並不影響其正常生活。

92 年 4 月 SARS 流行時，股市卻慢慢回春，臺股從 4,000 點回升至 5,000 點左右。

陳老師問我，何謂毛利率？毛利率高為何好？是否應該投資於毛利率較高之股票？

學幼教的家姐在 96 年開始投資股票，卻因為金融海嘯而在高檔套牢，97 年退休後也想進出股市攤低成本。筆者過去幾番投資股票大多鎩羽而歸，但是 95 年 3 月開始以穩健的方式幫父親操作買股，小賺了 20 來萬，也算略有心得。因此也不揣淺陋提醒家姐，不要人云亦云，道聽塗說的買股，應該做一些基本功課，例如：上網查詢公司基本資料（包括公司資本、營運項目、毛利率、每季 EPS 等）、懂得基本的 K 線圖、以及注意每月營收、及本益比等觀念。家姐頗費一番功夫與時間才謹記在心，98 年從 5 月開始投資到 12 月底，已將過去虧損的近百萬元都賺回來。

學過會計的人對毛利率肯定不陌生，但是對家姐而言，真是隔行如隔山。因此家姐也如陳老師般問我，何謂毛利率？毛利率高為何好？

◆問　題：

1. 請你解釋何謂毛利？何謂毛利率？

2. 毛利率較高是否較有投資價值？

3. 毛利率高是否淨利率（純益率）也一定高？

4. 國內筆記型電腦公司華宇在 91 年以降低售價方式取得國外大訂單，使營收增加 30～40%，卻使毛利率降低至 10% 以下，92 年 8 月公司表示，以後將至少要求 10% 以上之毛利率，以免肥了營收，瘦了淨利，你對此有何看法？

本章公式彙整

獲利比率

$$毛利率 = \frac{銷貨毛利\,(GP)}{銷貨淨額\,(NS)}$$

$$營業淨利率 = \frac{營業淨利\,(OI)}{銷貨淨額\,(NS)}$$

$$稅前淨利率 = \frac{稅前淨利\,(EBT)}{銷貨淨額\,(NS)}$$

$$稅後淨利率 = \frac{稅後淨利\,(NI)}{銷貨淨額\,(NS)}$$

$$綜合損益率 = \frac{綜合損益\,(CI)}{銷貨淨額\,(NS)}$$

報酬率

$$資產報酬率 = \frac{稅後淨利 + 利息費用 \times (1 - 稅率)}{平均資產總額}$$

$$權益報酬率 = \frac{稅後淨利}{平均權益}$$

$$財務槓桿因數 = 權益報酬率\,(ROE) - 資產報酬率\,(ROA)$$

$$財務槓桿指數 = 權益報酬率\,(ROE) \div 資產報酬率\,(ROA)$$

$$長期資金報酬率 = \frac{稅後淨利 + 長期負債利息費用 \times (1 - 稅率)}{平均\,(長期負債 + 權益)}$$

$$普通股權益報酬率 = \frac{稅後淨利 - 特別股股利}{平均普通股權益}$$

資產運用效率（週轉率）

$$資產週轉率 = \frac{收入}{資產}$$

$$總資產週轉率 = \frac{銷貨淨額}{平均資產總額}$$

$$固定資產週轉率 = \frac{銷貨淨額}{平均固定資產}$$

$$\text{營運資金週轉率} = \frac{\text{銷貨淨額}}{\text{平均營運資金}}$$

$$\text{權益週轉率} = \frac{\text{銷貨淨額}}{\text{平均權益}}$$

其他週轉率

$$\text{現金週轉率} = \frac{\text{銷貨淨額}}{\text{平均 (現金 + 約當現金)}}$$

$$\text{應收款項週轉率} = \frac{\text{賒銷淨額}}{\text{平均應收款項}}$$

$$\text{存貨週轉率} = \frac{\text{銷貨成本}}{\text{平均存貨}}$$

$$\text{資本週轉率} = \frac{\text{銷貨淨額}}{\text{平均普通股本}}$$

杜邦分析

$$\text{資產報酬率} = \frac{\text{淨利}}{\text{總資產}}$$

$$= \frac{\text{淨利}}{\text{銷貨}} \times \frac{\text{銷貨}}{\text{總資產}}$$

$$= \text{純益率} \times \text{資產週轉率}$$

$$\text{權益報酬率} = \text{純益率} \times \text{資產週轉率} \times \text{財務槓桿指數}$$

$$= \text{純益率} \times \text{資產週轉率} \times \frac{\text{總資產}}{\text{權益}}$$

$$= \text{純益率} \times \text{資產週轉率} \times \frac{1}{\text{權益比率}}$$

■ 思考與練習 ■

一、問答題

1.何謂獲利能力分析？

2.何謂營業淨利率？

3.何謂資產報酬率？請列出正確公式。

4.何謂權益報酬率？請列出正確公式。

5.何謂資產運用效率？

6.杜邦分析中，基本的兩個比率為何？此兩比率構成何者？

7.(1)請寫出資產報酬率 (Return on Assets, ROA) 和權益報酬率 (Return on Equity, ROE) 的公式。

 (2)造成兩者不同的原因為何？

 (3)請寫出兩者之間的關係。 【證券分析】

二、選擇題

( ) 1.多益公司的總資產報酬率為 8%，淨利率為 4%，淨銷貨收入為 $200,000，試問平均總資產為多少？(假設公司未舉債)

 (A) $200,000 (B) $100,000 (C) $5,000 (D) $8,000 【投信業務】

( ) 2.下列有關銷貨毛利的敘述何者為真？

 (A)某公司的毛利很高但營業利益卻低於一般水準，表示該公司的進貨成本可能控制不當 (B)某公司的毛利率大於 1，表示獲利能力很強 (C)毛利率不可能大於 1 (D)某公司的毛利率等於淨利率，表示其銷貨成本可能控制不當 【投信業務】

( ) 3.杜邦方程式之淨值報酬率等於：

 (A) (稅後淨利÷銷貨)×(銷貨÷總資產)

 (B) (稅後淨利÷銷貨)×(銷貨÷總資產)×(總資產÷淨值)

 (C) (稅前淨利÷銷貨毛利)×(銷貨毛利÷銷貨)

 (D) (稅前淨利÷銷貨)×(銷貨÷總資產)×〔1÷(1－負債比率)〕

 【證券分析】

( ) 4.下列那一個財務比率與獲利能力的關聯性最高：

(A)市值帳面值比　(B)權益比率　(C)權益報酬率　(D)營運資金週轉率
【證券分析】

( ) 5.股東權益報酬率大於總資產報酬率所代表之意義為：

(A)財務槓桿作用為負　(B)負債比率低於權益比率

(C)資產投資之報酬大於資金成本　(D)固定資產投資過多

【券商業務】

( ) 6.下列有關總資產報酬率之敘述，何者不正確？

(A)總資產週轉率愈大，表示企業使用資產效率愈高

(B)評估總資產週轉率時，須考慮行業特性

(C)總資產報酬率亦可作為衡量獲利能力之補充指標

(D)總資產報酬率係以營業收入淨額除以期末資產　【券商業務】

( ) 7.假設淨利率與權益比率不變，則總資產週轉率增加，將使權益報酬率：

(A)減少　(B)增加　(C)不變　(D)不一定　【券商高業】

( ) 8.雅言公司 96 年之淨利率為 15%，總資產週轉率為 1.8，權益比率為 60%，則其 96 年權益報酬率約為若干？

(A) 6%　(B) 16.2%　(C) 27%　(D) 45%　【券商高業】

( ) 9.資產報酬率應等於下列何者？(假設無負債)

(A)稅後淨利率乘以資產週轉率　(B)稅前毛利率乘以銷貨乘數

(C)保留盈餘乘以資產週轉率　　(D)股東權益乘數乘以銷貨淨利

【券商高業】

( ) 10.某公司的稅後淨利為 60 萬元，已知銷貨毛利率為 20%，純益率（稅後淨利率）為 10%，請問該公司的銷貨成本為多少？

(A) 350 萬元　(B) 400 萬元　(C) 480 萬元　(D) 540 萬元　【券商高業】

( ) 11.銷貨收入與銷貨成本的差額稱為何者？

(A)銷售淨利　(B)稅前淨利　(C)稅後淨利　(D)銷貨毛利　【券商高業】

( ) 12.企業希望提高其權益報酬率 (ROE)，以下那一個方式為無效的？

(A)改善經營能力　(B)減少閒置產能　(C)改變資本結構　(D)選項(A)、

(B)、(C)皆有效　　　　　　　　　　　　　　　　　　【券商高業】

( )　13.假設甲公司之淨利率為 4%，資產週轉率為 4，自有資金比率為

40%，請問目前該公司之權益報酬率為何？

(A) 16%　(B) 26%　(C) 36%　(D) 40%　　　　　　【投信業務】

( )　14.本年度銷貨收入 $1,005,000，銷貨退回 $5,000，銷貨成本 $800,000，

銷貨毛利率為：

(A) 19.9%　(B) 20.0%　(C) 79.6%　(D) 80.0%　　　【券商高業】

( )　15.衡量資產運用效率的指標為：

(A)銷貨收入 ÷ 營運資金　(B)毛利率　(C)權益報酬率　(D)營業淨利

率　　　　　　　　　　　　　　　　　　　　　　　【券商業務】

( )　16.淨銷貨為 $200,000，期初總資產為 $60,000，資產週轉率為 4，請問

期末總資產為：

(A) $40,000　(B) $35,000　(C) $30,000　(D) $20,000　【投信業務】

( )　17.百里公司在無負債的狀況下，其稅前總資產報酬率為 17%。若不考

慮稅負，且該公司負債與權益比率為 0.3，利率為 7%，則其權益報

酬率為何？

(A) 21%　(B) 16.5%　(C) 17.25%　(D) 20%　　　　【券商高業】

( )　18.某公司資產總額 $2,500,000，負債總額 $900,000，平均借款利率

10%，若所得稅率 25%，總資產報酬率為 12%，則權益報酬率若干？

(A) 18.75%　(B) 15%　(C) 14.53%　(D) 20%　　　　【券商高業】

( )　19.某公司的負債比率為 0.6，總資產週轉率為 3.5。若公司的權益報酬

率為 14%，請計算公司的淨利率為何？

(A) 2.06%　(B) 1.6%　(C) 8.4%　(D) 5.6%　　　　【券商高業】

( )　20.若公司不使用任何負債，且利息費用等於 0，而全部資金完全來自

普通股權益，則稅後資產報酬率與權益報酬率之關係為：

(A)資產報酬率 > 權益報酬率　(B)資產報酬率 < 權益報酬率

(C)資產報酬率 = 權益報酬率　(D)不確定　　　　　【券商業務】

( ) 21.一般而言，如果舉債經營所得到的報酬率高於舉債所負擔的利率，
則對權益報酬率的影響將是：
(A)權益報酬率會下降　　(B)權益報酬率會上升
(C)權益報酬率不受影響　(D)視舉債之期間（流動或非流動）而定

【投信業務】

( ) 22.內湖公司 96 年度平均總資產 $150,000，銷貨 $60,000，其淨利
$30,000，稅率 25%，利息前淨利率 12.5%，則該公司總資產報酬率
為何？
(A) 10%　(B) 8%　(C) 4%　(D) 5%　　　　　　　　　【投信業務】

( ) 23.白眉企業去年淨利只有 2,000 萬元，總資產報酬率是 2%，下列那一
種作法有助於提高其總資產報酬率？
(A)同時且等量提高銷貨收入與營業費用
(B)同時且等比率提高銷貨收入與營業費用
(C)同時且等量提高營運資產與營業費用
(D)同時且等比率降低營運資產與銷貨收入　　【券商高業】【投信業務】

( ) 24.下列何者指標不具獲利能力分析價值？
(A)純益率　(B)毛利率　(C)營業費用對銷貨淨利之比率　(D)存貨週轉
率　　　　　　　　　　　　　　　　　　　　　　　　　　【券商業務】

( ) 25.下列何者不屬於獲利能力的指標？(A)股東權益報酬率　(B)總資產週
轉率　(C)淨利率　(D)資產報酬率　　　　　　　　　　　　【券商業務】

( ) 26.下列何者無法使總資產報酬率提高？
(A)提高淨利率　(B)增加銷貨　(C)提高總資產週轉率　(D)降低固定資
產對長期資金比率　　　　　　　　　　　　　　　　　　　【券商高業】

( ) 27.現金週轉率係指下列何項比率？
(A)現金對資產總額比率　(B)銷貨對現金比率　(C)現金對銷貨比率
(D)流動資產總額對現金比率　　　　　　　　　　　　　　　【券商高業】

( ) 28.固定資產週轉率高表示：
(A)損益兩平點較高　(B)銷貨潛力尚可大幅提高　(C)固定資產運用效

率高　(D)生產能量較有彈性　　　　　　　　　　　　　【券商高業】

( )　29.某公司去年度銷貨毛額為 600 萬元，銷貨退回與折讓 50 萬元，已知其期初存貨與期末存貨皆為 112 萬元，本期進貨 400 萬元，另有銷售費用 50 萬元，管理費用 62 萬元，銷貨折扣 50 萬元，請問其銷貨毛利率是多少？

　　(A) 60%　(B) 40%　(C) 20%　(D) 10%　　　　　　【投信業務】

( )　30.某公司的負債利率為 12%，公司的總資產報酬率為 5%，則該公司增加負債將：

　　(A)降低權益報酬率　(B)增加權益報酬率　(C)權益報酬率不變　(D)不一定　　　　　　　　　　　　　　　　　　　　　　　　　【券商業務】

三、計算題

1. 甲公司負債及權益各為 $5,000，利息及所得稅前淨利 $1,500，利息費用 $800，所得稅率 40%。

　　試作：(1)總資產報酬率　(2)權益報酬率　(3)財務槓桿指數　(4)財務槓桿因數

2. 華楊公司去年及今年有關資料如下：

	去年	今年
銷貨收入	$40,000	$50,000
稅後淨利	1,500	2,100
利息費用	300	400
權益	4,800	5,200
總資產	12,000	12,000
所得稅率	25%	25%

　　試作：計算今年之

　　(1)純益率（淨利率）　(2)資產報酬率　(3)權益報酬率　(4)財務槓桿指數

　　(5)財務槓桿因數（計算至小數點第 2 位）

財務報表分析
Financial Statement Analysis

3.拉法企業會計報表相關資料如下：

營業收入 $10,000,000	普通股股利 $ 20,000	流動負債 $ 30,000
營業成本 $ 7,500,000	特別股股利 $ 40,000	長期負債 $1,250,000
營業費用 $ 2,200,000	流動資產 $1,650,000	普通股（面額 $10） $ 800,000
利息費用 $ 200,000	資產總額 $3,300,000	特別股（面額 $10） $ 400,000
稅前純益 $ 100,000	所得稅稅率 25%	權益總額 $1,750,000

請問其財務槓桿指數是多少？ 【證券分析】

4.紅葉公司 01 年至 03 年之部分資料如下：

	01 年	02 年	03 年
銷貨收入	$2,000,000	$2,200,000	$2,400,000
本期淨利	100,000	120,000	120,000
利息費用（稅後）	10,000	12,000	15,000
權益	290,000	310,000	350,000
總資產	800,000	800,000	900,000

試作：計算 02 年度及 03 年度之下列各項比率（百分比求至小數第二位）

(1)稅後淨利率　(2)總資產報酬率　(3)權益報酬率　(4)財務槓桿指數

5.綠林公司某年度之財務資料如下：

銷貨收入	$900,000
純益率	10%
稅率	25%
財務槓桿指數	1.2
總資產週轉率	3 次
負債比率	$\frac{1}{3}$

試作：(1)計算權益報酬率　(2)計算總資產報酬率　(3)計算利息費用

(4)為避免財務槓桿趨於不利，則舉債之利率上限為多少？

6.南寶公司某年度部分資料如下：

銷貨收入	$1,200,000
稅後淨利	60,000
所得稅率	25%
應付公司債（5%，平價發行）	$ 200,000

特別股股本（4%，累積，贖回價格110）	100,000
普通股股本	200,000
資本公積	20,000
保留盈餘	40,000
資產總額	600,000
特別股積欠股利二年	

試作：⑴總資產週轉率　　⑵總資產報酬率

　　　⑶長期資金報酬率　　⑷普通股權益報酬率

7.通元公司財務資料如下：

純益率	8%
總資產週轉率	2 次
財務槓桿指數	1.5
銷貨收入	$1,600,000
稅率	40%

財務結構如下：

流動負債占總資產10%（平均利率3%）

長期負債占總資產20%（平均利率5%）

權益占總資產70%

試作：⑴運用杜邦分析計算權益報酬率

　　　⑵計算總資產報酬率（非杜邦分析模式）

　　　⑶編製財務結構各項目之投資報酬分析表

8.通寶公司某年度部分資料如下：

流動資產	$150,000	權益	$ 500,000
長期投資	100,000	流動負債	50,000
固定資產	450,000	營業收入	1,500,000
其他資產	50,000	稅前淨利	400,000
資產總額	750,000	稅後淨利	300,000

試作：⑴營運資金週轉率

　　　⑵固定資產週轉率

　　　⑶總資產週轉率

　　　⑷總資產報酬率

　　　⑸權益報酬率

9. 老張興沖沖的告訴你，有個報酬率高達 20% 的投資機會，但並未詳細說明計算方式。你目前的閒餘資產有 $400,000，欲做該項投資，另外必須長期借款 $400,000，以及短期融資 $200,000。

　試作：(1)不考慮利息下，若該項投資報酬率係指資產之報酬率，則預期的長期資金與權益報酬率分別為多少？

　　　　(2)不考慮利息下，若該項投資報酬率係指長期資金報酬率，則預期之資產與權益報酬率各為多少？

　　　　(3)不考慮利息下，若該項投資報酬率係指權益報酬率，則預期之資產與長期資金報酬率各為多少？

　　　　(4)若長期借款利率為 10%，短期融資利率為 5%，所得稅率為 25%，則在權益報酬率 20% 的前提下，總資金與長期資金報酬率各為若干？

10. 下列是一家公司近三年部分的財務報表資訊：

	01 年度	02 年度	03 年度
營業收入	$700,000,000 元	$1,000,000,000 元	$1,400,000,000 元
營業成本	640,000,000 元	948,000,000 元	1,350,000,000 元
營業費用	20,000,000 元	36,000,000 元	52,000,000 元
本期淨利（含營業外損益）	30,000,000 元	66,000,000 元	90,000,000 元
應收帳款	60,000,000 元	180,000,000 元	400,000,000 元
存貨	70,000,000 元	120,000,000 元	280,000,000 元
營業活動現金流量	20,000,000 元	−40,000,000 元	−80,000,000 元

假設這家公司這三年銷售的產品相同，股本也沒有增加。

試作：(1)請評估這家公司的獲利情況。

　　　　(2)投資人在分析該公司獲利情況時應如何避免受到可能的誤導？

11.桃園公司近 4 年度的淨銷貨、淨利、普通股權益之資訊如下表：（千元為單位）。

	2008 年	2007 年	2006 年	2005 年
淨銷貨	$39,600	$36,000	$30,000	$30,600
淨利	2,400	1,500	1,080	1,200
普通股權益	12,000	11,100	9,150	7,800

試作：⑴請作 2006 年至 2008 年的趨勢分析，請以 2005 年為基期。

⑵請計算 2006 年至 2008 年的普通股權益報酬率，請計算至小數點第三位。

⑶桃園公司於此產業中的表現如何？其趨勢分析結果如何？

（於此產業平均普通股權益報酬率為 12%）　　　　【證券分析】

Chapter 5

短期償債能力分析

Analysis of Short-Term Liquidity

就我個人在股市的投資歷史而言，最早應該在 77 年之時吧，由於認知不足，結果當然是虧損收場，還好資金很少且是偶爾為之，很快地就淡出股市了。事後來看，很可惜沒有參與 79 年股市 12,495 點的榮景。其後在 87 年下半年又開始進出股市，因為電腦的普及，查詢資訊比較容易，進出頻率就比以往多，雖然畢業於會計研究所，回頭看來，自己在股市真是半調子，雖然不是作短線進出，但是常常小賺就跑，不會賺波段的大錢，然後虧損就住套房放長線，因此虧損比賺錢容易得多。

沒想到 90 年網路泡沫化，大盤指數下跌嚴重，卻沒有停損的觀念，總計 450 萬的資金虧損約 220 萬。還好用的是閒錢，故沒有造成負擔，當然心中還是覺得很痛，由薪資慢慢累積的儲蓄，為了投資致富的夢想而損失不菲，誰能不痛呢！慶幸房子並無貸款，也有部分儲蓄，儘管還有兩個孩子學費與生活費的負擔，本人在金錢的使用還是游刃有餘，或許這是家父培養我們從小勤儉儲蓄的美德使然吧！

我始終抱持一個觀念「願賭服輸、絕不賒貸」，雖然心痛但沒有掛礙。也很幸運的聽從家兄的建議，在 88 年底開始定期定額購買基金，當作退休基金，長期下來真的達到儲蓄作用，而且大部分都獲利，連股市虧損的都彌平了。

於崇右技術學院退休後，儘管是股海的輸家，我認為股票投資比基金投資更方便，手續費更便宜，對資訊面更有掌控性。在退休後當然可以放心，不受俗務干擾的投入股海，所以拿部分積蓄投資股市，當作娛樂，其他時間可以讀書、運動、下棋、爬山，或者是靜坐聽音樂，思考生命的道理，享受平凡人生的真趣。

儘管依然在股海中翻騰，但是我會跳脫出來觀察自己的情緒，常常自我警惕，不想花太多時間在其中，避免不良的生活品質。而寧願活在「琴棋書畫詩酒花，一覺睡到自然醒」的悠遊境地。

　　企業即使沒有長期負債也一定會有短期負債，例如進貨產生應付帳款，對員工產生的應付薪資，是日常經營最主要的兩個大項。按商場的交易習慣，供應商願意月底收款或次月收款，企業沒有理由要堅持絕對的零負債而馬上支付現金。

　　此外，企業經營會有季節性波動，資金的需求也會有高有低，難免在需求孔急下，向金融機構融資，等資金充沛時再來償還，因此短期負債產生是正常且無可避免的。

第一節　短期償債能力的基本概念

一、短期償債能力的意義

　　所謂短期償債能力，係指企業以流動資產償付流動負債的能力，又稱為支付能力 (Solvency)，因此對流動資產及流動負債之意義應予瞭解。

㈠流動資產 (Current Assets)

　　流動資產係指符合下列情況之一者：

1.不受限制之現金或約當現金；
2.預期於營業週期中變現、出售或消耗之資產；
3.主要為交易目的而持有之資產（例如經常買進賣出的金融工具投資）；
4.預期在下個年度內變現之資產。

　　除了流動資產外，其餘均屬非流動資產，例如金融資產－非流動、固定資產、無形資產等。

　　企業之營業週期係指自取得待處理之資產至其變現為現金或約當現金之時間。當企業之正常營業週期無法明確辨認時，假定其為十二個月。

　　現金包含庫存現金、活期存款、支票存款、定期存款和可轉讓定期存單。約當現金為期限短、隨時可轉換為定額現金、價值變動風險很小之投資，通

常包含自投資之日起三個月內到期或清償的國庫券、商業本票和附買回條件的票券。

流動資產通常包含以下各項：現金與約當現金、金融資產一流動、應收票據、應收帳款、存貨、預付費用等。就財務管理言，流動資產可分為：

1. 季節性流動資產：意指企業因季節性波動的關係，流動資產的投資會有高低，為一種變動性質。

2. 永久性流動資產：意指企業在繼續經營原則下，某些流動資產必須永久性的持有，幾乎不會變動，為一種固定性質。

流動資產應由何種資金供應，原則上有三種方法：

1. 配合法

即永久性的流動資產，由長期資金供應，季節性的流動資產，由短期資金供應。

2. 保守法

不論是永久性或季節性的流動資產，均由長期資金供應。

3. 折衷法

永久性的流動資產由長期資金供應，季節性的流動資產，一部分由長期資金供應，一部分由短期資金供應。

㈡流動負債 (Current Liabilities)

所謂流動負債係指符合下列情況之一者：

1. 預期於營業週期中清償之負債；

2. 主要為交易目的而持有之負債；

3. 預期在報導期間後十二個月內到期清償之負債；

4. 企業不能無條件延期超過下年度之負債。

除了流動負債外，其餘均屬非流動負債。

二、短期償債能力的重要性

短期償債能力之重要可分由幾個方面來看，當企業缺乏短期償債能力時：

㈠就債權人而言（包括銀行、供應商、及往來企業）

1.本金及利息之收受必遭拖延，或求償無門。
2.因資金被卡住，連帶影響資金的調度與運作。

㈡就投資者（股東）而言

1.風險增高。
2.股票市價下跌。
3.投資報酬率受影響。

㈢就員工及顧客而言

1.員工無法領到薪資，或失去工作機會。
2.因公司無法完成訂單，公司的顧客失去進貨來源。

㈣就企業而言

1.喪失進貨折扣。
2.可能被迫出售長期投資或固定資產。
3.信用受損，導致信用緊縮，資金成本提高。
4.嚴重時，週轉不靈，導致破產。

第二節　短期償債能力的指標

　　一般償債通常以現金來支付，但是流動負債到期前仍有一些期間，這段期間，公司的流動資產，如應收帳款可能收現了，存貨也可能出售而收現了。因此一般用來衡量短期償債能力，多以流動資產與流動負債為主要的內容。

　　流動資產減流動負債即所謂的營運資金 (Working Capital)，又稱為運用資金。故短期償債能力分析，又可稱為營運資金分析。一般分析的指標如下：

1.營運資金	2.流動比率	3.速動比率
4.現金比率	5.應收款項週轉率	6.存貨週轉率
7.備抵呆帳率	8.應付帳款週轉率	9.流動性指數
10.現金流量比率	11.短期防護比率	

這些指標將依序詳論之。

一、營運資金

營運資金一般係指流動資產減流動負債，為一淨額觀念，可說是淨營運資金 (Net Working Capital)。但少數人對營運資金用總額觀念視之，即指流動資產而言，可說是毛營運資金 (Gross Working Capital)，實務上亦稱為週轉金。若無特別指明，本文仍採多數之淨營運資金觀念。

營運資金可以顯示企業在償還流動負債後，剩下多少短期資金。通常營運資金愈高，代表短期償債能力愈佳，反之則愈差，若營運資金呈現負數，雖不至於馬上有危機，企業卻是必須注意資金之調度與週轉。

營運資金愈高，雖然愈保險，然而過多的營運資金，亦可能顯示資金的閒置與浪費。故維持適當的營運資金，一方面可保持良好的短期償債能力，另一方面亦可對資金作有效的利用。何謂適當的營運資金，則沒有一個確定之答案，不同的企業、不同的行業、不同的規模、不同的經營方式，自然會有不同的營運資金數額。

不過營運資金易受企業規模限制，而無法直接比較，例如甲、乙兩公司營運資金均為 10 萬元，但是甲公司流動資產為 30 萬元，乙公司流動資產為 100 萬元，則明顯地，甲公司償債能力優於乙公司，若只看營運資金本身，是無法分辨出來的，此點可由流動比率加以解決。

二、流動比率

流動比率 (Current Ratio) 為流動資產除以流動負債之比率。公式為：

$$流動比率 = \frac{流動資產\ (CA)}{流動負債\ (CL)} \qquad (5\text{--}1)$$

以往美國銀行家均以流動比率來核定貸款，要求企業至少要維持 200%以上，因此又稱為銀行家比率 (Banker's Ratio)，也稱為二對一比率。

流動比率有下列幾項優點：

1. 觀念清楚、計算簡單、易於瞭解。
2. 可顯示流動資產抵償流動負債的程度，且不似營運資金般受企業規模影響。
3. 流動資產超過流動負債的部分，表示企業的安全邊際，此一部分可資彌補流動資產價值減損之情形，顯示遭遇意外損失之應付能力。

流動比率亦有下列幾項缺點：

1. 流動資產與流動負債乃特定時日的靜態存量觀念，無法衡量未來的變動情形。也許企業資金融通能力佳，則未來償債能力亦強。
2. 忽略某些流動資產無法還債，如預付費用；而某些流動負債不需支付現金，如預收租金。
3. 沒有考慮流動資產之組成項目，不同項目轉換成現金之速度不同，其流動性有很大差異。
4. 流動比率易受企業操縱，以窗飾其帳面效果。例如某企業流動資產與流動負債分別為 12 萬與 8 萬，流動比率 1.5：1。為美化其數字，在期末時，大舉還債 4 萬，使流動資產與流動負債變成 8 萬與 4 萬，結果流動比率變成 2：1。

流動比率多少才理想，當然也沒有固定的答案，過去習慣以 200% 為分界點，低於此數就不理想，然則我國很多績優的企業通常也未達此數，因此 200% 可能只是一個理想，最佳情況，或許要用不同企業在正常營運下的幾年平均水準來衡量吧！

公司有時候擴張營業，必須取得所需之流動資產，此時很容易產生所謂的「繁榮困境」(Prosperity Squeeze)，應予注意。所謂繁榮困境意指公司在擴

張營業時，為了取得所需之流動資產，而全數以流動負債的方式取得，此舉雖然對營運資金沒有影響，卻造成流動比率的下降。

造成**繁榮困境**的原因有三：

1. 以流動負債支應流動資產。
2. 原有（擴張前）的流動比率大於一。
3. 受通貨膨脹的影響。

解決**繁榮困境**的方式有二：

1. 將流動資產區分為季節性與永久性兩部分，以流動負債支應前者，以長期資金支應後者。
2. 全部的流動資產，不論是季節性或永久性，均以長期資金來支應。

三、速動比率

速動比率 (Quick Ratio)，又稱為「酸性測驗比率」(Acid Test Ratio)，酸性測驗意指最嚴格的考驗。公式為：

$$速動比率 = \frac{速動資產\,(QA)}{流動負債\,(CL)} \qquad (5\text{--}2)$$

所謂速動資產 (Quick Assets) 係指現金、約當現金、短期投資、應收票據及應收款項。簡單而言，即流動資產減存貨和預付費用。

速動比率通常以 100% 為標準，在存貨及預付費用無法緊急變現的情況下，希望公司還能利用速動資產清償所有流動負債。通常存貨不列入酸性測驗的原因有二： 1. 變現速度較慢； 2. 存貨價值不易確定。

而速動比率與流動比率，通稱為「流動性比率」(Liquidity Ratios)，謹此作一補充。

四、現金比率

現金比率 (Cash Ratio) 是從變現的角度來衡量流動資產的品質，公式為：

$$現金比率 = \frac{現金 + 約當現金}{流動資產} \qquad (5\text{-}3)$$

　　流動資產包括了應收款項、存貨、預付費用與其他流動資產等,這些項目在緊急情況下變現,通常會發生損失,若現金比率越高,變現損失就較低,對短期債權比較有保障;相對的也代表資源有某種程度的閒置與浪費。

五、現金對流動負債比率

　　現金對流動負債比率為現金與約當現金對流動負債的比率,公式為:

$$現金對流動負債比率 = \frac{現金 + 約當現金}{流動負債} \qquad (5\text{-}4)$$

　　此一比率類似流動比率與速動比率,但是比速動比率更嚴格,主要在衡量短期的流動性,因為債務的清償需要現金,若此比率過低,企業可能因無力償債而發生財務危機,不可不慎。

六、應收款項週轉率

　　應收款項週轉率 (Turnover of Receivables),係指賒銷淨額與平均應收款項之比率關係。公式為:

$$應收款項週轉率 = \frac{賒銷淨額}{平均應收款項總額} \qquad (5\text{-}5)$$

　　應收款項由賒銷產生,若每單位售價 \$20,賒銷一單位便有賒銷金額 \$20 與應收款項 \$20,帳款收現又可買進存貨創造賒銷,假設賒銷金額 \$2,000,平均應收款項餘額仍為 \$20,便代表企業創造了 100 次賒銷,即

$2,000 \div \$20 = 100$。

故應收款項週轉率顯示了企業創造收入的能力，而且也顯示了企業收帳的速度與效率，通常週轉率愈高，代表應收款項變現的速度愈快，在計算此一公式時應注意下列幾點：

1. 分子應該用賒銷淨額，倘若外部分析者無法得知賒銷資料，只好採用銷貨淨額。

2. 分母包括應收帳款及因銷貨而發生之應收票據，至於其他非銷貨產生之應收款和票據應予排除。

3. 分母係採總額，不必扣除備抵呆帳，因為即使發生呆帳，亦不能否認週轉率發生的事實。如果分母扣除備抵呆帳，豈非讓不利的呆帳，造成有利的結果（即應收款項週轉率提高），顯然互相矛盾。

4. 分母係採年初與年底的平均數，若可以的話，還可採用各月的平均數，以消彌季節性的波動。

雖說應收款項週轉率愈高愈好，但過高也有可能是幾個不良因素造成，包括：

1. 銷貨條件過苛，使得平均應收款項偏低造成。

2. 期末銷貨遽減，造成期末應收款項偏低。

3. 應收票據貼現及應收帳款讓售等因素造成。

而應收款項週轉率偏低，當然是不好的，其可能原因包括：

1. 徵信不佳或收帳不力。

2. 顧客的原因導致無法如期收帳。

3. 經營不善，導致銷貨減少。

有時候應收款項的收帳速度，也可以用天數來表示。此時稱為「應收款項週轉天數」 (Receivable Turnover in Days) 或者稱為 「平均收現日數」 (Average Collection Period)。其公式如下：

$$應收款項週轉天數 = \frac{365^*}{應收款項週轉率} = \frac{平均應收款項總額 \times 365}{賒銷淨額}$$

$$= \frac{平均應收款項總額}{賒銷淨額 \div 365} = \frac{平均應收款項總額}{平均每日賒銷淨額} \tag{5-6}$$

*也可以用 360 天計算，只要每期一致即可。

　　計算平均收現日數，可以直接和公司的授信條件相比，若公司一般習慣給顧客 30 天的付款期限，則平均收現日數若低於 30 天，表示公司收帳工作確實，若超過 30 天，則顯示收帳不力，仍需努力。不過在比較時，應該注意公司是否有貼現與融資讓售等情形。

七、存貨週轉率

　　所謂存貨週轉率 (Inventory Turnover) 係指銷貨成本與平均存貨的比例關係。公式為：

$$存貨週轉率 = \frac{銷貨成本}{平均存貨} \tag{5-7}$$

　　存貨週轉率在顯示每年存貨出售轉為銷貨成本的次數，週轉率愈高，代表公司作的生意愈多次，對公司當然有利。例如公司每單位存貨成本為 $10，假設平均存貨維持一單位，即 $10，如果今年銷貨成本 $10，則 $10 ÷ $10 = 1，代表公司只作一次生意。如果銷貨成本為 $1,000，則 $1,000 ÷ $10 = 100，代表公司今年作了一百次生意。可見存貨週轉率愈高愈有利，而生意作得愈多次，代表公司將存貨轉換為現金的能力與速度愈高，因此存貨週轉率也可顯示出存貨轉換為現金的速度。

　　計算存貨週轉率應注意幾點：

1.分母應採平均存貨，若能採各季或各月平均數將會更好。

2. 分母之存貨若有備抵跌價損失亦應予扣除，亦即只採存貨淨額，因為結轉
　銷貨成本之數亦為淨額。

3. 存貨計價方法是否一致。

　雖說存貨週轉率愈高愈有利，但是仍要注意偏高的原因是否真的銷貨佳，
還是其他原因造成，通常偏高的原因如下：

1. 銷貨佳。

2. 採用及時存貨制度 (Just-in-Time)，使存貨降低所致。

3. 採 FIFO 時，因物價下跌所致。

4. 為擴大市場占有率，採薄利多銷之方式擴大銷貨，然此舉可能減少獲利。

　相對地，存貨週轉率偏低，亦有幾個可能原因：

1. 營業衰退不振。

2. 存貨過時陳舊。

3. 採購或生產無法與銷貨配合。

4. 預期存貨短缺，或物價上漲，而事先採購。

5. 為獲得規模經濟而大量生產。

　前述存貨週轉率是以年度為計算基礎，實務上管理者不可能等到年度結
束才來審視，而是平時就要持續注意，因此多會以月為基礎來計算存貨週轉
率。其公式如下：

$$存貨週轉率 = \frac{月銷貨成本}{月平均存貨} \tag{5-8}$$

　假設元月銷貨成本 \$1,200,000，元月平均存貨 \$300,000，則元月份存貨
週轉率為 4 倍，如果公司存貨政策維持穩定，則每個月的平均存貨相同下，
至少希望未來各月份的存貨週轉率能超過 4 倍最好。

　再假設公司的毛利率為 25%，則元月份銷貨應為 \$1,600,000 即
\$1,200,000 ÷ (1 − 25%) = \$1,600,000。如果公司每個月至少要維持元月份的業
績，則以後各月營業額都要有 \$1,600,000 以上才行。此正足以說明管理者重

視月存貨週轉率的原因。

　　此外，亦可計算「存貨週轉天數」(Inventory Turnover in Days)，表示從取得存貨到成品出售所需的平均時間，又稱為「平均銷貨日數」。公式如下：

$$\text{存貨週轉天數} = \frac{365}{\text{存貨週轉率}} = \frac{365 \times \text{平均存貨}}{\text{銷貨成本}}$$
$$= \frac{\text{平均存貨}}{\text{銷貨成本} \div 365} = \frac{\text{平均存貨}}{\text{平均每日銷貨成本}}$$

(5-9)

　　此一公式只不過表示企業的平均存貨，幾天可以出售一次，當然是愈快愈好，亦即存貨週轉天數愈低愈好。

　　合併應收款項週轉天數與存貨週轉天數，兩者相加稱之為「存貨轉換期間」(Inventory Conversion Period)，又稱為「存貨變現天數」，也等於「營業週期」(Operating Cycle)。

　　茲以台光電資料 (請參考第二章第一節)，計算 108 年度各種短期償債能力指標：

1. 營運資金 = \$18,833,258 仟元 − \$10,321,431 仟元 = \$8,511,827 仟元

2. 流動比率 = $\dfrac{\$18,833,258}{\$10,321,431} \doteqdot 1.82$

3. 速動比率 = $\dfrac{\$18,833,258 - \$2,904,701}{\$10,321,431} = \dfrac{\$15,928,557}{\$10,321,431} \doteqdot 1.54$

　速動資產 = \$18,833,258 仟元 − \$2,904,701 仟元 = \$15,928,557 仟元

　依據公開資訊觀測站，速動比率之公式為：

$$\frac{(\text{流動資產} - \text{存貨} - \text{預付費用})}{\text{流動負債}}$$

　並沒有減去其他非流動資產。本例台光電並無預付費用。

4. 現金比率 = $\dfrac{\$6,350,790}{\$18,833,258} \doteqdot 0.3372$

5. 現金對流動負債比率 = $\dfrac{\$6,350,790}{\$10,321,431} \doteqdot 0.6153$

6. 應收款項週轉率 $= \dfrac{\$24,865,522}{\dfrac{(\$7,625,645 + \$9,192,052)}{2}} = \dfrac{\$24,865,522}{\$8,408,848.5} \doteqdot 2.96$

依據公開資訊觀測站之公式，分子為銷貨淨額，分母為平均應收款項餘額

台光電之應收款項計算如下：

107 年應收款項 $= \$311,778 + \$7,313,867 = \$7,625,645$ 仟元

108 年應收款項 $= \$293,914 + \$8,898,138 = \$9,192,052$ 仟元

7. 平均收現日數 $= \dfrac{365}{2.96} \doteqdot 123.31$ 天

8. 存貨週轉率 $= \dfrac{\$18,765,219}{\dfrac{(\$2,209,347 + \$2,904,701)}{2}} = \dfrac{\$18,765,219}{\$2,557,024} \doteqdot 7.34$

9. 平均銷貨日數 $= \dfrac{365}{7.34} \doteqdot 49.73$ 天

10. 營業週期 $= 123.31$ 天 $+ 49.73$ 天 $= 173.04$ 天

注意：

1. 筆者對應收款項週轉率之分母，主張採用總額，原因在文中已詳細說明，部分學者主張採淨額，公開資訊觀測站之計算亦採用淨額，特此說明。

2. 台光電短期償債能力不錯，流動比率 1.82 接近 2，速動比率 1.54 大於 1。

3. 其他方面之比率可以與其同業比較或與其同業平均數比較，以判斷其優劣，因篇幅所限，此處省略。

八、備抵呆帳率

備抵呆帳率係指備抵呆帳對應收款項之比例關係。公式為：

$$備抵呆帳率 = \dfrac{備抵呆帳}{應收款項總額} \qquad (5\text{--}10)$$

分析備抵呆帳率，可以瞭解應收款項收現性大小，若比率逐年增加，則收現性降低，連帶影響應收款項的週轉，然而從應收款項週轉率的計算方式，

並無法彰顯此種情形。相對地,若備抵呆帳率逐年減少,或呈現穩定狀態,則應收款項的收現性提高或很穩定。

九、應付帳款週轉率

所謂應付帳款週轉率係賒購淨額與平均應付帳款之比例關係。公式為:

$$應付帳款週轉率 = \frac{賒購淨額}{平均應付帳款} \qquad (5\text{--}11)$$

應付帳款週轉率在顯示企業支付欠帳的速度,也表示企業對外信用的賒購能力,此一比率並無好壞高低之分,如果愈高,好像表示企業作了多次的賒購,當然是因為銷貨多才會購貨多,所以應付帳款週轉率應該和存貨週轉率有某種恆常之關係。

如果應付帳款週轉率低,也可能是平均應付帳款多,表示公司信用佳,供應商願意讓公司保留相當之欠款。因為此一比率的高低無法論定好壞,所以實務上很少計算。

另外,也可計算應付帳款週轉天數(平均欠款日數),公式如下:

$$應付帳款週轉天數 = \frac{365\,天}{應付帳款週轉率} \qquad (5\text{--}12)$$

十、流動性指數

流動性指數 (Liquidity Index) 是在顯示企業流動資產的流動性大小 , 亦即企業除了現金以外的流動資產,轉換為現金的流動性快慢。其計算以各流動資產構成項目之金額,乘以各該項目變現所需天數,將各乘積合計數除以流動資產總額而得。

在計算時應注意下列幾點:

1.現金本身不必轉換，故變現天數為零天。

2.約當現金與短期投資一般假定立即變現，故變現天數亦為零天。

3.應收票據若由營業產生，可包含於應收帳款中計算。

4.應收帳款之變現天數為應收帳款週轉天數。

5.備抵呆帳一般是假定無法變現，故應在應收帳款項下予以扣除。

6.存貨之變現天數，為營業週期。

7.預付費用通常無法轉成現金，故不考慮。

8.其他流動資產，通常無法估計變現所需之天數，亦不考慮。

茲以簡單資料，計算流動性指數如下：

項目	(1)金額	(2)變現天數	(1)×(2)乘積
現金（含短期國庫券、交易目的金融資產）	$ 40,000	0	$ 0
應收帳款（含應收票據）淨額	40,000	20	800,000
存貨	20,000	35	700,000
合計	$100,000		$1,500,000

流動性指數 = $1,500,000 ÷ $100,000 = 15

流動性指數愈高，表示流動資產轉換為現金之天數較長，故流動性愈低，反之，流動性指數愈低，則流動性愈高。此一分析必須與前後幾個年度比較才能瞭解其變動情形，又或者是與同業比較，也才有意義。

十一、現金流量比率

所謂現金流量比率 (Cash Flow Ratio)，係營業活動的淨資金流量與流動負債之比例關係。又稱為流動現金負債保障比率。公式為：

$$現金流量比率 = \frac{營業活動淨資金流量}{流動負債} \qquad (5\text{--}13)$$

此一公式用來計算由營業產生之資金，能夠償付流動負債的倍數關係，亦可顯示企業在正常營運情況下，償還流動負債的能力。公式的分母為年底的流動負債，亦可採平均流動負債。

十二、短期防護比率

短期防護比率 (Short-Term Defensive Interval Ratio) 也稱為「短期防護日數」、「短期涵蓋比率」(Short-Term Coverage Ratio)，係指在沒有其他資金流入情況下，現有的速動資產支應每天的營業支出，能夠支撐多少天。公式為：

$$短期防護比率 = \frac{速動資產}{預計每天平均營業支出} \tag{5-14}$$

公式中的分母為 (銷貨成本 + 營業費用 − 折舊費用 + 利息費用 + 所得稅費用) ÷ 365 天。簡單的說就是企業所有營業用的成本與費用，減除不需支付現金的折舊、攤銷、遞延所得稅等項目再除以 365 天。此一比率愈高愈好，可以顯示企業在遇到臨時發生的困境時，現有資金尚能支撐多久，例如 92 年 3～6 月，臺灣面臨 SARS 衝擊時，計算短期防護日數，可讓管理者有一個依據來作一些應變措施。

不過我們也應理解，在極端情況下，企業面臨沒有其他資金流入的情況下，也會設法撙節支出，故實際能夠防護的日數或許比公式計算出來的防護日數來得長，這種抗壓能力，在財務報表上或任何比率上是看不出來的。

心靈饗宴 E　孤單日記

孤獨與寂寞是孿生兄弟，左右相隨，難分難離，或許他們倆在一起永不孤獨，永不寂寞。突然想起以前寫的新詩「孤獨四闋」，內文如下：

春之曲

孤獨是
合歡雪白的山頂
早春的一枝
紅艷

夏之調

孤獨是
熙來攘往的城鎮
唯得與夏蟲
語冰

秋之詞

一枚珍藏的楓葉
從青綠到斑駁
只是反覆咀嚼著
這兩張書頁

冬之韻

而德佛乍克啊！
那一年冬季不曾問我
為何在幽默曲中落淚
今日又何以由
鄰家隔窗闖入
取笑我早凋的愛情

記得高中升大學時期很愛聽二哥彈鋼琴，每次聽「德佛乍克」的「幽默曲」，並不覺得幽默，不知為何，反而覺得孤獨與寂寞，如今仍然一樣！後來寫「孤獨四闋」時，正巧隔鄰傳來幽默曲的琴音，因而完成了「冬之韻」這闋。

如果孤獨來找你，消極的不妨泡一杯咖啡，扭開音響，靜靜的坐著，陪他坐一個下午。也可以積極的，帶著他一同神遊寰宇，或者漫步於海濱，聆聽海浪對沙灘的思念，或者徘徊於林園，沉醉芬多精靈曼妙的舒壓。

要不然，趕緊撥一個電話給友人，躲避孤獨的打擾。

第三節　其他輔助觀念與分析

　　除了第二節所述一些短期償債能力指標外，舉凡有助於分析者進一步瞭解企業短期償債能力之任何比率、觀念或其他分析方式，也都是分析者可以操作的工具。當然，分析者的時間也有限，不見得每種比率、每種工具都會用得上，所以通常會挑選對其幫助最大的分析工具來使用，其他時間可用來作一些決策判斷。但是先決條件是分析者要有妥善的工具作萬全的準備，好像一個外科醫師，執行手術前，所有工具都要備妥，用不到沒有關係，而一旦必須用到，則可隨手拈來，完成手術。本節將針對短期償債能力的一些額外分析方法略作介紹。

一、流動資產週轉率

　　所謂流動資產週轉率係指銷貨淨額與流動資產的比例關係。公式為：

$$流動資產週轉率 = \frac{銷貨淨額}{平均流動資產}（收入或流入觀念） \qquad (5\text{--}15)$$

或

$$流動資產週轉率 = \frac{銷貨成本 + 營業支出}{平均流動資產}（支出或流出觀念） \qquad (5\text{--}16)$$

　　上述兩個公式，通常採用第一種，即收入觀念之公式。流動資產週轉率的觀念類似應收款項週轉率，表示企業利用流動資產創造收入的能力，也可說是流動資產收現的速度與效率。此一比率也是愈高愈佳。由於流動資產可用來償還流動負債，而流動負債又是流動資產的來源，因此，流動資產週轉率也會受流動負債影響。例如，舉借短期借款，使流動資產與流動負債同時

增加，則會降低流動資產週轉率；相反地，若償還短期借款，結果將會提高流動資產週轉率。最後要提醒的是分子的銷貨包括現銷與賒銷，此點與應收款項週轉率採賒銷是不同的。

二、淨營業週期

所謂淨營業週期 (Net Operating Cycle) 係指企業現購存貨在賒銷後，到帳款收回，再減除應付帳款週轉天數之整個週期。又稱為「現金循環」或「現金營業循環」。公式如下：

> 淨營業週期 = 平均銷貨日數 + 平均收帳日數 − 平均欠款日數
>
> 　　　　　= 存貨週轉天數 + 應收款項週轉天數 − 應付帳款週轉天數
>
> 　　　　　= 存貨轉換期間 − 應付帳款週轉天數　　　　　　　(5–17)
>
> 　　　　　= 營業週期 − 應付帳款週轉天數

茲以圖 5–1 顯示淨營業循環各成分之相互關係

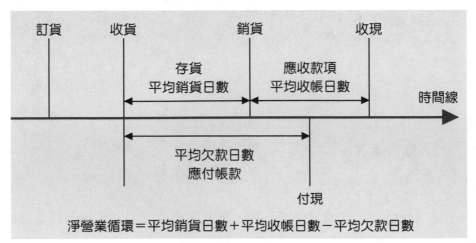

↗圖 5–1　淨營業循環（現金營業循環）

此一分析在顯示企業所需營運資金之大小。若淨營業週期愈長，表示企業週轉能力愈低，需要之營運資金就愈多，反之淨營業週期愈短，表示企業週轉能力愈高，需要之營運資金則愈少。企業若要改善過長之淨營業週期，

就要縮短應收款項週轉天數與存貨週轉天數，而延長進貨之付款天數。

淨營業週期也表示公司需要滿足營運資金的期間長短，可說是企業需要融資的天數。因為應收款項週轉天數及存貨週轉天數，代表企業需要資金在應收款項與存貨上，而應付帳款週轉天數，代表公司可以獲得資金的融通期間，兩者之差，即表示企業所需要的融資期間，也稱為「現金週轉期間」。

現金週轉期間 = 需要融資期間 = 淨營業週期

三、金融業信用額度之測算公式

金融業或者一般授信者，對於企業之信用額度都有一個上限的限制，也就是最高信用額度，其公式如下：

$$最高信用額度 = \frac{運用資金}{設定之流動比率 - 1} - 原流動負債 \qquad (5\text{--}18)$$

此一公式可讓金融業及供應商決定貸放及賒銷之最高金額，可將呆帳之風險減至最低。最後一個減項「原流動負債」，係指尚未貸放及賒銷前之流動負債。

與此相對，企業若希望能有較高額度之信用，可能需想辦法將原有流動負債轉為長期負債。

四、共同比之比較財務報表及趨勢分析

我們可以利用第三章所介紹之共同比財務報表，以企業的流動資產為百分之百，再將其構成項目化成百分比的型態表達，如此可以顯示流動資產的組成結構。若再將流動負債列入相互比較，則更具參考價值。如果同時列舉兩個年度，則屬共同比比較報表，同時列舉三個年度，則成為共同比趨勢分析，更有助於分析者判斷企業之短期償債能力，茲列舉大立公司三年之共同

比流動資產併同流動負債如下：

	前年		去年		今年	
	金　額	百分比	金　額	百分比	金　額	百分比
現　　金	$ 20,000	10	$ 30,000	12.5	$20,000	8
交易目的金融資產	40,000	20	40,000	16.6	60,000	24
應收款項	80,000	40	100,000	41.7	80,000	32
存　　貨	60,000	30	70,000	29.2	90,000	36
流動資產	$200,000	100	$240,000	100	$250,000	100
流動負債	$100,000	50	$140,000	58.3	$150,000	60

由上述三年資料中，讀者可以發現幾項事實：

1. 現金所占比重之差異並不太大，約在 8%～12.5% 間。

2. 交易目的金融資產雖然在去年下降至 16.6%，其實投資金額不變，不過在今年卻提升至 24%，表示資金沒有閒置。

3. 應收款項前兩年所占百分比約 40%，但今年下降至 32%，表示收帳情形有改善。

4. 存貨略呈穩定成長，是否因營業擴張，可參考存貨週轉率，若週轉率也上升，代表公司營業成長。

5. 就應收款項與存貨兩項占流動資產之百分比關係，三年約在 70% 左右，可見公司經營呈現穩定狀態。

6. 流動負債占流動資產之百分比，略呈增加之情形雖不嚴重，公司仍應稍加注意。

個案研習 E 流動比率的操弄

所謂流動比率係由流動資產除以流動負債之比率，流動比率是衡量短期償債能力最常用的指標。不僅債權人會關心企業的流動比率，企業經營者也很重視本身的流動性問題，一方面隨時掌控流動性可以避免週轉不靈，另一方面也可以應付債權人的要求。

小張剛從大學畢業，進入一家中小企業上班，公司老闆在 11 月份交代小張要注意年底流動比率不可太低，希望能有 1.8 左右。

小張心想沒有問題，因為流動比率要增加，只要同額減少流動資產與流動負債即可，到時只要作一些清償流動負債的措施，必可達成老闆的要求。

◆問　題：

1. 你同意小張的想法嗎？為什麼？

2. 如果年底償還應付帳款 $10,000，取得 2% 折扣，會使流動比率上升嗎？為什麼？

本章公式彙整

- 流動比率 $= \dfrac{\text{流動資產 (CA)}}{\text{流動負債 (CL)}}$

- 速動比率 $= \dfrac{\text{速動資產 (QA)}}{\text{流動負債 (CL)}}$

- 現金比率 $= \dfrac{\text{現金 + 約當現金}}{\text{流動資產}}$

- 現金對流動負債比率 $= \dfrac{\text{現金 + 約當現金}}{\text{流動負債}}$

- 應收款項週轉率 $= \dfrac{\text{賒銷淨額}}{\text{平均應收款項總額}}$

- 應收款項週轉天數 $= \dfrac{365}{\text{應收款項週轉率}} = \dfrac{\text{平均應收款項總額} \times 365}{\text{賒銷淨額}}$

  $= \dfrac{\text{平均應收款項總額}}{\text{賒銷淨額} \div 365} = \dfrac{\text{平均應收款項總額}}{\text{平均每日賒銷淨額}}$

- 存貨週轉率 $= \dfrac{\text{銷貨成本}}{\text{平均存貨}}$

- 存貨週轉率 $= \dfrac{\text{月銷貨成本}}{\text{月平均存貨}}$

- 存貨週轉天數 $= \dfrac{365}{\text{存貨週轉率}} = \dfrac{365 \times \text{平均存貨}}{\text{銷貨成本}}$

  $= \dfrac{\text{平均存貨}}{\text{銷貨成本} \div 365} = \dfrac{\text{平均存貨}}{\text{平均每日銷貨成本}}$

- 備抵呆帳率 $= \dfrac{\text{備抵呆帳}}{\text{應收款項總額}}$

- 應付帳款週轉率 $= \dfrac{\text{賒購淨額}}{\text{平均應付帳款}}$

- 應付帳款週轉天數 $= \dfrac{365 \text{ 天}}{\text{應付帳款週轉率}}$

- 現金流量比率 $= \dfrac{\text{營業活動淨資金流入}}{\text{流動負債}}$

● 短期防護比率 $= \dfrac{\text{速動資產}}{\text{預計每天平均營業支出}}$

● 流動資產週轉率 $= \dfrac{\text{銷貨淨額}}{\text{平均流動資產}}$ （收入或流入觀念）

● 流動資產週轉率 $= \dfrac{\text{銷貨成本} + \text{營業支出}}{\text{平均流動資產}}$ （支出或流出觀念）

● 淨營業週期 = 平均銷貨日數 + 平均收帳日數 − 平均欠款日數

　　　　　　 = 存貨週轉天數 + 應收款項週轉天數 − 應付帳款週轉天數

　　　　　　 = 存貨轉換期間 − 應付帳款週轉天數

　　　　　　 = 營業週期 − 應付帳款週轉天數

● 現金週轉期間 = 需要融資期間 = 淨營業週期

● 最高信用額度 $= \dfrac{\text{運用資金}}{\text{設定之流動比率} - 1} - \text{原流動負債}$

■ 思考與練習 ■

一、問答題

1.何謂支付能力？

2.何謂營運資金？何謂週轉金？

3.何謂流動性指數？其有何作用？

4.何謂短期防護比率？

5.何謂淨營業週期？如何計算？

6.張三仔細計算甲公司及乙公司的營運資金後，發現這兩家公司的營運資金是相同的，所以張三立即下結論說這兩家公司的流動性差不多。這樣的結論是否恰當？請說明你的理由。　　　　　　　　【財稅行政特考】

二、選擇題

（　）1.某公司期初應收帳款為 $780,000，期末應收帳款為 $820,000，而當年度淨賒銷金額為 $5,840,000。試問當年度平均應收帳款收現天數為：

(A) 30 天　(B) 365 天　(C) 100 天　(D) 50 天　　【證券分析】

（　）2.下列那一事件的發生，會使流動比率上升？(A)沖銷過時存貨　(B)以現金償還短期應付票據（假設原來流動比率大於一）　(C)提列備抵壞帳　(D)沖銷壞帳　　　　　　　　　　　　　　　　　【證券分析】

（　）3.將賒銷信用條件由 2/15，n/30 改為 7/10，n/30，假設其他因素一切不變，則應收帳款週轉率最可能將：(A)增加　(B)不變　(C)減少　(D)先減後增　　　　　　　　　　　　　　　　　　　　　　【證券分析】

（　）4.下列哪些比率可用來衡量企業支付短期負債的能力？甲.速動比率；乙.負債對總資產比率；丙.負債對權益比率。

(A)僅甲和乙　(B)僅甲和丙　(C)甲、乙和丙　(D)僅甲　　【投信業務】

（　）5.應收帳款採用淨額，若沖銷壞帳？(A)流動比率不變　(B)速動比率下降　(C)存貨週轉率下降　(D)現金流量率下降

【投信業務】【券商高業】

（　）6.設流動比率為 2 : 1，速動比率為 1 : 1，如以部分現金償還應付帳款，
　　　則：(A)流動比率下降　(B)流動比率不變　(C)速動比率上升　(D)速動
　　　比率不變　　　　　　　　　　　　　　　　　　【券商高業】【投信業務】

（　）7.癸皇公司於 3 月 15 日宣告現金股利 $300,000，除息日為 4 月 5 日，
　　　並於 5 月 5 日發放。上述事項該公司營運資金的影響為：
　　　(A)於 3 月 15 日減少 $300,000　(B)於 4 月 5 日減少 $300,000
　　　(C)於 5 月 5 日減少 $300,000　(D)於各股東將股利支票兌現時減少
　　　　　　　　　　　　　　　　　　　　　　　　　　　　　　【券商高業】

（　）8.下列何種事件會增加公司的淨營運資金？
　　　(A)買地準備蓋廠　(B)減少賒銷的比重　(C)縮小生產線的規模　(D)向
　　　銀行取得長期資金償還應付帳款　　　　　　　　　　　　　【券商高業】

（　）9.下列四種行業經營者，何者通常有較低的應收帳款週轉率？
　　　(A)航空公司　(B)便利商店　(C)管理顧問公司　(D)百貨公司
　　　　　　　　　　　　　　　　　　　　　　　　　　　　　　【券商業務】

（　）10.流動性指數愈高，表示：
　　　(A)流動比率愈高　(B)應收帳款週轉率愈高　(C)流動資產轉換成現金
　　　所需的時間愈長　(D)選項(A)、(B)、(C)敘述皆正確　　　　【券商業務】

（　）11.企業償還進貨帳款時獲得 20% 之折扣，將使流動比率：
　　　(A)增加　(B)減少　(C)不一定　(D)無影響　　　　　　　　【券商業務】

（　）12.下列有關流動性指數的敘述何者正確？
　　　(A)指數值愈大代表資產流動性愈高　(B)計算指數時假設現金的週轉
　　　天數為 0　(C)計算指數時現金不需要列入分母中　(D)選項(B)和(C)都
　　　是正確的　　　　　　　　　　　　　　　　　　【券商業務】【投信業務】

（　）13.出售長期投資，成本 $30,000，售價 $35,000，對營運資金及流動比
　　　率有何影響？
　　　(A)營運資金增加，流動比率不變　(B)營運資金不變，流動比率增加
　　　(C)二者均增加　(D)二者均不變　　　　　　　　　　　　　【投信業務】

( ) 14.如果流動比率大於 1，則：

(A)速動比率大於 1　(B)營運資金為正數　(C)流動負債都能適時償還

(D)流動負債小於長期負債　　　　　　　　　　　【券商高業】

( ) 15.府城公司前年度的平均銷貨毛利率為 40%，本年度的銷貨共計為
$2,000,000，期末存貨為 $120,000，本期進貨為 $1,160,000，府城公
司本年度之存貨週轉天數為：（一年按 365 天計算）

(A) 42.6 天　(B) 25.6 天　(C) 44.0 天　(D) 36.5 天　　【券商高業】

( ) 16.下列何種比率有助於評估公司的短期償債能力？

(A)淨利率　(B)負債比率　(C)流動性指數　(D)權益報酬率

【券商高業】

( ) 17.阿中在墾丁渡假時收到其臺北會計經理傳真來的上一季財務報表，
報表上顯示本期淨利為 250 萬元，但其會計經理卻又寫道：最近營
運資金週轉困難，請問最可能的解釋為何？

(A)經理挪用公款

(B)應收帳款週轉率大幅提高

(C)銷貨擴充過速，存貨週轉率大幅提高

(D)產銷調配失當，存貨週轉率大幅降低　　　　　【券商高業】

( ) 18.一般而言，企業的流動比率應不小於 2，亦即企業的淨營運資金應
不少於：

(A)存貨的總額　(B)長期負債　(C)權益淨值　(D)流動負債

【券商業務】

( ) 19.陽明公司購買商品存貨均以現金付款，銷貨則採賒銷方式，該公司
本年度之存貨週轉率為 10，應收帳款週轉率為 12，則其營業循環
為：（假設一年以 365 天計）

(A) 16.6 天　(B) 67 天　(C) 36.5 天　(D) 33 天　　　【券商業務】

( ) 20.下列何種財務報表潛在使用者會最重視流動性的分析？

(A)股東　(B)原料供應商　(C)提供貸款的信託投資公司　(D)政府主管
機構人員　　　　　　　　　　　　　　　　　　【券商業務】

（　）21.試問下列交易對比率所造成影響之敘述何者正確？

　　　　(A)賒購商品將使酸性測驗比率下降

　　　　(B)沖銷壞帳將使流動比率上升

　　　　(C)支付已宣告股票股利將使負債比率上升

　　　　(D)提列備抵存貨跌價損失將使酸性測驗比率下降　　　　【證券分析】

（　）22.台北公司之速動資產大於流動負債，如賒購存貨，則將造成：

　　　　(A)降低流動比率和速動比率

　　　　(B)提高流動比率和速動比率

　　　　(C)降低流動比率，但不影響速動比率

　　　　(D)降低速動比率，但不影響流動比率　　　　【證券分析】

（　）23.存貨的銷售天數應如何計算？

　　　　(A)每日銷貨成本除以存貨　　(B)存貨除以每日銷貨成本

　　　　(C)每日銷貨除以每日資產　　(D)庫存除以每日銷貨金額　【券商業務】

（　）24.光樺公司平均速動資產 $300,000、存貨週轉率 2、平均流動資產為
　　　　$400,000、銷貨毛利率為 20%、預付費用為 $50,000，則銷貨為何？

　　　　(A) $125,000　(B) $250,000　(C) $200,000　(D) $150,000　【券商業務】

（　）25.已知和洋公司流動比率 1、速動比率 0.8、存貨週轉率 5、現金流量
　　　　率 1.2，若其他條件不變下，賒銷商品售價高於成本，今新增賒銷
　　　　時，下列敘述何者正確？

　　　　(A)現金流量率上升　(B)存貨週轉率不變　(C)速動比率不變　(D)選項
　　　　(A)、(B)、(C)皆非　　　　　　　　　　　　　　　　　　【投信業務】

（　）26.在公司營業呈穩定狀況下，應收帳款週轉天數的減少表示：(A)公司
　　　　實施降價促銷措施　(B)公司給予客戶較長的折扣期間及賒欠期限
　　　　(C)公司之營業額減少　(D)公司授信政策轉嚴　　　　　　【投信業務】

（　）27.下列那一事件的發生，會使流動比率增加？

　　　　(A)提列備抵壞帳　(B)股東繳納現金增資的股款　(C)沖銷過時存貨
　　　　(D)以總額法記錄之應收帳款收現並給予 10% 之現金折扣

　　　　　　　　　　　　　　　　　　　　　　　　　　　　　　【證券分析】

( ) 28.若建明公司每年銷貨成本為 $285,000，營業費用為 $100,000（非現金費用為 $20,000），其速動資產為 $7,000，試問該公司短期涵蓋比率為何（假設一年為 365 天）？

    (A) 5 (B) 6 (C) 7 (D) 8 　　　　　　　　　　　　　【券商高業】

( ) 29.若速動比率為 1.2，則舉借短期負債取得現金與應收帳款收現對速動比率各有何影響？

    (A)以短期借款取得現金增加；應收帳款收現沒影響

    (B)以短期借款取得現金增加；應收帳款收現增加

    (C)以短期借款取得現金減少；應收帳款收現沒影響

    (D)以短期借款取得現金減少；應收帳款收現減少　　【證券分析】

( ) 30.眾信公司 X8 年度銷貨淨額為 $8,000,000，銷貨成本為 $5,000,000，若期初存貨金額為 $300,000，期末存貨金額為 $500,000，則存貨週轉率為多少？

    (A) 20 (B) 16 (C) 10 (D) 12.5 　　　　　　　　　　　【證券分析】

三、計算題

1.中華公司根據今年度財務報表所做之分析，部分資料如下：

流動比率	7：1
速動比率	3.5：1
存貨週轉率	4 次
應收帳款週轉率	12.5 次
營運資金	$240,000
期初存貨	100,000
期初應收帳款	70,000
銷貨成本為銷貨之	60%
稅前淨利為銷貨之	10%

假設銷貨全部均為賒銷。

試作：(1)流動資產總額及流動資產中各項目的金額（假定僅現金、應收帳款及存貨三項）。

    (2)流動負債總額。　　　　　　　　　　　　　　　　　【證券分析】

2. 請指出下列五項獨立事件或交易對 a. 應收帳款週轉率（事件發生前為 3）；
   b. 收款期間；c. 存貨週轉率（事件發生前為 3）的影響。請以 I 代表增加，
   D 代表減少，N 代表沒有影響完成下表。

事件或交易		a	b	c
甲	賒銷漏記了 $50,000			
乙	應收帳款確定 $20,000 無法收回			
丙	期初存貨低估，但本期發現後即更正			
丁	在成本市價孰低法下，期末存貨跌價 $15,000			
戊	期末存貨高估，但本期發現後即更正			

【特考】

3. 下列為台啤公司今年 12 月 31 日之資產負債表：

資產		負債及權益	
現金	$ 27,000	應付帳款	?
應收帳款（淨額）	?	應付所得稅	24,000
存貨	?	長期負債	?
廠房資產（淨額）	294,000	普通股，面值 $10	300,000
		保留盈餘（虧絀）	?
合計	$432,000	合計	$432,000

其他資料如下：

(1) 今年底之流動比率 1.5

(2) 今年底負債對權益比率 0.8

(3) 今年存貨週轉率（以銷貨為基礎）15 次

(4) 今年存貨週轉率（以銷貨成本為基礎）10.5 次

(5) 今年度銷貨毛利 $315,000

試作：計算下列各項金額

(1) 應收帳款　　　　　(2) 存貨　　　　　　(3) 應付帳款

(4) 長期負債　　　　　(5) 保留盈餘

4. 假設大田公司原先之流動資產大於流動負債，試求下列交易對「流動比率」
   及「運用資金之影響」究竟是增加、減少或不變？

   (1) 宣布現金股利　　　　　　　(2) 出售短期投資發生虧損

⑶期末調整壞帳　　　　　　　　⑷實際發生壞帳

⑸支付應付帳款，取得 2% 折扣

5. 大洋公司有關資料如下：

淨資產	$12,000
負債對權益比率	1：4
流動比率	3：1
銷貨收入	$15,000
帳款收回平均日數（以 360 天計）	60 天
毛利率	40%
存貨週轉率	9 次
每年折舊（按 10 年採直線法，無殘值）	$800
房屋連同今年已使用 3 年	

試作：根據上方資料，完成下面報表。

資產：		負債：	
現　　金	?	應付帳款	1,500
應收帳款	?	應付公司債	?
存　　貨	?	權益：	
土　　地	?	股　　本	?
房屋（淨額）	?	保留盈餘	3,000
資產總額	?	負債及權益	?

6. 大霖公司原有之速動比率 1.2，下列交易會使「速動比率」、「營運資金」增加、減少或不變？

　⑴宣告股票股利。

　⑵預付保險費。

　⑶應收票據到期收到本息。

　⑷賒購商品 $20,000，加成 40%，出售半數商品。

　⑸發行公司債購買固定資產。　　　　　　　　　　　　　　　　【特考改編】

7. 大園公司期初資產總額 $1,100,000 （內含應收帳款 $200,000、存貨 $300,000、固定資產 $380,000）；期末資產總額 $1,300,000（內含短期投資 $100,000），當年度之長期負債只有長期應付票據一項，年利率為 10%，三年後到期。當年度稅後淨利 $120,000，所得稅率 40%。根據期初、期末資

料計算之財務比率如下：

負債比率	40%	毛利率	30%
資產報酬率	11%	淨利率	6%
速動比率	1.5 次	應收帳款週轉率	8 次
存貨週轉率	4 次	固定資產週轉率	5 次

試作：計算當年度下列各項金額。

(1)現金　(2)應收帳款　(3)存貨　(4)利息費用　(5)固定資產淨額

(6)長期應付票據。　　　　　　　　　　　　　　　　　【CPA 改編】

8.大立公司有關資料如下：

	第一年	第二年
資產負債資料：		
現　金	$ 60,000	$ 80,000
應收帳款	80,000	120,000
備抵呆帳	10,000	14,000
存　貨	100,000	100,000
應付帳款	140,000	100,000
損益資料：		
銷貨淨額	500,000	600,000
進貨淨額	400,000	450,000
銷貨成本	300,000	360,000

試作：假設所有銷貨均為賒銷，購貨均為賒購，一年以 360 天計算，請計算第二年下列各項數字

(1)營運資金　　　　　(2)流動比率　　　　　(3)速動比率

(4)現金比率　　　　　(5)應收帳款週轉率　　(6)存貨週轉率

(7)備抵呆帳率　　　　(8)存貨週轉天數　　　(9)存貨變現天數

(10)應付帳款週轉率　　(11)淨營業週期　　　　(12)流動性指數

9.大順公司某年度的部分資料如下：

銷貨收入	$800,000
銷貨成本	480,000
銷貨毛利	$320,000
營業費用（包含 $62,000 折舊）	200,000

營業利益	$120,000
所得稅費用	30,000
淨　利	$ 90,000
流動資產：	
現　金	$ 50,000
短期投資	30,000
應收帳款	100,000
存　貨	80,000
預付費用	10,000
流動負債（全數為應付帳款）	100,000
本期賒購	400,000
由營業而來的淨現金流入量	300,000

試作：一年以 360 天計，且所有銷貨均為賒銷，請計算下列各項

(1)流動比率　　　　　(2)速動比率　　　　(3)應收帳款週轉率

(4)應收帳款週轉天數　(5)存貨週轉率　　　(6)存貨週轉天數

(7)存貨轉換期間　　　(8)應付帳款週轉率　(9)應付帳款週轉天數

(10)現金（營業）循環　(11)現金流量比率　　(12)短期防護比率

10.以下項目及金額取自台北公司對外發布之 2010 年財務報表：

	2010 年度或年底	2009 年度或年底
現金	$ 1,379	$ 1,300
應收帳款	2,545	2,500
存貨	1,938	1,900
流動資產	6,360	6,000
固定資產	1,304	1,300
流動負債	3,945	3,800
總權益	3,336	3,000
銷貨成本	8,048	8,000
銷貨收入	12,065	11,500
利息費用	78	90
稅率	25%	25%
淨利	$ 1,265	$ 1,100
股利	400	300

試計算台北公司 2010 年之存貨週轉率與應收帳款收現天數。

（假設該公司全為賒銷，一年為 365 天）　　　　　　【證券分析】

Chapter 6

資本結構與長期償債能力分析

Analysis of Capital Structure and

Long-Term Solvency

資訊補給 F　睡眠債

相信每個人都曾經有熬夜的經驗，例如，兒童時期會跟著大人一起熬夜過年，或是學生時期為了應付大考而熬夜苦讀，也可能為了電動遊戲或方城之戰而通宵達旦。筆者也有類似的經驗，但是熬夜的結果都需要白天補充睡眠來恢復元氣，而且補充睡眠的時間都比正常睡眠時間來得多，這就是「睡眠債」加上應有的「睡眠利息」。

朋友恰巧寄來一封電子郵件，主旨為「史丹福──不眠夜」，內容的主角究竟是誰不得而知，其參加了世界知名睡眠權威 Dr. William Dement 所開「睡眠與夢」之課程。以下是主角敘述 Dr. Dement 所講「睡眠債」的觀念：

「它是一種鮮為人知的睡眠失調。成千上萬的人深受其害，卻不明瞭它的嚴重性。基本上，每人都有不同需要睡眠的時間，如果睡不夠，你的身體就會幫你記下這筆帳。

比如說，你一天需要睡九個小時，你每天只能睡六小時，一星期下來，你就欠了你身體廿一小時的睡眠。最重要的觀念是，這個睡眠債不會自行消失或減低，唯一還債的方式，就是把它睡回來。

千萬不要低估你身體記帳的能力，一年或一個月之前欠下的睡眠債，和一天前欠下的債，它記得一樣清楚。

『睡眠債』的危險在於人們根本不知道它的存在，或者當身體發出警訊時，不去正視它。輕者打瞌睡、注意力不集中、影響心情、影響學習或工作表現；重者在開車或操縱機械時打瞌睡導致致命意外。許多實例證明，開車打瞌睡的危險性更甚於酒醉駕車。

而當我們欠下大筆的睡眠債時，我們需要補睡很長的時間，才能追回欠債。曾有一項以疲累不堪、嚴重睡眠不足的軍人為對象做測試，讓他們每天睡十四小時，剛開始時，大家都整整十四個小時沉睡不醒，幾天之後，有人睡眠的時間就開始遞減。逐漸的，睡了八、九個小時之後，有許多人就再也不能睡了。這項實驗非常鼓舞，證明睡眠債是可以還清的。

有很多人不明白他們為什麼總是那麼累。他們以為自己犯了時髦的憂鬱症、貧血或是生了什麼查不出原因的毛病。在這個講求效率、注重表現的社

會中，人們對每日身背嚴重的睡眠債習以為常，幾乎都忘了，他們在百分之百清醒時，是多麼的精明幹練。

在史丹福我學了不少東西，但是還清睡眠債這個概念，卻可能是我學到最重要的東西。

你可能不會相信，這些話出自一個做什麼事都永遠嫌時間不足的學生之口，但我現在一定每天睡足九小時。我真希望我在暑假之前就已學了這門課，這樣暑假時，我就可以多還一點睡眠債。

我相信多睡覺不但能讓我成績更好，可以增進我的人際關係，還能延長我的生命。」

以上是該主角上了 Dr. Dement 課程的部分心得。筆者相當認同這樣的觀念，正巧前幾天的新聞報導，有位住在臺中的女生，為了節省車資，騎著摩托車到桃園上下班，在回程途中因為體力負荷不了就睡著了，還好沒有發生危險。此外新聞媒體也曾經報導，大貨車或大客車的駕駛因為睡眠不足，導致車禍的發生。因此為了生命的安全，千萬不要欠下「睡眠債」；短期的睡眠債倒還好，可以盡快還清，長期的睡眠債，則可能導致免疫力下降，容易引起病變，甚至造成「過勞死」。

其實熬夜也有浪漫的一面，例如夜半秉燭私語、露營舉火夜遊、或是臥看星座探索天文，即使欠下一點「睡眠債」，也非常值得我們去經歷，但是千萬記住要趕快償還哦！

　　企業的營運，若要全靠自有資本，當然亦無不可。然而舉債經營一方面可彌補自己資本之不足，另一方面又可發揮財務槓桿作用，而且有能力舉債代表著企業的實力與信用，故任何股票公開上市公司幾乎沒有不舉債者。

　　舉債早已是企業經營的常態，債權人願意負擔風險提供資金給企業，必然會對企業的信用、獲利有一定程度的瞭解與評估，當然更加關心企業的長期償債能力。而企業的資產從何而來？自有資本占多少？非流動負債占多少？總負債又是多少？這些資產、負債、權益相互之間的關係，形成了資產與資本結構，因此資本結構分析，也是債權人評估企業長期償債能力的工具。

第一節　資本結構的意義與規劃

　　資本結構 (Capital Structure) 係指企業長期性資金之組成架構，亦即長期資金由長期負債（非流動負債）、特別股、普通股、資本公積、保留盈餘等組成之比率架構而言。此一結構並不包含流動負債在內。與資本結構相關的觀念，還有資產結構、財務結構。茲分述如下：

一、資產結構、財務結構與資本結構

　　通常在分析資本結構時，都會注意這些長期性資金之用途，來源與用途相互參照，可更加瞭解資本結構的良窳。長期資金之用途即資產型態，也就是資產結構 (Assets Structure)，亦即企業將資金投資分配於各項資產的比例架構，也是各項資產占總資產之比例關係。

　　一般而言，流動資產都會大於流動負債，可見長期性資金將有一部分用於支應短期用途，這是正常的營運情形。既然講到資產結構，難免會將流動資產包含在內，亦即所討論的資產結構是總資產的分配情形，但總資產不等於長期性資金，因此有必要將短期性資金之流動負債一併提出分析，所以必須瞭解公司的財務結構 (Financial Structure)。亦即企業各項資金來源占全部資金總額（即資產總額）的比例關係。此一結構包括了流動負債在內，也可

說財務結構涵蓋了資本結構。

　　茲將上述三個結構並排如下：

表 6-1　資產結構、財務結構與資本結構圖

資產結構	財務結構	資本結構
流動資產	流動負債	
非流動金融資產	非流動負債	非流動負債
固定資產	股本	股本
無形資產	資本公積	資本公積
其他資產	保留盈餘	保留盈餘

　　由表 6-1 之結構可以理解為何長期性資產必須由長期性資金來供應，長期性資產若有部份由流動負債供應的話，當流動負債到期，豈不是要處分長期性資產，將破壞企業長期經營的規劃。

二、資本結構的規劃

　　企業長期性資金來源主要有二：一為股東投資及保留盈餘，二為長期債權人提供。企業是否能由股東處籌措所有資金呢？抑或是非得另行由債權人處籌措長期資金呢？不同企業當然會有不同之考量。因為不同的資金來源，將負擔不同的資金成本 (Cost of Capital)。唯舉債經營既是企業的常態，讀者就應明瞭企業為何要舉債經營？而舉債經營有何優缺點？又應如何規劃呢？茲分述如下：

㈠舉債經營的原因（優點）

　　企業之所以舉借長期負債，不外下列幾項考慮：

1.發揮財務槓桿作用

　　因舉債的利息大致固定，當企業舉債所賺的錢超過利息，則多餘之部分將歸股東享受，此即產生正面的財務槓桿作用。以簡例來說，如果舉債獲利 12%，而稅後利率為 7%，則企業多賺 5% 之報酬。如果獲利只有 5%，則企

業損失 2% 之報酬，反成為負面的財務槓桿。

2.舉債的利息支出可以節稅

公司若發行特別股或普通股，一旦分配盈餘，則屬稅後的盈餘分配，不可當成費用，並無節稅效果，但是若發行公司債，或舉借長期借款，其利息則屬費用，可以幫助企業節稅。舉例來說：若分配盈餘 $100,000，則支出 $100,000 現金股利，但支付利息 $100,000 列為費用，若所得稅率為 20%，將來公司可以減少支出所得稅 $100,000 × 20% = $20,000，則以稅後支出而言，公司利息只支出了 $80,000 ($100,000 × (1 − 20%))。

3.物價上漲時，舉債可獲得購買力利益

當通貨膨脹時，舉借長期負債先取得資金，其運用之購買力較佳，而後來償還等額現金之購買力較差，故有購買力上的利益。如果物價下跌，結果正好相反。

4.避免稀釋利潤

若企業以發行股份取得資金，則經營利潤將因為流通在外股數的增加而稀釋，簡單地說每股盈餘 (EPS) 將會減少，為避免如此，故舉債籌措資金，若有好的財務槓桿作用，每股盈餘反而會增加。

5.維持控制權

企業的控制權掌握在大股東的手上，如果發行新股時，大股東資金調配無法取得新股，將有可能導致股權的減弱，影響其控制權，為了維持其控制權，故採取舉債方式籌措資金。

(二)舉債經營的缺點

前述舉債經營所考慮的五個原因，其實就是舉債的優點。而舉債經營的缺點如下：

1. 財務槓桿可能有負面效果，此時企業正常盈餘反而會減少，嚴重的話會造成虧損。

2. 負債與股權相較，前者有到期日，到期必須償還本金，而股權則無到期日，

不會影響資金的運用。

3. 因為舉債會增加風險,風險提高在後續的營運評估自然不利。

4. 長期負債多附有限制條款,使得公司受到某種程度的限制。

5. 舉債過多會使公司的資本結構較無保障。

(三)資本結構的規劃觀念

規劃資本結構,首要的基本觀念,就是以長期資金供應長期性資產之用。盡量避免以流動負債來供應長期性資產。因此重點在於長期性資金如何籌措,是發行公司債?發行特別股?發行普通股?還是向金融機構舉借?不同情況有不同之考量。例如,發行特別股與普通股的資金成本較高,且可能分散控制權;舉債資金成本低,但可能限制條件多。

實際上而言,並沒有任何一個最佳答案,因此這裡只能提供一些觀念,以茲規劃。

1. 資金妥適性

資金來源與用途是否配合,此即資金的妥適性,也是前述的首要觀念。

2. 長期安定性

一家企業若無負債,在資金的使用上絕對安定,一旦有了負債,便必須注意平時的付息與到期的還本,負債愈多,安定性就會愈差。如果長期負債相對的比例很低,其實是不影響安定性的。

3. 長期償債能力

長期負債多,長期償債能力則減弱,企業為了要維持一定程度以上的長期償債能力,此時可能只有考慮發行股票了。

4. 修正資產結構

資產結構與資本結構息息相關,若資本結構不良,有時候可以由資產結構加以改善,例如處分閒置的固定資產或處分獲利性差的資產(屬於企業體質改善的一種方式),減少非必要的轉投資等。如此一來,長期性資產減少,而長期性資金便足夠供應了。

心靈饗宴 F
生活債本比

大多數人偶爾會感慨，人生是一場負債。臺語有云：「燒（相）欠債」，父母會講：「前輩子欠子女的」，朋友也會說：「上輩子欠你的」。生活中即使沒有金錢的債務，但是「人情債」恐怕也是免不了的。

人與人之間，小的人情債倒是無妨，那是相互之間的體貼與溫馨，但是最好避免欠下大的人情債，因為這輩子恐怕難以償還。每個人都會有的最大負債，應該就是父母對自己的養育之恩，當然那些不顧子女死活，虐子賣女的父母不算在內。

欠債還錢是理所當然，孝順父母反哺回饋更是天經地義。人的一生也許斷斷續續會有金錢的債務或人情的債務，最終如果都能還清，也就能夠俯仰無愧。

生活中還有一種債，就是「工作債」。領著企業的薪資，就要替企業工作，這幾乎是每個人都要面對的。以一般的上班族來說，每天睡眠、盥洗等時間算 8 小時，每天工作 8 小時，出門與回家的通勤時間 2 小時，另外還有 6 個小時的自由時間。假設睡眠不算在內，一天的活動只有 16 小時，為了「工作債」所花的時間占了 10 小時，比例是相當大的。

野村正樹所著「5/8 人生黃金律」 ❶，文中對通勤上班族有一些時間的建議，其認為通勤工作 10 小時與自由時間 6 小時是最完美的黃金比率。也就是 (5：3) 或 (5/8)，小數為 0.625，很接近古希臘美學的 0.618 (1：1.618)。日本人形容美女的「八頭身」，講求肚臍以上 3 頭身，肚臍以下 5 頭身，超級美的黃金比例下半身占 (5/8) 的比例。

野村正樹認為如果工作與通勤時間為 "ON"（開機：受拘束），而自由時間為 "OFF"（關機：自由），倘若 ON 超過 10 小時就要檢討，假如每天工作 13、14 小時，OFF 將被剝奪，生活品質就會變差，因此最佳的平衡就是 (5/8)。野村認為自由時間過多，「天天星期天」的遊樂生活會很悽慘，也將失去人生工作的成就感。

至於家中有小孩的話，這種黃金比例就很難享受，野村正樹並沒有詳述，

❶ 野村正樹著，呂美女譯，《5/8 人生黃金律》，天下雜誌，2006 年 11 月初版，頁 70〜71。

我認為，如何調適就要看自己的生活藝術了，也許週休二日正好是對居家生活的一種調整，照顧孩子雖然是一種負擔與責任，但是善用親子關係人生也會甜美。

我們不妨把自由時間當作自我權益，「工作債」占 10 小時，「自由時間」占 6 小時，則生活的債本比公式如下：

$$生活的債本比 = \frac{ON}{OFF} = \frac{工作債}{自我權益} = \frac{工作時間}{自由時間}$$

則均衡生活的債本比為 10：6 = 5：3。這個比例跟企業的債本比不同，企業的債本比以 1 為均衡點，應該低於 1 才容易掌控風險。

如果能夠降低一點「生活債本比」，如 9：7 或 8：8，上班族應該都會高興，只不過上班族要降低「生活債本比」確實不易，「錢多事少離家近，睡覺睡到自然醒。」或許只有前輩子修來的福氣，才能夠享受到。反過來說，能夠維持 5：3 的「生活債本比」已經是慶幸了，不是嗎？

「人比人，氣死人」，我們不需要太在乎別人的債本比高低，只要能夠在 ON 與 OFF 之間調適得宜，就會有均衡快樂的人生。其實我們不見得要將工作視為負債，如果工作也是我們的興趣，那麼人生就會很快樂。筆者以前常跟學生鼓勵：「學生時期在學校與同學相處愉快，回家與父母兄弟姊妹相處愉快，將來出社會在工作上與同事相處愉快，那你就會有快樂的人生。」順便也以此段話與所有讀者共勉。

第二節 長期償債能力分析

長期償債能力取決於公司長期獲取利潤的能力，公司能賺錢，自然就有能力有資金可供還債。公司若不賺錢，甚至虧損，則將侵蝕資本，若長期虧損將導致倒閉。如果公司能夠獲利，資金的運用、資產的配置也相當重要，如果運用失當、配置失措，也會影響長期償債能力。對於長期償債能力，可分別從財務結構比率、資產結構比率、獲利倍數、現金流量相關比率幾個層面加以分析。

一、財務結構比率

財務結構係企業各項資金來源占全部資金來源總額的比例關係，已如前述；而財務結構比率主要是以資產負債表的數字來衡量長期償債能力，通常認為負債愈多償債能力愈差。茲分述如下：

㈠負債比率

即負債總額對資產總額的比例。公式為：

$$負債比率 = \frac{總負債\ (TL)}{總資產\ (TA)} \qquad (6\text{--}1)$$

此一公式可以顯示外來資金所占比例的高低，若比率愈高，則公司風險也愈大，對債權人也較無保障，不過比率的高低，在不同行業也有區別，例如重工業、或高科技製造業，其固定資產龐大，所需資金多，負債比率比較高，而輕工業或軟體業者其負債比率則相對較低。92 年初下市的茂矽公司，89 年負債比率約 40%，90 年約 55%，92 年初負債比率約 57%，金融機構、關係企業也不敢再借錢給該公司，終被停止股票交易。後來茂矽在解決債務後，由 DRAM 轉型為專業之晶圓代工公司，在恢復上市交易後，積極朝太陽

能事業發展，那又是另外的故事了。

又如 100 年 9 月 1 日被停止交易的茂德公司（茂德公司於 101 年已經下市），其 99 年度之負債比率高達 88.85%，奇美電 99 年度之負債比率也達 61.49%，負債大於權益，企業經營風險大增，要賺錢真的很困難。

㈡權益比率

即權益占資產總額之比例關係。公式為：

$$權益比率 = \frac{權益 (OE)}{總資產 (TA)} \qquad (6\text{--}2)$$

此一公式可以顯示自有資金所占比例的高低，其意義正好與負債比率相反，兩者也互為消長。即：1 − 負債比率 = 權益比率，若前者變大，後者將變小，兩者相加等於 1。權益比率又稱為「淨值比率」、「自有資本比率」。

若將權益比率分子分母對調，即變成總資產 ÷ 權益，稱之為「資產聯動比率」(Assets Gearing Ratio)，其意義類似，也是在檢視由權益提供總資產比例之大小。

㈢負債對權益比率

負債對權益比率，即所謂的「債本比」，意指負債總額對自有資本的比例關係。公式為：

$$債本比 = \frac{總負債 (TL)}{權益 (OE)} \qquad (6\text{--}3)$$

此公式可以顯示負債占權益的比例高低，若比例大於一表示公司借的錢比自有資金多，故債權人較無保障，公司風險較高。

㈣流動負債對總負債比率

意指流動負債占總負債之比例關係。公式為：

$$流動負債對總負債比率 = \frac{流動負債\,(CL)}{總負債\,(TL)} \qquad (6\text{–}4)$$

此公式在顯示企業外來資金中，仰賴短期融資的程度，可以瞭解短期負債是否過多。

㈤非流動負債對總資產比率

意指非流動負債（長期負債）與資產總額之比例關係，又稱為「長期負債比率」。公式為：

$$非流動負債對總資產比率 = \frac{非流動負債\,(NCL)}{總資產\,(TA)} \qquad (6\text{–}5)$$

此公式可以顯示企業非流動負債占全部資金之比重。

二、資產結構比率

前已述及資金來源與用途相互參照，可更加瞭解資本結構的良窳。因此對屬於資金用途的資產分配，即資產結構也要加以分析，資產結構比率包括下列各項：

㈠流動資產對總資產比率

意指流動資產占總資產之比例關係，可稱為「流動資產比率」。公式為：

$$流動資產對總資產比率 = \frac{流動資產\ (CA)}{總資產\ (TA)} \qquad (6\text{--}6)$$

此公式可顯示資金分配於流動資產的情形。

㈡非流動金融資產對總資產比率

意指非流動金融資產占總資產之比例關係。公式為：

$$非流動金融資產對總資產比率 = \frac{非流動金融資產\ (NCFA)}{總資產\ (TA)} \qquad (6\text{--}7)$$

此公式可顯示企業的非流動金融資產占全部資金的比重。

㈢固定資產對總資產比率

即固定資產占總資產之比例關係，又稱「固定資產比率」。公式為：

$$固定資產對總資產比率 = \frac{固定資產\ (FA)}{總資產\ (TA)} \qquad (6\text{--}8)$$

此公式顯示出企業的資金用於固定資產之比例關係。

㈣流動資產對總負債比率

意指流動資產占負債總額之比例關係。公式為：

$$流動資產對總負債比率 = \frac{流動資產\ (CA)}{總負債\ (TL)} \qquad (6\text{--}9)$$

此公式可顯示企業在不變賣固定資產的情況下，償還全部負債的能力。

若公司沒有非流動負債,則此項比率之分母即為流動負債,那就變成流動比率,通常會大於一。但若公司有非流動負債,則此項比率就不見得會大於一或小於一,還得看非流動負債的多寡。不過一般而言,此一比率應該會小於一。因為以長期性資金要足夠供應長期性資產之觀念來看,通常會有多餘之長期性資金流向流動資產之情形。

(五)固定資產對權益比率

意指固定資產占權益之比例關係,又稱為「固定比率」。公式為:

$$固定比率 = \frac{固定資產\ (FA)}{權益\ (OE)} \tag{6-10}$$

此公式在顯示權益可否供應全部之固定資產。若比率等於一,恰可供應。若比率小於一,不僅足以供應,尚有多餘資金可供其他用途。若比率大於一,表示權益不夠支應固定資產,還需動用負債來支應。

(六)固定資產對長期資金比率

意指固定資產占長期資金之比例關係,又稱「固定資產長期適合率」。公式為:

$$固定資產長期適合率 = \frac{固定資產}{長期資金} = \frac{固定資產\ (FA)}{非流動負債\ (NCL) + 權益\ (OE)}$$
$$\tag{6-11}$$

此公式在衡量企業的固定資產由長期性資金供應的程度。此項比率以100% 為上限,若超過 100%,表示長期資金不夠長期性資產之用,顯示企業用一部分流動負債來支應長期性資產。因此,流動比率一定小於一,這對公司是很危險的。亦可分子分母對調,計算長期資金占固定資產比率,此比率愈高愈安全。

㈦固定長期適合率

係指固定資產與非流動金融資產之合計數對長期性資金之比例關係。公式為：

$$固定長期適合率 = \frac{固定資產\,(FA) + 非流動金融資產\,(NCFA)}{非流動負債\,(NCL) + 權益\,(OE)} \qquad (6\text{--}12)$$

此一公式類似固定資產長期適合率，主要在測驗長期資金是否足夠供應固定資產與非流動金融資產，可以顯示長期資金固定化之情況，此一比率亦以 100% 為上限，最好不要超過。此公式若分子分母對調，可稱為「長期資金適合率」，意義與固定長期適合率相同，但以超過 100% 為宜，不再贅敘。

茲以台光電資料（請參考第二章台光電之報表），計算其 108 年度財務與資產結構比率：

1.財務結構相關比率：

(1)負債比率 $= \dfrac{\$12,167,762}{\$25,704,331} \doteqdot 47.34\%$

(2)權益比率 $= \dfrac{\$13,536,569}{\$25,704,331} \doteqdot 52.66\%$

(3)債本比 $= \dfrac{\$12,167,762}{\$13,536,569} \doteqdot 89.89\%$

(4)流動負債對總負債比率 $= \dfrac{\$10,321,431}{\$12,167,762} \doteqdot 84.83\%$

(5)非流動負債對總資產比率 $= \dfrac{\$1,846,331}{\$25,704,331} \doteqdot 7.18\%$

台光電之財務結構還算健全，負債占總資產 47.34%，權益占總資產 52.66%，負債中 89.89% 為流動負債，10.11% 為非流動負債；另外非流動負債占總資產僅有 7.18%，財務槓桿的操作不大，公司舉債經營很謹慎。

2.資產結構相關比率：

(1)流動資產比率 $= \dfrac{\$18,833,258}{\$25,704,331} \doteqdot 73.27\%$

(2)非流動金融資產對總資產比率 $= \dfrac{\$16,507}{\$25,704,331} \doteqdot 0.06\%$

(3)固定資產比率 $= \dfrac{\$5,857,817}{\$25,704,331} \doteqdot 22.79\%$

(4)流動資產對總負債比率 $= \dfrac{\$18,833,258}{\$12,167,762} \doteqdot 154.78\%$

(5)固定資產對權益比率（固定比率） $= \dfrac{\$5,857,817}{\$13,536,569} \doteqdot 43.27\%$

(6)固定資產長期適合率 $= \dfrac{\$5,857,817}{\$1,846,331 + \$13,536,569} = \dfrac{\$5,857,817}{\$15,382,900} \doteqdot 38.08\%$

(7)固定長期適合率 $= \dfrac{\$5,857,817 + \$16,507}{\$1,846,331 + \$13,536,569} = \dfrac{\$5,874,324}{\$15,382,900} \doteqdot 38.19\%$

(8)長期資金占固定資產比率 $= \dfrac{\$15,382,900}{\$5,857,817} \doteqdot 262.60\%$ （為(6)之分子分母對調）

(9)長期資金適合率 $= \dfrac{\$15,382,900}{\$5,874,324} \doteqdot 261.87\%$ （為(7)之分子分母對調）

　　台光電之資產結構相當優良，流動資產占總資產達 73.27%，非流動金融資產僅占 0.06%，非常少，固定資產占了 22.79%，亦即利用不到 $\dfrac{1}{4}$ 的固定資產就能幫公司獲取相當之利益，且長期資金占固定資產比率達 262.60%，相當安定。

三、獲利倍數分析

　　前兩項結構比率，以資產負債表的項目為主要內容。而獲利倍數（又稱保障倍數）分析則以綜合損益表的項目為主角來分析。所謂獲利倍數，意指盈餘支應固定支出的倍數，也就是企業之營業利益（稅前及利息前之利益），用來支應每年固定支出的能力，若倍數愈高，則能力愈佳，表示企業債務之

保障程度高；反之，則債務保障程度低，因此也可稱為「債務支出涵蓋比率」。可分為下列幾種：

㈠利息保障倍數

利息保障倍數，即「純益為利息倍數」(Times-Interest-Earned Ratio)，又稱為「利息償付比率」(Interest Cover Ratio)，係指企業每期純益用以支付固定利息費用的倍數關係。公式為：

1.不含租賃隱含利息

$$
利息保障倍數 = \frac{稅前淨利 + 利息費用}{利息費用} \qquad (6\text{--}13)
$$

2.包括租賃隱含利息

$$
利息保障倍數 = \frac{稅前淨利 + 利息費用 + 租賃隱含利息}{利息費用 + 租賃隱含利息} \qquad (6\text{--}14)
$$

若公司有資本租賃，則利息資本化後，並未列示於綜合損益表中的利息費用內，因此有必要將此一部分調整涵蓋在利息保障倍數的計算中。

一般而言，公司都有足夠的營業淨利，以支應利息支出。然一旦景氣衰退獲利不佳，甚至虧損，雖然付得出利息（因為有些費用不需支出現金），終將影響正常之營運。因此獲利大，高枕無憂。虧損了，左支右絀。故筆者個人的觀點，認為根本就不必計算利息保障倍數，只要看本期純益就行。例如茂矽之營業利益在 88～91 年均為虧損，發生危機是遲早之事。如果真要計算利息保障倍數，大概只有獲利較少的情況，因為至少要瞭解公司是否能不能支應利息呢！

若公司另有利息收入，則可以將利息收入與利息費用相抵，以淨額計算即可，但若利息收入大於利息費用，則根本不需要計算此一倍數；然而實務上並不考慮利息收入，筆者覺得過度穩健了。

㈡固定費用保障倍數

除了利息以外，企業可能還有一些固定支出項目必須支應，若無法按期支付，顯然財務已經發生困難，故固定費用保障倍數(Fixed Charge Coverage)，實為判斷企業長期償債能力的重要指標。其又稱為「純益為固定支出倍數」，公式如下：

$$\text{固定費用保障倍數} = \frac{\text{稅前淨利} + \text{利息費用} + \text{其他固定支出}}{\text{利息費用} + \text{其他固定支出}} \qquad (6\text{--}15)$$

所謂其他固定支出之項目很多，每家企業的狀況不同，所用項目自然不同，即或狀況相同，在不同的考慮下，也有可能採用不同之內容。例如員工退休金、員工薪資、分期償還貸款之本金，就有很大之爭議。茲簡單分下列兩種說明：

1.屬於成本或費用的固定支出

除利息費用外，還有租金費用，不可撤銷之原料進貨合約（終將轉入銷貨成本）。

2.非屬成本或費用的固定支出

每年償債基金固定提撥額，每年固定之特別股股利等。

第 2 類支出無法節稅，本身就是稅後之支出。為了與那些課稅費用項目基於同樣水準，故應將其化為稅前支出，因此必須乘以 $\frac{1}{(1-t)}$。例如利息費用 \$400，特別股股利 \$300，稅率 25%，稅前利息費用即 \$400，其將來可節省 25% 稅，而特別股股利 \$300 卻是稅後支出，無法節稅。為使兩者有同樣基準，故特別股股利應化為稅前金額，即 $\$300 \times \frac{1}{(1-25\%)} = \$400$。

假設華山公司相關資料如下：

銷貨收入	$600,000
銷貨成本	360,000
銷貨毛利	$240,000
營業費用	100,000
營業利益	$140,000
利息費用	5,000
稅前淨利	$135,000
所得稅費用（稅率 30%）	40,500
稅後淨利	$ 94,500

此外，華山公司資本租賃之隱含利息為 $2,000，每年租金支出 $3,000，每年提撥償債基金 $2,800，每年支付特別股股利 $3,500。

華山公司獲利倍數分析如下：

1.利息保障倍數（不含隱含利息）$= \dfrac{\$135,000 + \$5,000}{\$5,000} = 28$

2.利息保障倍數（包含隱含利息）$= \dfrac{\$140,000 + \$2,000}{\$5,000 + \$2,000} \doteqdot 20.29$

3.固定費用保障倍數 $= \dfrac{\$142,000 + \$3,000 + (\$2,800 + \$3,500) \div (1 - 30\%)}{\$7,000 + \$3,000 + (\$2,800 + \$3,500) \div (1 - 30\%)}$

$= \dfrac{\$145,000 + \$9,000}{\$10,000 + \$9,000}$

$= \dfrac{\$154,000}{\$19,000}$

$\doteqdot 8.11$

以台光電資料計算，其 108 年之利息保障倍數為：$\dfrac{\$4,203,826 + \$47,069}{\$47,069}$

$\doteqdot 90.31$ 倍，從公開資訊觀測站查得，果然是 90.31 倍。

四、現金流量相關比率

前述之保障倍數係以台光電公司資料計算，其以綜合損益表為主角，但是我們知道稅前淨利本身不代表現金流量，為了表達支付各項固定支出之能力，倒不如以營業活動之現金流量取代稅前淨利來得實際。因此利用現金流量表的資料，也是衡量長期償債能力的另一種方式。

1.付現利息保障倍數

$$付現利息保障倍數 = \frac{營業活動淨現金流量 + 付現利息 + 付現所得稅}{付現利息}$$

(6-16)

2.付現固定支出保障倍數

$$付現固定支出保障倍數 =$$
$$\frac{營業活動淨現金流量 + 付現利息 + 付現所得稅 + 付現固定支出}{付現利息 + 付現固定支出}$$

(6-17)

3.現金流量對負債比率，又稱為現金負債保障比率

$$現金流量對負債比率 = \frac{營業活動淨現金流量}{總負債}$$

(6-18)

如果公司的非流動負債龐大，則每期的營業活動淨現金流量是不可能償還得起總負債。故此公式實用性並不大，只略具參考性質，或可拿來與同業作比較。

　　假設泰山公司相關資料如下：

營業活動淨現金流入	$160,000
付現利息	6,000
付現所得稅	20,000
付現固定支出	44,000
總負債	500,000

　　相關比率計算如下：

1. 付現利息保障倍數 $= \dfrac{\$160,000 + \$6,000 + \$20,000}{\$6,000} = \dfrac{\$186,000}{\$6,000} = 31$

2. 付現固定支出保障倍數 $= \dfrac{\$186,000 + \$44,000}{\$6,000 + \$44,000} = \dfrac{\$230,000}{\$50,000} = 4.6$

3. 現金流量對負債比率 $= \dfrac{\$160,000}{\$500,000} = 0.32$

91 年股市大跌，很多公司的股票價值跌至每股三元、兩元，於是乎「水餃股」名稱不脛而走，正逢景氣蕭條，經營不善導致虧損的企業固然有之，但受市場恐慌導致股價非理性下跌之公司亦為數不少。因此股市分析師會以「淨值」來衡量投資契機。淨值並非股票面值，而是資產減負債，亦即權益，權益的帳面價值，再除以股數，就是每股淨值。

倘若每股淨值超過 $10，而股價才 $3，如果公司的前景平穩，絕對是值得投資的，倘若股價能回升至 $10 左右，則獲利兩三倍當不成問題。是故在非理性市場當中，若能保持頭腦清醒者，當可從中獲利。個案研習 A 的蘇先生也後知後覺的從低價股獲利一些，至於本人則是謹慎過度，不知不覺喪失獲利良機。或許是會計人，穩健原則過度運用的缺點吧！

97 年全球金融海嘯，臺灣股市也受重創，有些股票因而跌回 $10 以下，例如生產「彩色濾光片」的和鑫公司 (3049)，在 97 年 7 月股價也跌至 $10 以下，甚至在 11 月跌破 $4，一直到 98 年 2 月底才突破 $5，筆者仍然不敢下手買進，主要是因為該公司 96 年每股虧損 $3.02。97 年之年報在 98 年 5 月才知曉，當時並不知道 97 年能轉虧為盈，所以筆者都沒有投資。

想不到和鑫公司股價從 3 月份起一路攀升，接近 $10，4 月份甚至漲到 $14，4 月底公布第一季季報，每股虧損 $1.26，筆者是絕不碰公司虧損的股票，後來也沒興趣去注意該公司狀況。如今回過頭去檢視，發現 5 月份上漲接近 $20，其後在 $19 與 $15 間盤整，至 11 月 30 日正式突破 $20，從 12 月份起一路攀升至最高點 $28.7，12 月 21 日收盤價為 $25.1。

你如果問筆者會不會後悔沒有投資，筆者的答案是不會，如果會的話，那豈非有太多的股票會使你後悔，豈非要永遠活在後悔中。筆者還是學習穩健的、適合自己的操作方式就好了，這才是保全之道。

或許這種低價股或水餃股，都有所謂的轉機題材，如果你能夠掌握的話，獲利真的會有兩、三倍以上，問題是你真的能夠掌握嗎？有那種膽識與心臟嗎？當然你可以只買 1 張（1 千股），去試試看，假設每股 $5，1 千股就是 $5,000，漲到多少你會賣出呢？或許 $10，或許 $15，已經相當高明了。如果你買 100 張呢？成本 $500,000，請問你會在何時賣？當股價每天漲漲跌跌時，

你有把握能賣到最高點嗎?千萬不要高估自己,用事後諸葛亮來自以為是哦!

◆問　題:

1. 每股淨值超過每股市價時,你是否一定會投資該股票?為什麼?
2. 淨值與財務結構有何關係?試說明之。

本章公式彙整

財務結構比率

$$負債比率 = \frac{總負債\ (TL)}{總資產\ (TA)}$$

$$權益比率 = \frac{權益\ (OE)}{總資產\ (TA)}$$

$$債本比 = \frac{總負債\ (TL)}{權益\ (OE)}$$

$$流動負債對總負債比率 = \frac{流動負債\ (CL)}{總負債\ (TL)}$$

$$長期負債對總資產比率 = \frac{長期負債\ (LL)}{總資產\ (TA)}$$

資產結構比率

$$流動資產對總資產比率 = \frac{流動資產\ (CA)}{總資產\ (TA)}$$

$$非流動金融資產對總資產比率 = \frac{非流動金融資產\ (NCFA)}{總資產\ (TA)}$$

$$固定資產對總資產比率 = \frac{固定資產\ (FA)}{總資產\ (TA)}$$

$$流動資產對總負債比率 = \frac{流動資產\ (CA)}{總負債\ (TL)}$$

$$固定比率 = \frac{固定資產\ (FA)}{權益\ (OE)}$$

$$固定資產長期適合率 = \frac{固定資產}{長期資金} = \frac{固定資產\ (FA)}{非流動負債\ (NCL) + 權益\ (OE)}$$

$$固定長期適合率 = \frac{固定資產\ (FA) + 非流動金融資產\ (NCFA)}{非流動負債\ (NCL) + 權益\ (OE)}$$

獲利倍數分析

$$利息保障倍數 = \frac{稅前淨利 + 利息費用}{利息費用}$$

$$利息保障倍數 = \frac{稅前淨利 + 利息費用 + 租賃隱含利息}{利息費用 + 租賃隱含利息}$$

$$固定費用保障倍數 = \frac{稅前淨利 + 利息費用 + 其他固定支出}{利息費用 + 其他固定支出}$$

現金流量相關比率

付現利息保障倍數

$$= \frac{營業活動淨現金流量 + 付現利息 + 付現所得稅}{付現利息}$$

付現固定支出保障倍數

$$= \frac{營業活動淨現金流量 + 付現利息 + 付現所得稅 + 付現固定支出}{付現利息 + 付現固定支出}$$

$$現金流量對負債比率 = \frac{營業活動淨現金流量}{總負債}$$

■ 思考與練習 ■

一、問答題

1. 何謂資產結構、財務結構、資本結構？

2. 簡單解釋財務槓桿作用。

3. 何謂長期性資金？

4. 何謂債本比？債本比愈高表示風險愈高嗎？

5. 何謂固定長期適合率？

6. 何謂獲利倍數？列舉兩項獲利倍數之名稱。

7. 何謂公司的資產結構 (Assets Structure) 與資本結構 (Capital Structure)？並簡述兩種結構應如何加以均衡搭配。　　　　　　　　【財稅行政特考】

二、選擇題

（　） 1. 長期資金與固定資產之比率應為如何較為穩健？

(A)大於 1　(B)小於 1　(C)等於 1　(D)二者無關　　　【券商高業】

（　） 2. 下列何項比率可用來衡量資本結構比率？

(A)負債比率　(B)權益比率　(C)負債對權益比率　(D)選項(A)、(B)、(C)皆是　　　　　　　　　　　　　　　　　　　【券商業務】

（　） 3. 下列敘述何者錯誤？

(A)負債比率 + 權益比率 = 1

(B)長期負債對權益比率愈低，債權保障愈高

(C)固定資產對權益比率小於 1，表自有資金足夠支應購買固定資產之所需

(D)利息保障倍數旨在衡量盈餘支付負債本利之能力　　【券商業務】

（　） 4. 里山公司於 96 年第一季季末宣告現金股利，則該季之下列比率將受到何種影響？

(A)負債比率增加、權益報酬率減少　(B)負債比率增加、權益報酬率增加　(C)負債比率增加、權益報酬率不變　(D)負債比率不變、權益報酬率減少　　　　　　　　　　　　　　　　　　　　　【投信業務】

（　）　5.下列那個交易會造成利息保障倍數上升、負債比率下降及現金流量
對固定支出倍數上升？
(A)償還長期銀行借款　(B)公司債轉換成普通股　(C)以高於成本的價
格出售存貨　(D)選項(A)、(B)、(C)皆是　　　　　　　【券商高業】

（　）　6.某公司僅發行一種股票，96 年每股盈餘 $10，每股股利 $5，除淨利
與發放股利之結果使保留盈餘增加 $200,000 外，權益無其他變動。
若 96 年底每股帳面價值 $30，負債總額 $1,200,000，則負債比率為
若干？
(A) 60%　(B) 57.14%　(C) 75%　(D) 50%　　　　　　【券商高業】

（　）　7.企業之長期償債能力與下列何者較無關？
(A)獲利能力　(B)固定資產週轉率　(C)資本結構　(D)利息保障倍數
　　　　　　　　　　　　　　　　　　　　　　　　　　　　【券商業務】

（　）　8.假設負債對權益之比率為 2：1，則負債比率為：
(A) 1：2　(B) 2：1　(C) 1：3　(D) 2：3　　　　　　　【券商業務】

（　）　9.甲公司總資產週轉率為 2 倍，資產負債比為 2 倍，已知每股總資產
值 30 元，該公司股票市價為 120 元，試求該股票之市價／營收比為
多少倍？
(A) 4　(B) 2　(C) 1　(D) 0.5　　　　　　　　　　　　【投信業務】

（　）　10.某公司相關資料如下：流動負債 20 億元、長期負債 30 億元、流動資
產 50 億元、固定資產 50 億元，求公司的長期資金占固定資產比率？
(A) 1　(B) 1.3　(C) 1.6　(D) 1.9　　　　　　　　　　　【投信業務】

（　）　11.長期資金對固定資產的比率，可衡量企業以長期資金購買固定資產
的能力。這裏所稱的長期資金是指：
(A)長期負債　(B)權益　(C)長期負債加權益　(D)權益減流動負債
　　　　　　　　　　　　　　　　　　　　　　　　　　　　【投信業務】

（　）　12.若某企業的固定資產占長期資金比率為 150%，其所透露的資訊為：
(A)長期資金足敷使用　(B)短期資金有移作長期用　(C)每一元負債可
創造 1.5 倍利潤　(D)公司大量運用槓桿操作　　　　　【券商業務】

( ) 13.某公司相關資料如下：流動負債 20 億元、流動資產 50 億元、固定
資產 50 億元、自有資金比率為 40%，求公司的長期負債？

(A) 40 億元　(B) 60 億元　(C) 80 億元　(D) 100 億元　　【投信業務】

( ) 14.下列敘述何者正確？

(A)長期負債對權益比率愈高，債權保障愈高

(B)利息保障倍數旨在衡量盈餘支付債務本息之能力

(C)負債比率與權益比率合計通常大於 1

(D)固定資產對長期資金比率小於 1，表長期資金足夠支應固定資產
投資之所需　　【券商高業】

( ) 15.分析師公司今年度的利息保證倍數為 8，權益為 $40,000 萬，利息費
用為 $450 萬，平均稅率為 25%。則分析師公司今年度的「權益報
酬率」為何？

(A) 5.4%　(B) 5.9%　(C) 6.5%　(D) 7.4%　　【證券分析】

( ) 16.已知某公司的稅後淨利為 500 萬元，所得稅率為 20%，當期的利息
費用 50 萬元，則其利息保障倍數為：

(A) 13.5 倍　(B) 9.24 倍　(C) 10 倍　(D) 8 倍　　【投信業務】

( ) 17.永日公司以現金償還長期借款（考量利息變動），則：

(A)速動比率下降　(B)利息保障倍數不變　(C)長期資金占固定資產比
率不變　(D)選項(A)、(B)、(C)敘述皆正確　　【券商高業】

( ) 18.負債比率、利息保障倍數、固定支出保障倍數等都是作為：

(A)負債管理比率　(B)流動性比率　(C)經營效率比率　(D)獲利能力比
率　　【券商高業】

( ) 19.淨值為正之企業，處分固定資產產生損失將使負債比率？

(A)降低　(B)提高　(C)不變　(D)不一定　　【投信業務】

( ) 20.淨值為正之企業，收回公司債產生利益將使負債比率：

(A)降低　(B)提高　(C)不變　(D)不一定　　【投信業務】

( ) 21.下列何者非為舉債可能導致之影響？

(A)利息費用增加　(B)負債比率提高　(C)營業情況佳時產生槓桿利益
(D)所得稅將提高　　【券商高業】

( ) 22.償還應付帳款對利息保障倍數之影響為：

　　(A)增加　(B)減少　(C)不變　(D)不一定 　　　　　　　【券商高業】

( ) 23.成華公司的財務資料如下：流動資產 150 萬元，流動負債 200 萬元，資產總額 600 萬元，長期負債 250 萬元，該公司權益對總資產的比率為：

　　(A) 25%　(B) 41.25%　(C) 50%　(D) 62.5% 　　　　　　【券商高業】

( ) 24.應付公司債之持有者最關心下列那一比率？

　　(A)速動比率　(B)利息保障倍數　(C)應收帳款週轉率　(D)營業週期天數 　　　　　　　　　　　　　　　　　　　　　　　　　　【券商高業】

( ) 25.夙興公司 96 年度稅後純益 $30,000，所得稅率 25%，債券利息費用 $5,000，營運租金費用 $9,000（其中 1/3 為隱含利息），請問該公司固定支出保障倍數為何？

　　(A) 8.5　(B) 6　(C) 5.63　(D) 4 　　　　　　　　【券商高業】【投信業務】

( ) 26.某公司淨值為正，若該公司承租資產，誤將資本租賃按營業租賃處理，將使負債比率：

　　(A)高估　(B)低估　(C)不變　(D)不一定 　　　　　　　【券商業務】

( ) 27.某企業可用以支付債息之盈餘為 600 萬元，其目前流通在外之負債計有抵押公司債 1,500 萬元，票面利率 6%，無抵押公司債 500 萬元，票面利率 8%，其全體債息保障係數為：

　　(A) 3.346　(B) 3.846　(C) 4.426　(D) 4.615 　　　　　　【券商高業】

( ) 28.發行股票交換專利權對負債比率之影響為（假設權益帳面價值原來即為正）：

　　(A)提高　(B)降低　(C)不一定　(D)不變 　　　　　　　【投信業務】

( ) 29.下列何者非為舉債經營之好處？

　　(A)總資產報酬率可能大於借債之成本

　　(B)權益報酬率可能大於總資產報酬率

　　(C)所得稅負可以減輕

　　(D)借債之成本可能大於權益報酬率 　　　　　　　　　　【券商業務】

（　）　30.負債比率提高，將使權益報酬率如何變動？

　　　　　⒜增加　⒝減少　⒞不一定　⒟不變　　　　　　　　　【投信業務】

三、計算題

1.中台公司相關資料如下：

流動資產	$200,000	流動負債	$200,000
非流動金融資產	150,000	非流動負債	100,000
固定資產	450,000	權益	500,000
合　計	$800,000	合　計	$800,000

試作：計算下列各項

⑴負債比率　　　　　　　　⑵權益比率　　　　　　　⑶債本比

⑷流動負債對總負債比率　⑸非流動負債對總資產比率　⑹流動資產比率

⑺非流動金融資產比率　　⑻固定資產比率　　　　　⑼流動資產對總
　　　　　　　　　　　　　　　　　　　　　　　　　　　　負債比率

⑽固定比率　　　　　　　　⑾固定資產長期適合率　　⑿固定長期適合
　　　　　　　　　　　　　　　　　　　　　　　　　　　　率

2.中元公司相關資料如下：

銷貨收入	$1,500,000
銷貨成本	(900,000)
銷貨毛利	$ 600,000
營業費用	(300,000)
營業利益	$ 300,000
利息費用	(50,000)
稅前淨利	$ 250,000
所得稅費用 (20%)	(50,000)
稅後淨利	$ 200,000

中元公司每年租金支出 $20,000，每年提撥償債基金 $16,000，每年支付特
別股股利 $24,000。

試作：計算⑴利息保障倍數　⑵固定費用保障倍數

3.中華公司相關資料如下：

營業活動淨現金流入	$210,000
付現利息	30,000
付現所得稅	60,000
付現固定支出	20,000
總負債	400,000

試作：計算下列各項

(1)付現利息保障倍數

(2)付現固定支出保障倍數

(3)現金流量對負債比率

4.中興公司發生下列交易事項，請列出其對(A)非流動負債對固定資產淨額比率；(B)現金淨流量對利息費用比率，此兩項比率之影響是增加、減少、不變或不一定。

(1)現金增資，金額用以償還短期借款，期節省利息費用

(2)可轉換公司債於到期日前一天轉換成普通股

(3)期初發行長期債券，金額用以購置固定資產

(4)利息資本化，將利息支出轉為固定資產

(5)營利事業所得稅稅率降低，應付所得稅減少　　　　　　　　　【CPA 改編】

5.中光公司目前的資本結構及損益資料如下：

資本結構：	
負債	$ 300,000
普通股股本（面值 $10）	500,000
保留盈餘	200,000
	$1,000,000

損益資料：	
營業利益	$ 210,000
利息費用	(30,000)
稅前淨利	$ 180,000
減：所得稅費用 (25%)	(45,000)
本期淨利	$ 135,000

公司目前有一投資計畫，需要資金 $300,000，預期可使每年營業利益增加

$60,000，財務長列出下列三個方案，以便取得資金。

A 案：以每股 $15 發行普通股。

B 案：發行 8% 特別股，每股面值 $10，發行價格 $20

C 案：按面值發行五年期公司債，票面利率 12%

試作：⑴就現有股東立場來看，應採行哪一個方案？

⑵決定籌措資金方案時，應該考慮哪些因素？

6. 下列為臺北公司今年度相關比率：

淨利率	18.2%
利息保障倍數	11.4
應收帳款週轉率	8
速動比率	1.375
流動比率	2
負債比率	22%

列出臺北公司財務報表中，下列⑴至⑾各科目的餘額。

臺北公司
資產負債表
12 月 31 日

	今年	去年
資產		
現　金	$ 25,000	$ 23,000
應收帳款	(1)	20,000
存　貨	(2)	30,000
固定資產	150,000	100,000
合　計	(3)	$173,000
負債及權益		
應付帳款	(4)	$　5,000
短期應付票據	25,000	10,000
應付公司債	(5)	15,000
普通股股本	100,000	100,000
保留盈餘	79,400	43,000
合　計	(6)	$173,000

臺北公司
綜合損益表
今年度

銷　　貨		$ 200,000
銷貨成本		(120,000)
銷貨毛利		$　80,000
營業費用：		
折　　舊	(7)	
利息費用	5,000	
銷管費用	13,000	(8)
稅前淨利		(9)
所 得 稅		(10)
淨　　利		(11)

Chapter 7

投資分析

Investment Analysis

資訊補給 G
股海浮沉二（鹹魚翻身）

從 87 年至 96 年是一個失敗的投資階段，當時投資的股票種類很多，常常人云亦云，顧此失彼，賺小錢而虧大錢。唯獨 96 年靠著 LED 發光（投資鼎元），賺回了 10 幾萬，算是當時賺得最多的一個特例，然而虧損的情況直到 97 年還是沒有改變，但是 97 年對我而言卻是一個關鍵年。

97 年上半年開始改變投資方式，將股票標的限制在 5 種以內，於是擇期出清所有股票，然後在 5 月份開始大量分批買進亞聚和台聚股票。以當時的亞聚而言，本益比相當低，後來半年報公布 EPS 比南亞還多，然而股價卻漲不太動，經過配股配息，股價反而下跌，到了 10 月份毅然決然將台聚亞聚全部出清，計算的結果這兩檔共計虧損 $469,477，這次的投資仍然以失敗告終。

97 年的 9 月份，查知佳格過去幾年 EPS 都很穩定且本益比偏低，然而產品知名度與品質都很高，例如我也常吃的桂格燕麥片，因此將資金大量移往佳格。9 月底開始買進佳格公司股票（當時每股約 $20 左右），一路分批往上買，累積到 37 張（37,000 股），直到 98 年 3 月底才開始賣出。

我的方法很簡單，一部分放長線一部分作短線，於是常常買進賣出佳格，但是絕對不會全部出清，大致都維持在 30 張左右的水位，經過配息與配股，98 年底庫存 32,170 股，帳面上（包含已售與未售）已經賺了 $790,265，99 年底庫存 27,595 股，帳面上賺了 $1,678,114，到 100 年庫存 2,480 股，帳面上賺了 $2,879,886，其實手上只剩 2.48 張，所賺的 280 多萬可說已經實現且落袋為安了。我終於將 90 年網路泡沫化所虧損的賺回來了，總算在股海中鹹魚翻身，也不枉費所學的會計了。101 至 102 年間，對佳格著墨不多，102 年底全部出清佳格，從 97 年 9 月起計算，我從佳格實際賺了 $2,967,726。

在投資佳格的期間有三件事情特別說明：1.在 100 年 5 月 4 日這天佳格股價突破 $100 大關，隔天的報紙大肆報導這十多年來第一檔重返三位數股價的食品股。2.在 100 年 8 月份佳格股價最高來到 $141.5，這是這些年來的最高價。3.筆者沒有賣到最高價，第一次全部出清是在 100 年 9 月 1 日，其後就是少量的進出而已。

另外要說明的是，我改變股票操作的手法來自於投資基金的心得。在 88 年底開始定期定額購買海外基金，為的是儲蓄當作退休金，沒想到有兩檔幫

我賺到財富，一檔為霸菱香港中國，計兩筆賺了 160 萬（報酬率約 174%），另外一檔為富蘭克林坦伯頓亞洲成長，僅一筆小賺 29 萬（報酬率約 68%）。於是乎我將定期定額的方式用到股票上，採用的是不定期不定額投資股票，趨勢向上就勇敢加碼，趨勢向下就陸續減碼，佳格就是如此運用的，果然帶來豐碩的成果。

PS：97 年金融海嘯造成世界各國股市大跌，也波及到各種基金，前述兩檔基金就是在金融海嘯後分批贖回的。但是其他基金卻虧損嚴重，還好債券型基金都慢慢漲回，之後基金操作愈加困難，也就慢慢淡出基金的買賣，過了幾年也分批贖回股票型基金，已實現的虧損也超過 120 萬，目前只剩下債券型基金了。何況，相較於股票投資，基金的手續費很高，又有管理費，因此我在股票投資有心得之後，就寧願配置較多的資產於股市了。

　　第一章曾經述及投資者分析股票有多種方法，如技術分析、基本面分析、消息面分析。基本面分析即對公司的財務報表作分析，除了前述各章之外，本章將專注於一般投資者所重視的各種分析數據，包括盈餘、股利及淨值三大類。這些數據也是最為普及的分析資料，廣為大眾接受。

第一節　盈餘的評價

　　盈餘為綜合損益表上的純益，屬於全體股東所有，如果沒有分配股利，股東並無法由盈餘獲得任何現金，但是盈餘的高低好壞，會影響公司的股價，股東可由投資股票的差價中獲取利益，所以盈餘之評價分析廣受重視。

一、每股盈餘 (Earnings Per Share, EPS)

　　所謂每股盈餘即盈餘除以公司普通股的股數，其中「盈餘」與「普通股數」有進一步解釋之必要。

㈠盈　餘

1.盈餘係指本期淨利

> 本期淨利 +(−) 其他綜合損益淨額 = 綜合損益總額

　　盈餘為本期淨利，亦即稅後淨利，並非指綜合損益總額，此乃目前的作法。是否採用綜合損益總額仍待專家學者深入研究，方能定論。

2.盈餘係指母公司業主分攤之本期淨利

　　許多上市櫃公司都有作轉投資，多數轉投資持股超過 50%，則投資者為母公司業主，其他少部分之持股者，稱之為非控制權益。而投資公司應編製合併報表，將轉投資的淨利合併進來，綜合損益表應將本期淨利與綜合損益總額分攤給母公司業主以及非控制權益，列在綜合損益表下方表達（請參考

第二章台光電之綜合損益表）。當有此種轉投資情況時，在計算每股盈餘時，該盈餘係指母公司業主分攤之本期淨利數額。

3.盈餘應否減特別股股利

若有特別股時，應扣除累積特別股之股利，因為那屬於特別股股東享有，至於非累積特別股股利，當公司有宣告分配時應扣除，若無宣告則不必扣除。

㈡普通股數

普通股數應為「加權平均流通在外普通股數」。例如公司年初有普通股100,000 股，年中 7 月 1 日另增加發行 20,000 股，雖然年底股數總共有 120,000 股，但是加權平均流通在外普通股數，只有 $100,000 + 20,000 \times \dfrac{1}{2}$ $= 110,000$ 股。因為 7 月 1 日發行之股數，其資金對公司的貢獻只有半年，而非一年，故應除以二。

假設甲公司 01 年稅後淨利為 \$568,000，年初有普通股 100,000 股，累積特別股 40,000 股，股利率 10%，7 月 1 日另增資發行 20,000 股。假設普通股與特別股面值均為 \$10。EPS 為：

$$EPS = \frac{\$568,000 - 40,000 \times \$10 \times 10\%}{100,000 + 20,000 \times \dfrac{1}{2}} = \frac{\$528,000}{110,000} = \$4.8$$

二、充分稀釋每股盈餘

前述之每股盈餘稱之為「基本每股盈餘」。當公司有發行可轉換證券或認購權證時，則該類投資者，可行使轉換權或行使認股權，而成為普通股股東，以致增加了普通股之股數，因而使得 EPS 降低了，即所謂稀釋作用。會計上基於穩健原則，必須假定可轉換證券轉換了，認股權證行使了，然後再計算 EPS。此稱為「充分稀釋每股盈餘」（這類證券若有反稀釋作用則不必考慮）。

假設前例甲公司之累積特別股為可轉換之特別股，每股可轉換為普通股

一股。則充分稀釋 EPS 為：

$$充分稀釋\ EPS = \frac{\$568,000}{110,000 + 40,000} \doteqdot \$3.79$$

三、追溯每股盈餘

通常公司公布之報表係比較兩期之財務報表，當公司有股票分割或發放股票股利（盈餘轉增資），股數雖然增加，但權益不變，使得當年每股盈餘受到降低之影響，若與前期比較時，應追溯調整前期之每股盈餘，才能有公平之比較立場。例如前述甲公司 01 年基本每股盈餘為 $4.8，假設 02 年稅後淨利為 $700,000，並於 02 年 3 月發放 100% 股票股利，02 年底普通股數為 240,000 股、特別股資料不變。

02 年基本每股盈餘計算如下：

$$02\ 年基本\ EPS = \frac{\$700,000 - \$40,000}{240,000} = \$2.75$$

若與 01 年比較，$2.75 比 $4.8 減少了 $2.05，可是事實上 02 年淨利高於 01 年，其 EPS 高於 01 年才對。若 02 年 EPS 分母仍用 120,000 股計算，則 EPS = $660,000 ÷ 120,000 = $5.5，比 01 年多了 $0.7 ($5.5 − $4.8)。

但會計上不能如此計算，而應追溯調整 01 年之 EPS。情況如下：

$$01\ 年基本\ EPS = \frac{\$528,000}{110,000 \times 2} = \$2.4$$

兩相比較之下，02 年 EPS $2.75 比 01 年之 $2.4 多了 $0.35，其實股東所享有之 EPS，02 年比 01 年仍然是多了 $0.7 ($0.35 × 2)。

四、本益比 (Price-Earnings Ratio)

　　公司的每股盈餘如果能夠長年維持一定水準以上，必定能獲得很多投資者的青睞。然而投資者是否必然會投資，仍視股價高低而定。若股價高，對投資者而言，便需較多的成本投資，所謂一分錢一分貨。若每股盈餘低，則股價低，所需成本就較少。這種成本（股價）與每股盈餘的關係，即本益比，亦稱為價益比。公式如下：

$$本益比 = \frac{每股市價\,(PPS)}{每股盈餘\,(EPS)} \tag{7-1}$$

　　以前述甲公司 01 年 EPS \$4.8 而言，倘若每股股價為 \$96，則：

$$本益比 = \frac{\$96}{\$4.8} = 20$$

　　表示為獲得 \$1 之盈餘，必須投資 \$20 之成本。如果本益比為 30，則表示為獲得 \$1 之盈餘，需投資 \$30 之成本。兩相比較下，當然本益比愈低，則投資成本較低，比較划算。因此投資者多會用本益比作為投資之比較方式。

　　過去我國之本益比多為 20 倍左右，在 90 年時，科技網路股之股價飆漲，本益比甚至高達百倍，亦有投資者趨之若鶩，時人稱之為「本夢比」。事後觀之，確為南柯一夢，網路股泡沫化後，多少人心碎夢斷。經過一段經濟低潮後，大家對本益比有更審慎的態度，通常前景好的公司，也就是成長型的公司，因為未來有較高之每股盈餘，大家都默認其有較高之本益比，前景差者，本益比當然比較低。又營收容易受景氣影響的公司，一般認為其本益比較低。資訊公布時間較遲或較不公開的公司，本益比亦比較低。

　　時來今往，本益比仍不失為股票投資一般之判斷方式，若要相互比較，最好以同業間之本益比作比較，或者可與「產業本益比」作比較方為妥善。

實務上本益比有一些問題如下：

㈠每股盈餘為過去資料，股價為當前資料，且隨時在變

目前臺灣證券交易所公布的本益比資料，是採去年度的前三季和前年度的第四季之每股盈餘，依據當時之股價計算而得。因為國內股票上市公司係每三個月公告其季報，包括最後一季的年報，在 3 月底才公布，故有時效上的落差。

㈡採用預估本益比，需注意其風險

為克服前述過去資料用於未來決策之缺點，有些投資者或媒體會採用預估本益比來分析，主要係用預估之每股盈餘來計算。因為上市公司每個月的 10 日會公布其上個月的營業額，讀者可根據此資料與每季公告之每股盈餘與營業額之關係作比較，考慮淡旺季後，便可預估半年或一年之每股盈餘，再以當時市價來計算預估本益比。此一預估本益比雖較具攸關性，但卻較不具可靠性，故採用時應注意其風險。

㈢若公司每股盈餘很低，或是有虧損，則本益比不可採用

當公司每股盈餘很低時，其本益比通常非常高，此數據並非表示其不值得投資，例如每股市價 $3，每股盈餘 $0.05，則本益比 60 倍。若公司營收有成長，則每股盈餘也會成長，仍然是值得投資的標的。其次若公司虧損時，本益比為負數，當然不具意義。

五、合理股價

所謂合理股價，係指股票值得投資的價位。其公式為：

$$合理股價 = 每股盈餘 \times 合理本益比 \qquad (7\text{--}2)$$

公式中之「合理本益比」，每個人的見解可能不同，簡單者可直接用 15 倍或 12 倍計算，慎重者可能採用過去幾年的平均本益比計算。亦有採用政府公債利率的倒數或銀行定期存款利率的倒數計算，如利率為 6%，則大約為 16.7 倍。

假設前述甲公司之合理本益比為 16 倍，則 02 年之合理股價計算如下：

$$合理股價 = \$2.75 \times 16 = \$44$$

若目前股價低於 $44，則可以考慮買進，若股價高於 $44，則不宜買進。當然股價受很多因素影響，所以審慎的投資者不會只考慮本益比，而是會多方考量的。

六、盈餘殖利率（益本比）

益本比即為盈餘價格比，又稱為「盈餘殖利率」(Earnings Yield)，公式為：

$$益本比 = \frac{每股盈餘\ (EPS)}{每股市價\ (PPS)} \qquad (7\text{--}3)$$

以前述甲公司 01 年 EPS $4.8 而言，若目前每股市價 $96，則益本比為 $4.8 ÷ $96 = 5%，意思是投資 100 元，只能獲得 5 元的利潤，可說是投資報酬率 5%。投資者可據以判斷，是否值得用 $96 去投資 EPS $4.8 的股票，如果認為報酬率至少要有 6%，則必須等到股價降至 $80 才作投資，$4.8 ÷ $80 = 6%。

採用益本比，可直接與銀行定期存款利率或政府公債的利率相互比較，如果益本比較高，則股票值得投資，相反地，則不值得投資。讀者可另外計算兩者相比之「盈餘價值指數」(Earnings Value Index)，即益本比除以定存利

率或公債利率，公式如下：

$$盈餘價值指數 = \frac{益本比}{定存或公債利率} \tag{7-4}$$

　　若股票之盈餘價值指數大於一，則值得投資，反之則不宜投資。但是全球已進入低利率時代多年，某些國家甚至實施零利率或負利率，目前採行負利率的國家有瑞典、瑞士、丹麥與日本。各國央行每隔一段時間也會檢討是否調升或調降利率，例如美國因為武漢肺炎影響經濟至鉅，也在討論是否採行負利率。

　　總而言之，在低利率的年代，盈餘價值指數已經不再適用，或者需要調整其適用標準，例如大於五或六才值得投資，反之則不宜投資。

如果人生可以計算本益比，你希望能夠有多高？倘若真的可以用金額來衡量一生的價值，則人生本益比的公式如下：

$$人生本益比 = \frac{人的價值}{平均年收入}$$

姑且假設張三為高收入者，從 21 歲工作到 65 歲，平均每年賺錢 200 萬，45 年共計賺了 9 仟萬，假設活了 90 歲，則一生平均的年收入為 100 萬，再假設其一生的價值為 3 億元，則其人生本益比為 300 倍，計算如下：

$$人生本益比 = \frac{300,000,000}{1,000,000} = 300 \text{ 倍}$$

多數人收入普通，一生平均的年收入假設只有 40 萬，也認定一生的價值為 3 億元，則人生本益比為 750 倍，計算如下：

$$人生本益比 = \frac{300,000,000}{400,000} = 750 \text{ 倍}$$

如果分子都相同的話，人生本益比愈低表示生活穩健不必掛礙，但是反過來說，人生本益比高代表人的未來性高，比較有發展性。如此說來人生本益比高的話應該高興才是，但是我們往往不滿足，原因在於分子如何衡量與界定，似乎沒有一定的標準，因此計算出來的人生本益比，好像無從比較。

的確如此，人的價值究竟要如何衡量？是自己的主觀看法，還是眾人的認定？是等蓋棺而後論定呢，抑或是統一標準每個人價值都相同呢？就像永續經營的企業一樣，我們無法等結束營業再論成敗，生活在當下，應該在當下對自己有一個交代。

如果我們很難改善分母，或是需要花費極大的代價去改善，不如想辦法改善分子，既然人的價值難以客觀衡量，那就主觀的去調適自己的心境，去

活出自己的價值。

其實筆者提出人生本益比的觀點，並非要我們去跟別人比，而是要自我觀察與改善，因為一般人只重視分母，羨慕收入高的人。我們應該逆向思考，重視分子，改變自己的人生價值。論語中，子曰：「賢哉回也，一簞食，一瓢飲，在陋巷，人不堪其憂，回也不改其樂。」顏淵並無高收入，卻能「安」貧「樂」道，活出快樂的人生。

《Career 職場情報誌》提供了一篇文章，名為〈快意享受 B 級人生，走出 A+ 成就迷思〉，內中提到「人生投資報酬率」的取決，因為日本經濟學家森永卓郎把人生分成三級：A 級人生是「有錢沒閒」；B 級人生「錢少一點，但是有閒」，可算是「有錢有閒」。至於 C 級人生則是經濟困窘，可能是「有閒沒錢」（如失業者），也可能「沒錢沒閒」（如底層勞動者）。

森永卓郎認為，B 級人生是最有滿足感的生活。B 級雖然收入次一等，但還是能維持在一定生活水準之上，反而因為付出較少的代價，有時間去做自己想做的事，享受生命的充實感，所以整體生活絕不輸 A 級。因此，森永卓郎特別強調 "B is Beautiful"，認為 "B is Better Than A"。

但追求 B 級人生，是否太消極呢？一位在媒體任職的劉小姐認為，B 級人生重視「人生投資報酬率」，從追求工作表現的「高度」，轉為追求人生多采多姿的「廣度」，這是一種價值選擇的問題，與人生是否積極進取無關。

作家吳淡如說：「賺錢也賺到人生，才是最大幸福的人。」人生和金錢的關係有四種可能狀況：賺錢也賺到人生、不賺錢卻賺到人生、賺錢卻賠上人生、不賺錢也賠上人生。前兩者都是成功者，後兩者則為失敗者。賺錢也賺到人生，其實就是 B 級人生的真義，擁有一定水準的金錢，做自己想做的事情，才是人生的贏家。

因此回歸本文，如果我們能夠活出 B 級人生，享受生命的充實，賺到自我真實快樂的人生，這種人的價值是「無價的」，也就是「無限大」，則人生的本益比可說是數不盡，我們要追求的正是這種「無限大」的人生本益比。

第二節　股利的評價

　　雖然盈餘所有權屬於股東，但是股東除了在股價逢高出售賺取價差外，也只有在公司分派股利時才得到利益。對長期投資的股東而言，股利才是其實際的投資利益，因此對股利的評價，也是投資人判斷的一種依據。

一、每股股利

　　每股股利意思當然是每股所能分配的股利，亦即公司宣布發放的總股利除以流通在外股數之意。

　　股利包括現金股利與股票股利（又稱為無償配股或盈餘轉增資），兩者均為投資人所重視。通常高股利與高配股代表高獲利，較能吸引投資者注意與青睞。雖然除息與除權時會降低股價，但通常投資者都有填息與填權的預期心理，因此會將股利視為其投資所獲得之利益。

㈠除息與填息

　　發放現金股利有所謂除息日（停止過戶日），在除息日（包括當日）以後買入的股票，因為不能過戶，就不能享受股利，稱之為除息股 (Ex-Dividend Stock)，在除息日之前買入之股票稱為附息股 (Dividend-on Stock)，可以分配股利。在除息日當天開盤參考價格會自動減除所附之股利數額（除息後參考價 = 除息前收盤價 − 每股現金股利），故除息股與附息股在除息日前一天的收盤價與除息日當天開盤參考價之差額，即所分配之股利數額。

　　假設 A 公司股票在今年 5 月 6 日除息，在 5 月 5 日當天收盤價為 $32，假設每股宣布現金股利 $2，則 5 月 6 日開盤參考價為 $30，如果當天以漲停收盤，即 $30 × (1 + 7%) = $32.1，則當天馬上就填息。因為在 5 月 5 日以 $32 買入的投資者，在 5 月 6 日收盤股價已回復 $32，且又多賺 $0.1，將來還可收到 $2 的現金股利。

㈡除權與填權

　　類似現金股利，股票股利的發放亦有所謂除權日，在除權日當天以後買入的股票不能享受股票股利，稱之為除權股 (Ex-Right Stock)。由於發放股票股利使得股數增加，但每位股東的權益並無改變，故每股帳面價值下降，照理應該反映在股價上，因此除權後的股價必須加以調整，其公式如下：

$$除權後參考價 = \frac{除權前收盤價}{1 + 無償配股率} \tag{7-5}$$

　　除權前收盤價與除權後參考價的差額稱之為權值。

　　假設 B 公司宣布發放股票股利 \$2，即無償配股率 20% (\$2 ÷ \$10)，若除權日前一天的收盤價為 \$40，則除權日當天開盤之參考價格為 \$33.3，計算如下：

$$除權後參考價 = \frac{\$40}{1 + 20\%} = \$33.3$$

$$該股票之權值 = \$40 - \$33.3 = \$6.7$$

　　股票股利的發放，每位股東的權益並無變動，可以驗證如下：假設張三除權日前一天以每股 \$40 買入 1,000 股，假設除權日當天之收盤價即其參考價 \$33.3，而除權後之股數為 1,200 股，則其投資價值仍然不變，\$40 × 1,000 = \$40,000 仍然等於 (\$40 ÷ 1.2) × 1,200 = \$40,000。

　　但是之前提過，投資人通常預期可以填權，如果經過數天，B 公司股票價格回升至 \$40，亦即將權值 \$6.7 的落差，由 \$33.3 回填至 \$40，故稱之為「填權」。倘若股價反而低於 \$33.3，則稱之為「貼權」。實際上而言，預期填權的心態並不健康，通常獲利好，本益比低的股票才會有填權的機會；如果獲利差、本益比高的股票，倒是貼權的情況較多，因此投資者應審慎以對。

　　以台光電子公司為例，100 年配息配股各 $2.5，101 年各配 $2.4。除息前一日的收盤價兩年分別為 $141 與 $91，其除權息當天開盤參考價格計算如下：

100 年： 1.先減除股息 $141 − $2.5 = $138.5

　　　　 2.再按除權公式計算：

$$除權後參考價 = \frac{\$138.5}{1 + 25\%} = \$110.8，調整為 \$111$$

101 年： 1.先減除股息 $91 − $2.4 = $88.6

　　　　 2.再按除權公式計算：

$$除權後參考價 = \frac{\$88.6}{1 + 24\%} = \$71.45，調整為 \$71.5$$

　　實務上我國股市在股價超過 $100 時，每一檔之價差至少 $0.5，股價在 $50～$100 之間，每檔之價差為 $0.1。股價在 $10～$50 之間，每檔價差為 $0.05，股價低於 $10，每檔價差為 $0.01。至於股價超過 $1,000 時，每檔價差為 $5，106 年 08/18 的新聞報導股王大立光之股東參與除息，每張股票少拿 $1,500，就是每檔價差造成，08/16 除息前一天收盤價為 $5,565，每股現金股利 $63.5，08/17 開盤價理論上為 $5,565 − $63.5 = $5,501.5，卻因為每檔價差 $5，所以修正開盤價為 $5,500，每股少 $1.5，每張少了 $1,500。 若 08/17 開盤價為 $5,503.5，就會修正為 $5,505，股東反而多賺 $1.5，何況股價也是漲漲跌跌，就不必計較了。若是高價股的檔次價差改為 $0.01，則價格撮合因檔次過多會造成系統負擔，反而不方便呢！

㈢現金增資（有償配股）

　　現金增資就是公司增加發行股票，讓股東予以認購，其認購價通常低於市價 10% 至 20%，因為股東並非無償取得，故稱為有償配股。認購增資股票表面上獲利機會很大，然而在繳清認購款後一、兩個後才拿到增資股票，此期間若股價下跌，反而導致虧損，故應慎重考慮是否參與認購。

　　現金增資分為兩部份，一部份非公開承銷，係由原股東參與，如前段所

述。另一部份係公開承銷，必須訂定一個適當的承銷價，一方面吸引投資者投資，一方面又不能損害既有股東之利益。承銷價必然高於每股淨值而低於目前市價，因為高於市價就乏人問津，若低於每股淨值，則損害既有股東的利益。而且承銷價也低於除權後參考價，所以有些投資者熱衷於「抽籤」，因為一旦抽中便可用承銷價買入股票，即使以除權後參考價出售，亦可賺取差價之利潤，倘若填權的機會相當大，則投資者將視現金增資為「利多」。

臺灣證交所的規定，現金增資除權參考價的計算公式如下：

$$除權後參考價 = \frac{參考股價 + 承銷價 \times 有償配股率}{1 + 有償配股率} \tag{7-6}$$

$$參考股價 = 過去某一段期間的平均股價$$

假設 C 公司股票之參考股價為 $60，承銷價格每股為 $45，有償配股率為 20%，則除權後參考價為 $57.5，計算如下：

$$除權後參考價 = \frac{\$60 + \$45 \times 20\%}{1 + 20\%} = \$57.5$$

二、本利比

本利比 (Price-Dividend Ratio) 即每股市價與每股股利之比例關係，公式如下：

$$本利比 = \frac{每股市價\ (PPS)}{每股股利\ (DPS)} \tag{7-7}$$

計算本利比的目的與本益比類似，都是投資者用以評估股票投資的工具，如果本利比低，投資股票較為有利，本利比高則不利於投資。

假設乙公司每股股利 $2，目前每股市價 $20，則本利比為 10 倍 ($20 ÷ $2 = 10)，不考慮其他因素，則應該值得投資，因其本利比不高。

利用本利比亦可評估股價之合理性，其公式為：

$$\text{合理股價} = \text{每股股利} \times \text{合理本利比} \tag{7-8}$$

合理本利比如同合理本益比，亦可用銀行定期存款利率或政府公債利率之倒數來計算。假設乙公司合理本利比應為 20 倍，則合理股價應為 $2 × 20 = $40。目前 20 倍的本利比，有 5% 之利率，比銀行定存利率還佳。

三、股利殖利率

股利殖利率 (Dividend Yield) 又稱為「股利收益率」或「現金收益率」，為本利比的倒數，代表每投資一元可以獲得多少股利的報酬率。公式如下：

$$\text{股利殖利率} = \frac{\text{每股股利 (DPS)}}{\text{每股市價 (PPS)}} \tag{7-9}$$

讀者可拿股利殖利率與銀行定期存款利率或政府公債利率直接比較，以便決定投資與否之決策。若股利殖利率較低則不宜投資，反之則可投資。以前述乙公司而言，其股利殖利率為 $2 ÷ $20 = 10%，遠高於銀行定存利率。

若以股利殖利率除以銀行定期存款或政府公債利率，則為「股利價值指數」(Dividend Value Index)，公式如下：

$$\text{股利價值指數} = \frac{\text{股利殖利率}}{\text{定存或公債利率}} \tag{7-10}$$

若某股票之股利價值指數大於一，則值得投資，反之則不必投資。假設銀行定存利率為 4%，則乙公司之股利價值指數為 10% ÷ 4% = 2.5，表示值得

投資。在低利率的年代，此公式將不予採用或需調整適用標準。

　　過去本利比等評價公式多屬於附帶性質，因為投資者不會只以股利作為投資考慮之依據，反而較重視公司的盈餘及股價的上漲。何況有些盈餘高的公司不見得會發放很多股利，而將盈餘保留作為將來擴廠增資之用。

　　但是近年來，有很多上市櫃公司都強調現金股利的發放，反而減少股票股利，一方面實質回饋給股東，另一方面避免股本膨脹導致盈餘的稀釋。

第三節　　資產的評價

　　作投資分析時，除了注重盈餘、股利外，投資者也可能著重於企業的資產價值，或整體價值。我們俗稱的「資產股」，正是代表企業有可觀的資產，其價值可能超過帳面價值甚多，如果可以出售、開發或建築，可能獲得很大的利益，此種潛在利益使其股票獲得投資者重視。

一、每股淨值

　　每股淨值 (Book Value Per Share, Net Worth Per Share) 即 「每股帳面價值」，係指普通股每股之帳面價值。公式為：

$$每股淨值 = \frac{普通股權益}{流通在外普通股股數} \tag{7-11}$$

$$普通股權益 = 權益 - 特別股權益$$

　　上列之特別股權益係指特別股之清算價值而非帳面價值，若有積欠股利，亦應一併扣除，普通股權益乃剩餘權益所有者 (Residual Owners)，當公司清算時，清償所有負債後，剩餘之權益為股東所有，若有特別股存在，則應優先分配予特別股股東，故特別股權益係以清算價值計算，且應計算積欠之股利，剩下之數才完全屬於普通股之權益。

　　通常每股淨值愈高，就代表普通股東對企業之請求權愈高，但企業若不

打算清算，普通股東之每股淨值就派不上用場。然則投資者或許會在股價低於淨值時考慮投資，因為風險性較低，一旦企業真要清算，每股淨值還高於投資成本，足可放心。不過也要注意一旦企業清算，資產的出售可能造成大額損失，而影響帳面價值。

　　茲舉例說明每股淨值之計算，假設台科公司今年底之權益如下：

特別股，6% 累積，面值 $10，流通在外 10,000 股	$100,000
資本公積—特別股溢價	4,000
普通股，面值 $10，流通在外 50,000 股	500,000
資本公積—普通股溢價	20,000
保留盈餘	156,000
權益總額	$780,000

　　假設積欠特別股一年股利，清算價格每股 $15，則每股淨值計算如下：

$$特別股權益：10,000 \times \$15 + \$100,000 \times 6\% = \$156,000$$

$$普通股權益：\$780,000 - \$156,000 = \$624,000$$

每股淨值

$$特別股：\$156,000 \div 10,000 = \$15.6$$

$$普通股：\$624,000 \div 50,000 = \$12.48$$

二、股價對淨值比率

　　前已述及投資者可能在股價低於每股淨值時，考慮買進股票，投資者或許更喜歡採用股價對淨值之比率來分析投資與否。其公式如下：

$$股價對淨值比率 = \frac{每股市價}{每股淨值} \qquad (7\text{--}12)$$

　　股價對淨值比率，通常會大於一，表示股票市價大於每股帳面價值，通常營運佳，有獲利的公司，資產報酬率或權益報酬率愈大的公司，其股價對淨值比率將愈大。但少數企業之股價對淨值比率，可能會小於一，原因在於公司營運不佳。雖然說比率愈低，較有投資之價值，但投資者仍需作審慎之考量，因為若公司營運不佳為暫時性，則投資較為安全，若長久營運不佳，雖然每股淨值大於每股市價，仍不宜介入為妙。

第四節　其他觀念與比率

　　除了前述盈餘、股利或淨值的計算以外，還有一些觀念與比率值得投資者運用的，於此作一介紹。

一、經濟附加價值 (Economic Value Added, EVA)❶

　　經濟附加價值，是以調整後的盈餘減去淨值（或市值）資金成本後的利潤。公式如下：

$$\text{EVA} = \text{調整後盈餘} - \text{淨值} \times \text{資金的必要報酬率} \qquad (7\text{–}13)$$

或

$$\text{EVA} = \text{調整後盈餘} - \text{市值} \times \text{資金的必要報酬率} \qquad (7\text{–}14)$$

❶ 本段主要參考王泰昌、林修葳等五人合著之《財務分析》，證基會，2002 年 9 月出版，頁 302～303。另外，在成本會計領域對 EVA 的翻譯多為「附加經濟價值」，類似剩餘利益 (Residual Income)，為衡量企業財務價值的工具，也是投資中心績效評估的方法。觀念與本文大不相同，EVA = 稅後淨利 – 加權平均資金成本×(總資產 – 流動負債)，可參考盧文隆編著，《成本會計（下)》，頁 473～475。

1. 所謂資金的必要報酬率即股東所要求的報酬率。至於用淨值或市值，就看
   投資者各人的觀點而定，若市值高於淨值，則採市值比較能夠反映投資人
   的投資成本。
2. 所謂調整後盈餘為：

   營業利益

   ＋當年備抵壞帳增加數

   ＋LI FO 與 FI FO 營業成本差額

   ＋商譽攤銷金額

   ＋具有經濟價值已資本化之研發支出資本 (Net Capital R & D)

   －利息費用

   －當年稅負

   舉例說明之：假設老王於 01 年以每股 $25 買進台揚公司股票，當時每股
淨值為 $18，若老王對台揚公司股票的必要報酬率為 10%，假設台揚公司有
100,000 股流通在外普通股，且當年度調整後的盈餘為 $300,000。則台揚公司
EVA 計算如下：

$$EVA（淨值計算）= \$300,000 - \$18 \times 100,000 \times 10\% = \$120,000$$
$$EVA（市值計算）= \$300,000 - \$25 \times 100,000 \times 10\% = \$50,000$$

二、股利支付率

　　股利支付率 (Dividend Payout Ratio) 或稱為「股利發放率」，係指普通股
股利占盈餘的比例關係。公式如下：

$$股利支付率 = \frac{普通股每股股利\,(DPS)}{普通股每股盈餘\,(EPS)} \qquad (7\text{--}15)$$

公式中的股利原則上以現金股利為主,最好不要包括股票股利以免困擾。又如果每股盈餘以加權平均流通在外股數計算,與每股股利以期末股數計算有不一致的問題,此時將 EPS 改用期末股數計算,以取得兩者的一致性。

股利支付率愈高,表示公司回饋給股東的實際利益較多,亦即股東由公司獲利取回的現金較多,股東當然笑呵呵,這叫落袋為安,而且通常「填息」的機會很大,例如最近幾年台塑四寶的股東應該相當滿足才對。

三、盈餘保留率

盈餘保留率 (Percentage of Earnings Retained) 係指盈餘保留於公司不發放股利給股東占全部盈餘的比例。公式如下:

$$盈餘保留率 = \frac{普通股每股盈餘 (EPS) - 普通股每股股利 (DPS)}{普通股每股盈餘 (EPS)} \quad (7-16)$$

盈餘保留率加上股利支付率等於一,由上述兩個公式可知,舉例如下:
假設連通公司今年每股盈餘 \$5,每股股利 \$2,則:

$$股利支付率 = \frac{\$2}{\$5} = 40\%$$

$$盈餘保留率 = 1 - 40\% = 60\%,即:\frac{\$5 - \$2}{\$5} = 60\%$$

盈餘保留率正好與股利支付率相反,股東希望此一比率低一點,如果公司有擴廠或增資的計畫,將希望提高此一比率,開股東大會就要提出計畫的可行性,以及未來的發展性,如果擴充不當,倒不如回饋給股東多一點現金股利。例如 100 年 TPK 宸鴻上半年每股賺了 \$23.67,卻只分配 \$0.5 股票股利,宣稱要保留現金擴充產能,結果投資人大罵公司小氣,在不景氣的影響下,擴充產能必然失敗。

又如鴻海於 106 年發放每股 \$4.5 的現金股利，創掛牌以來新高，此乃反映小股東對現金的偏好與需求。而鴻海 105 年 EPS 為 \$8.6，其股利支付率為 52.3% (\$4.5 ÷ \$8.6)。

四、股利保障倍數

股利保障倍數係指特別股之股利保障倍數 (Times Preferred Stock Dividend Earned)，雖然普通股也有股利，但是投資普通股的主要目的以賺取投資報酬率為目的，主要反映在公司獲利的狀況，以及股價的價差上，股利只占其中一小部分而已。而投資於特別股的主要目的，是以股利為主，有點類似債權人賺取利息一般，債權人可計算利息保障倍數，特別股股東亦可計算其股利保障倍數，以此瞭解公司稅後淨利用來支付特別股股利的能力。公式如下：

$$特別股股利保障倍數 = \frac{稅後淨利}{特別股股利} \qquad (7\text{--}17)$$

此一倍數愈大，表示公司支付特別股股利的可能性愈大，尤其對累積特別股之股東愈有保障，因為在倍數愈大時，所累積之股利，將來仍可比普通股優先獲得補償。

注意此公式之分子與利息保障倍數有兩點不同：

1. 本公式分子採「稅後淨利」，利息保障倍數採「稅前淨利」。
2. 本公式分子不用加回特別股股利，利息保障倍數則加回利息費用。

不同的原因在於特別股股利的發放，本就是按稅後淨利與保留盈餘之多寡來考量，為盈餘分配的觀念。至於利息費用可以抵稅，若稅前淨利恰等於零，則其倍數也有一倍。計算如下：

$$利息保障倍數 = \frac{0 + 利息費用}{利息費用} = 1$$

財務報表分析
Financial Statement Analysis

　　亦即，公司的利益在支付利息費用後正好等於零，但至少其已經支付利息費用了不是嗎！

五、股利成長率

　　股利來自於公司的保留盈餘，透過股利，股東和公司產生一種微妙的聯繫，彷彿參與企業的經營與成長，並有助於股價的推升。關於普通股的評價，除了本章所介紹之合理股價等方式外，在第十章也將介紹幾種評價模式。其中之一為股利固定成長模式。(請參考第十章)

$$V_0 = \frac{D_1}{k-g} \tag{7-18}$$

$D_1 = $ 第一期之股利

$k = $ 預期報酬率

$g = $ 盈餘或股利成長率

　　若我們想計算預期報酬率，可將公式轉換成：

$$k = \frac{D_1}{V_0} + g \tag{7-19}$$

　　$\frac{D_1}{V_0}$ 為股利收益率，故 k 包括了股利收益率以及股利成長率。k 也代表了權益的成本率。D_1 和 V_0 可根據實際發生數字而得，但 g 卻必須作一估計，通常有三種方法可以估計，即內部成長率、歷史成長率及企業之目標成長率。一般多採內部成長率估計，因其可以反映公司的獲利能力、資產運用效率、資本結構等因素，內部成長率為保留盈餘報酬率的延伸。股利成長率公式如下：

　　股利成長率 = 保留盈餘報酬率 ×(1 - 股利支付率)　　(7-20)

假設大安公司保留盈餘報酬率為 12%，股利支付率為 40%，則股利成長率為 7.2%，計算如下：

$$12\% \times (1 - 40\%) = 7.2\%$$

如果不知保留盈餘報酬率，則可用權益報酬率取代之。

六、本益比與各種比率的運用關係

由於本益比最常被用來評估與分析，如果配合其他比率，也可以獲取某些資訊，或多或少對管理者與投資人有幫助，讀者瞭解其中的關係也方便應付證券業者的各種證照考試。

㈠本益比與權益報酬率

藉由此兩種比率，可以導出市價與淨值的關係，說明如下：

$$本益比 = \frac{每股市價}{每股盈餘}$$

$$權益報酬率 = \frac{稅後淨利}{權益} = \frac{每股盈餘}{每股淨值}$$

$$市價淨值比 = \frac{每股市價}{每股淨值} = \frac{每股市價}{每股盈餘} \times \frac{每股盈餘}{每股淨值} = 本益比 \times 權益報酬率$$

假設 A 公司今年本益比為 20，權益報酬率為 8%，則市價淨值比為 $20 \times 8\% = 1.6$ 倍，又如果已知每股市價為 \$40，則每股淨值為 \$25 (\$40 ÷ 1.6)。

上述公式隱含一個前提，必須假設權益不含特別股，因為若包含特別股時，權益報酬率就無法簡化成每股盈餘 ÷ 每股淨值。此時應改按普通股權益報酬率計算，變成市價淨值比 = 本益比 × 普通股權益報酬率。

㈡本益比與股利支付率

透過本益比與股利支付率的關係，可以預估股票的市價，說明如下：

1. 股利支付率 = 每股股利 ÷ 每股盈餘 ⟹ 每股盈餘 = 每股股利 ÷ 股利支付率
2. 本益比 = 每股市價 ÷ 每股盈餘 ⟹ 每股市價 = 每股盈餘 × 本益比

　　假設 B 公司本益比為 18，每股股利為 $2，股利支付率為 25%，則其每股市價計算如下：

$$每股盈餘 = \$2 \div 25\% = \$8$$
$$每股市價 = \$8 \times 18 = \$144$$

　　此外，在既定之本益比及股利支付數額下，倘若股利支付率愈高，則其股票之市價會愈低。例如 C 公司本益比為 18，每股股利為 $2，與 B 公司相同，但是股利支付率為 50%，則其每股市價將低於 B 公司，計算如下：

$$每股盈餘 = \$2 \div 50\% = \$4$$
$$每股市價 = \$4 \times 18 = \$72$$

㈢本益比與股利成長率

　　針對未來的股利成長與股利發放，在必要的報酬率之下，可以預估未來的本益比。

　　假設 D 公司股利成長率為 5%，今年股利支付率為 50%，股票必要報酬率為 12%，則該公司股票之合理本益比為何？計算如下：

預期明年股利支付率為：$\dfrac{D_1}{EPS} = 50\% \times (1 + 5\%) = 52.5\%$

又：$k = \dfrac{D_1}{V_0} + g \Rightarrow \dfrac{D_1}{V_0} = k - g = 12\% - 5\% = 7\%$

本益比 $= \dfrac{V_0}{EPS} = \dfrac{\frac{D_1}{EPS}}{\frac{D_1}{V_0}} = \dfrac{52.5\%}{7\%} = 7.5$ 倍；可以說本益比 $= \dfrac{股利支付率}{k - g}$。

個案研習 G 七倍本益比

班哲明‧葛拉漢 (Benjamin Graham) 被稱為價值投資之父，他不僅是一位思想家、作家，更是一位實踐家。因為他能根據自己蒐集的資料，多方分析、思考、並大膽付諸實踐而成功。雖然他也經歷美國 1929 年股市崩盤的危機，導致他與合夥人紐曼共同管理的基金淨值虧了 50%，但渡過危機後，他仍然獲得極大的成功，而且他的觀念直到今日仍然受到大多數投資人的擁護與推崇。

葛拉漢認為長期遠景看好的公司，並非只是採用其盈餘多少來判斷，而是藉由其近期的本益比盈餘或過去平均盈餘顯示出來。因此在判斷買進股票優先順序時，葛拉漢有一個簡單方式。即先選出所有目前成交價不到過去 12 個月盈餘之 7 倍的普通股，亦即本益比不到 7 倍的個股。利用這個基準奠定一個好的投資組合，如果該公司資產為負債的 2 倍以上則更穩靠。

問題是為何是 7 倍本益比，而非 10 倍、5 倍？因為當時績優債券的殖利率平均約 7%，將其乘以 2 即 14%，14% 的倒數，大約是 7 倍。或者可以說只要選擇益本比（盈餘價格比）為績優債券殖利率的 2 倍之股票。

因此 7 倍並非一成不變，當績優債券的殖利率改變，評估的本益比就改變了。如果殖利率為 6%，則本益比提高為 8 倍。即 6%×2＝12%。12% 的倒數約為 8 倍。然而葛拉漢又認為不管殖利率降到多低，都不應買進本益比超過 10 倍的股票，不管殖利率升到多高，本益比 7 倍卻永遠可以接受。

◆問 題：

1. 如果永遠依據上述葛拉漢的投資方式，你認為會獲利而永不虧損嗎？
2. 如果前一問題是肯定的話，你是否會依據該方式投資？或是一部分依該方式，另一部分依別的方式？
3. 你認為臺灣股市是否可以採用更寬的本益比來作投資呢？

本章公式彙整

盈餘評價

$$本益比 = \frac{每股市價\ (PPS)}{每股盈餘\ (EPS)}$$

$$合理股價 = 每股盈餘 \times 合理本益比$$

$$益本比 = \frac{每股盈餘\ (EPS)}{每股市價\ (PPS)}$$

$$盈餘價值指數 = \frac{益本比}{定存或公債利率}$$

$$除權後參考價 = \frac{除權前收盤價}{1 + 無償配股率}$$

$$除權後參考價 = \frac{參考股價 + 承銷價 \times 有償配股率}{1 + 有償配股率}$$

股利評價

$$本利比 = \frac{每股市價\ (PPS)}{每股股利\ (DPS)}$$

$$合理股價 = 每股股利 \times 合理本利比$$

$$股利殖利率 = \frac{每股股利\ (DPS)}{每股市價\ (PPS)}$$

$$股利價值指數 = \frac{股利殖利率}{定存或公債利率}$$

$$每股淨值 = \frac{普通股權益}{流通在外普通股股數}$$

$$股價對淨值比率 = \frac{每股市價}{每股淨值}$$

其他觀念

EVA＝調整後盈餘－淨值×資金的必要報酬率

EVA＝調整後盈餘－市值×資金的必要報酬率

$$股利支付率 = \frac{普通股每股股利\,(DPS)}{普通股每股盈餘\,(EPS)}$$

$$盈餘保留率 = \frac{普通股每股盈餘\,(EPS) - 普通股每股股利\,(DPS)}{普通股每股盈餘\,(EPS)}$$

$$特別股股利保障倍數 = \frac{稅後淨利}{特別股股利}$$

$$V_0 = \frac{D_1}{k-g} \,、\, k = \frac{D_1}{V_0} + g$$

股利成長率＝保留盈餘報酬率×(1－股利支付率)

■ 思考與練習 ■

一、問答題

1. 何謂追溯每股盈餘？

2. 何謂本益比？又何謂益本比？

3. 何謂本利比？何謂股利殖利率？

二、選擇題

( )　1. 假設一公司之權益報酬率為 15%，該公司每年將其所賺得盈餘中的 40% 保留在公司內作為新的投資，試問該公司盈餘及資產的成長率將是多少？

　　　(A) 9%　(B) 6%　(C) 15%　(D) 45%　　　　　　　　　　【投信業務】

( )　2. 特別股 5% 面額 100 元（核准發行 1,000 股），帳面上特別股折價為 2,000 元，普通股每股面額 40 元，核准發行 10,000 股，已發行 8,000 股，普通股溢價為 68,000 元，累積盈餘為 25,000 元，特別股收回價格為 110 元，則普通股每股帳面價值為？

　　　(A) \$49.125　(B) \$50.125　(C) \$51.125　(D) \$52.125　　　　【券商高業】

( )　3. 某公司之股利預計將以每年 g% 的固定成長率增加下去，目前的股票價格為 \$50，資金成本率為 16%，下一次發放股利的時間是在一年以後，預計之金額為 \$5，請問 g 為多少？

　　　(A) 4　(B) 6　(C) 8　(D) 16　　　　　　　　　　　　　　【券商高業】

( )　4. 關於股利支付率之敘述，下列何者為非？

　　　(A) 股利支付率 = 每股股利 ÷ 每股盈餘

　　　(B) 比率愈高代表分配給股東的愈多

　　　(C) 比率愈高代表保留在公司內部的比率愈高

　　　(D) 一般而言，快速成長中的公司，因為要保留大部分現金進行投資，因而股利支付率較低

　　　　　　　　　　　　　　　　　　　　　　　　　　　　　【券商業務】

（　）5.以下何者並非決定本益比重要因素之一？

　　　　(A)資金成本率　(B)現金比率　(C)股利支付率　(D) EPS 成長率

【券商業務】

（　）6.投資者甲買入某股票，每股成本為 $40，他預期一年後可賣到 $42，
　　　　且可收到現金股利 $3，則他的預期股利殖利率是：

　　　　(A) 10.0%　(B) 12.5%　(C) 7.5%　(D) 5.0%　【投信業務】

（　）7.奇異公司的預期權益報酬率是 12%，若該公司的股利政策為發放
　　　　40% 之股利，則在無外部融資假設下，其預期盈餘成長率是：

　　　　(A) 3.0%　(B) 4.8%　(C) 7.2%　(D) 9.0%　【投信業務】

（　）8.發放股票股利，理論上將使本益比：（假設其他一切條件不變）

　　　　(A)降低　(B)不變　(C)提高　(D)不一定　【投信業務】

（　）9.五峰公司本益比為 60，股利支付率為 75%，今知每股股利為 $8，
　　　　則普通股每股市價應為多少？

　　　　(A) $32　(B) $240　(C) $640　(D) $480　【券商高業】【投信業務】

（　）10.在其它條件相同下，權益報酬率愈大的公司，通常其市價淨值比
　　　　（Market-to-Book Value，簡稱 P/B）：

　　　　(A)較大　(B)不一定，視總體環境而定

　　　　(C)較小　(D)不一定，視投資人風險偏好而定　【券商高業】

（　）11.下列敘述何者正確？甲、股利殖利率是指股利除以股票面額。乙、
　　　　對股利每年均固定成長之股票而言，其資本利得收益率等於股利成
　　　　長率。丙、股票之總報酬率等於股利率加上資本利得收益率

　　　　(A)僅甲、乙對　(B)僅乙、丙對　(C)僅甲、丙對　(D)甲、乙、丙均對

【券商高業】

（　）12.安達公司 97 年度的預估獲利為 150 億元，現金股利每股 3 元，流通
　　　　在外股數為 10 億股，則安達公司的股利支付率為：

　　　　(A) 10%　(B) 20%　(C) 30%　(D) 40%　【券商高業】

（　）13.健盛公司本益比為 60，當年度平均普通股東權益 $250,000，淨利
　　　　$60,000，特別股股利 $10,000，則該公司之股價淨值比率為何？

　　　　(A) 2.4　(B) 10　(C) 12　(D) 14.4　【券商高業】

( ) 14.某企業的本期淨利為 $90,000，普通股發行股數為 50,000 股，特別
股為 5,000 股，並付出每股 2 元的特別股股利，庫藏普通股為 5,000
股，請問普通股的每股盈餘為多少？

(A) 2 元　(B) 2.25 元　(C) 1.5 元　(D) 1.78 元　　　　【券商業務】

( ) 15.預估本益比的大小，不受下列那因素影響？

(A)股利發放率　(B)要求報酬率　(C)盈餘成長率　(D)流動比率

【券商業務】

( ) 16.公司將盈餘拿去再投資的比率稱為：

(A)股利發放率　(B)內涵價值　(C)要求報酬率　(D)保留盈餘率

【券商業務】

( ) 17.某公司過去一年之每股盈餘為 3 元，預期未來一年將以 10% 之速度
成長。若該公司目前之本益比為 15 倍，但合理之本益比應為 20 倍，
則該股票之合理價格為：

(A) $45　(B) $49.5　(C) $60　(D) $66　　　　【證券分析】

( ) 18.采風公司 X6 年普通股資料如下：每股股利 $5，每股盈餘 $8，股利
收益率 20%，每股帳面價值 $80，則采風公司 X6 年每股市價及股
利支付率各為若干？

(A) $25 及 62.5%　(B) $40 及 62.5%　(C) $40 及 60%　(D) $25 及 25%

【證券分析】

( ) 19.下列對於每股盈餘之描述，何者正確？

(A)是公司每股特別股可發股利之根據　(B)是公司每股普通股可發股
利之根據　(C)是公司獲利能力之指標　(D)代表公司管理盈餘之能力

【證券分析】

( ) 20.公司執行高股票股利政策時，可能會造成怎樣的影響？

(A)股本增加　(B)盈餘被稀釋　(C) EPS 下降　(D)選項(A)、(B)、(C)皆是

【券商業務】

( ) 21. A 公司為擴充產能，將盈餘保留再投資，未來兩年年末均不發放股
利，而第三年末發放每股現金股利 3 元，且預期之後每年股利均可

成長 4%，直至永遠。若要求報酬率為 10%，則 A 公司目前每股之合理價格為多少？

(A) 50 元　(B) 52 元　(C) 41.32 元　(D) 42.98 元　　　　【證券分析】

(　) 22. 某公司的本益比為 12 倍，權益報酬率為 13%，則市價淨值比為何？

(A) 0.6　(B) 0.9　(C) 1.1　(D) 1.6　　　　【券商業務】

(　) 23. 聯達股票上年度發放每股 $4 之現金股利。若你預期聯達盈餘成長率將持續維持在 6%，在投資人要求之報酬率為 11% 情況下，聯達股票目前值：

(A) $68.40　(B) $75.00　(C) $80.00　(D) $84.80　　　　【證券分析】

(　) 24. 龍祥公司的本益比為 17.5 倍，普通股權益報酬率 18%，總資產報酬率 12%，權益比率為 80%，則龍祥公司的帳面價值對市值比率為：

(A) 31.75%　(B) 14%　(C) 252%　(D) 47.62%　　　　【證券分析】

(　) 25. 八德公司正在計算該公司的每股盈餘 (EPS)，利用以下資訊回答在計算 EPS 時的分母為何。

日期	股數相關資訊
1 月 1 日	流通在外 100,000 股
3 月 1 日	現金增資 20,000 股
6 月 1 日	每股發放 50% 股票股利
11 月 1 日	現金增資 30,000 股

(A) 100,000 股　(B) 120,000 股　(C) 180,000 股　(D) 210,000 股

【證券分析】

(　) 26. 某公司剛發放每股現金股利 3 元，已知該公司股利成長率很穩定，每年約 5%，所有股利都是現金發放，若該股票之市場折現率為 12%，請問該公司股票之價格應為：

(A) 46　(B) 45　(C) 44　(D) 43　　　　【券商高業】【投信業務】

(　) 27. 洛神公司有 60,000 股流通在外普通股，今年度每股盈餘為 $15，今年度支付的特別股股利為每股 $2，普通股股東共收到股利 $90,000，請問該公司今年度的股利支付率為多少？

(A) 20.0%　(B) 16.7%　(C) 10%　(D) 25%　　　　【券商高業】

（　）28. 某上市的公司之股價為 780 元，每股股利為 13 元，請計算公司的股
利收益率為何？

　　　　(A) 16.7%　(B) 12.9%　(C) 1.67%　(D) 1.28%　　　　【券商高業】

（　）29. 台南公司 2009 年 1 月 1 日流通在外普通股有 100,000 股，3 月 1 日
發放股票股利 20,000 股，7 月 1 日增資發行新股 20,000 股，2009 年
稅後純益為 $1,260,000，則 2009 年普通股每股盈餘為：

　　　　(A) $9　(B) $10.5　(C) $9.69　(D) $9.95　　　　【證券分析】

（　）30. 好好公司最近一年每股稅前盈餘為 5 元，公司所得稅率為 25%，目
前該公司股價為 80 元，則該公司本益比為何？

　　　　(A) 25.33　(B) 21.33　(C) 20　(D) 16　　　　【投信業務】

三、計算題

1. 天璣公司 90 年底流通在外普通股 250,000 股。91 年 4 月 1 日發放 50% 股
票股利，10 月 1 日增資發行 150,000 股，91 年淨利 $1,440,000，特別股現
金股利 $60,000，普通股現金股利 $120,000。若該企業無其他稀釋性證券流
通在外，則 91 年之每股盈餘為若干？　　　　【證券分析】

2. 南方公司民國 92 年度相關資料如下：

本期純益（稅後）	$16,400,000
普通股全年平均市價（已調整過股票股利之影響）	$ 75
普通股年底市價	$ 80
所得稅率	25%

92 年度普通股股數相關資料如下：

1 月 1 日流通在外普通股 1,000,000 股

4 月 1 日現金增資發行普通股 900,000 股

6 月 1 日發放 20% 股票股利

12 月 1 日買回庫藏股 120,000 股

該公司有下列潛在普通股，均於 92 年 1 月 1 日前便已經流通在外：

認股權	有權認購 100,000 股普通股（已調整股票股利之影響）。行使價格 $60。
累積轉換特別股	800,000 股，每股股利 $8，每股特別股可轉換成 2 股普通股（已調整過股票股利之影響）。積欠 91 年，92 年之股利。
5% 轉換公司債	總面值 $100,000,000，係指依面額發行。每 $100,000 公債可轉換成 2,000 股普通股（已調整過股票股利之影響）。

試作：(1)計算該公司普通股之加權平均流通在外股數。

　　　(2)計算該公司之基本每股盈餘。

　　　(3)計算該公司各潛在普通股之個別每股盈餘（請四捨五入至小數點以下三位數）。

　　　(4)計算該公司之稀釋每股盈餘（請四捨五入至小數點以下三位數）。

【證券分析】

3. 天南公司去年度 EPS 為 $2，該年度平均股價約 $30，今年度預計 EPS 為 $3，目前的股價 $36。

試作：

(1)計算去年度之本益比及盈餘殖利率（益本比）。

(2)計算今年度預計之本益比及盈餘殖利率。

(3)假設一年定存利率為 5%，則天南公司股票是否值得投資？今年的盈餘價值指數為多少？

(4)如果目前該產業之合理本益比為 14 倍，則天南公司今年之合理股價應為多少？

4. 天一公司 6 月 20 日除息，每股發放現金股利 $2.5。該公司 6 月份平均股價為 $60。

試作：(1)計算本利比及股利殖利率。

　　　(2)若銀行定存利率為 6%，則天一公司是否值得投資？股利價值指數為多少？

5. 天山公司今年辦理盈餘轉增資，每股發放 $2 之股票股利，除權前一日 (07/19) 收盤價為 $60，7 月底收盤價為 $46。7 月初之股價為 $50。

試作：(1)計算除權參考價及權值。至 7 月底止，該股票是填權或貼權呢？

　　　⑵若張三於 7 月初以每股 $50 買進 2,000 股，則張三 7 月份之投資
　　　　報酬率為若干？

　　　⑶若李四於 07/19 以每股 $60 買進 2,000 股，則李四 7 月底之投資
　　　　報酬率若干？

6. 天台公司今年 8 月初辦理現金增資，有償配股率為 20%，參考股價為 $40，
　 公司與承銷商決議之承銷價為每股 $28，除權前一日收盤價為 $42，8 月底
　 股價收盤為 $45。

　 試作：⑴計算除權後參考價。

　　　　⑵若王五於 8 月初以每股 $40 買進 2,000 股，並參與認購現增案，
　　　　　則至 8 月底之投資報酬率若干？

　　　　⑶若趙六於除權前一日以每股 $42 買進 2,000 股，參與現金增資後，
　　　　　至 8 月底之投資報酬率若干？

7. 天龍公司今年底帳上資產總額 500 萬元，負債 200 萬元，普通股 20 萬股，
　 每股面值 $10，保留盈餘與資本公積各有 50 萬元。年底股票收盤價為 $25。

　 試作：⑴計算天龍公司每股淨值

　　　　⑵計算年底股價對淨值之比率

8. 天水公司今年底之權益如下：

特別股，5% 累積，面值 $10，流通在外 20,000 股	$ 200,000
資本公積－特別股溢價	20,000
普通股，面值 $10，流通在外 80,000 股	800,000
資本公積－普通股溢價	160,000
保留盈餘	320,000
權益總額	$1,500,000

　 假設特別股積欠股利二年，清算價格每股 $15，普通股年底市價為 $29.5。

　 試作：⑴計算特別股權益及每股淨值

　　　　⑵計算普通股權益及每股淨值

　　　　⑶計算股價對淨值比率

9. 天玄公司今年 EPS $4，每股股利 $1.5，而保留盈餘報酬率為 10%。

試作：⑴計算股利支付（發放）率

⑵計算盈餘保留率

⑶計算股利成長率

10. 天寶公司今年底每股淨值為 $20，年底股價為 $40，公司有 200,000 股流通在外普通股，股東對公司之必要報酬率為 12%，當年度為了計算經濟附加價值 (EVA) 所調整的盈餘為 $800,000。

試作：⑴以淨值為基礎，計算 EVA。

⑵以市值為基礎，計算 EVA。

⑶你認為以淨值或市值為基礎何者比較合理？為什麼？

11. 某公司 2007 年綜合損益表如下所示：

銷貨收入（淨額）	$550,000
銷貨成本	315,000
銷貨毛利	$235,000
營業費用	95,000
稅前淨利	$140,000
所得稅費用	36,500
本期淨利	$103,500

假設某公司 2007 年 12 月 31 日普通股流通在外股數為 45,000 股，每股市價為 $25.8，該公司在 2007 年發放 $34,695 的股利，其中有 $6,750 為特別股股利，且營業費用內包含了 $35,000 的利息費用。

試作：計算該公司 2007 年的下列各項財務比率

⑴每股盈餘

⑵本益比

⑶利息保障倍數

⑷股利支付率 　　　　　　　　　　　　　　　　　　　　【證券分析】

Chapter 8

資金流量分析

Analysis of Fund Flow

日本「經營之神」松下幸之助，慧眼獨具，小時候就進入當紅的電氣行業工作，努力踏實的學習，而後自立門戶又積極改良創新，在初步成功之後，又能善用人才擴大版圖，創辦松下學校（職員訓練所），標榜松下電器不僅是製造電器，重點是製造人才，在 1980 年更創辦了「松下政治經濟研究所」。

在公司規模擴大後，又改進制度重視品質，強調賣貨品像嫁女兒般，必須關心出嫁前後的狀況，也就是加強「售前與售後服務」。在全方位的努力下，終於成功地建立松下電器王國。

松下幸之助為了確保企業的穩定發展，因而創立了所謂「水壩經營法」。我們都知道水壩除了儲水外，又有調節季節氣候變化的功能，也可以避免乾旱缺水的危機。若企業各部門都能築起水壩，就能應付外在環境的變化，而維持穩定的發展，這就是「水壩經營法」的概念。

「水壩經營法」首重無形的水壩，即「心理水壩」，也就是要具備水壩經營的意識，才可以發展有形的水壩，重點為「資金水壩」、「設備水壩」及「庫存水壩」三者。

以「資金水壩」來說，如果企業需要 300 萬的資金，則不能剛好只準備 300 萬，否則一旦發生意外，資金不足將導致經營不善的後果。因此企業應築起高於 300 萬的水壩，例如 350 萬或更高，這樣才能應付突發狀況。其實以學術觀念講，水壩如同「安全邊際」或「安全存量」。

以「設備水壩」而言，企業當然希望產能利用率愈高愈好，代表生意作得多，但是應該注意不要落入營收高而毛利低的陷阱，如果企業需要 100% 產能利用率才能獲利，那就危險了。正常來說，產能利用率只要達到 80% 左右就應該有利潤，多餘的 20% 相當於水壩的儲備水位，可以在突破市場需求時，幫助企業創造更多的利潤。

企業當然希望護壩堤能固若金湯，然而也應該注意多餘安全邊際可能造成的問題，例如資金閒置或庫存過剩，因此「水壩經營法」也需要隨時檢討，配合經營環境的變化來調節儲水的高低。

資金是企業的血脈和命脈，宛如人體的血液一般，輸送養分，維持生命。過去常聽說週轉不靈倒閉，也就是資金的週轉出現問題，資金的運用失常所

導致。是故企業對本身資金的控制與運用，非得小心謹慎不可，而控制的根本在於對資金流量作分析與規劃，此即本章之重點所在。

　　資金流量分析中的「資金」，並非營運資金，而是現金與約當現金，所謂「約當現金」，根據 IAS7 號之定義，係指期限短、隨時可轉換為定額現金、價值變動風險很小之投資，通常包含自投資之日起三個月內到期或清償的國庫券、商業本票和附買回條件的票券。

第一節　現金流量表

現金流量表報導企業營業活動、投資活動與籌資活動對現金之影響，因此可以幫助報表使用人達成下列目的：

1. 評估企業未來淨現金流入之大小。
2. 評估企業償還負債與支付股利之能力，以及可能籌資之需要。
3. 瞭解本期損益與營業活動所產生現金流量之差異原因。
4. 瞭解本期現金與非現金之投資及籌資活動對財務狀況之影響。

茲分別介紹營業活動、投資活動與籌資活動之分類及內容如下：

一、營業活動

營業活動係指企業產生主要營業收入之活動，及其他非屬投資與籌資之活動，如產銷商品或提供勞務。營業活動之現金流量係指列入損益計算之交易及其他事項所產生之現金流入與流出。

㈠營業活動所產生之現金流入通常包括：

1. 現銷商品及勞務、應收帳款或票據收現。
2. 因權利金、佣金及其他收入而收到現金。
3. 收取利息及股利（亦可分類為投資活動）。
4. 處分因交易目的而持有之契約所產生之現金流入。
5. 其他非因籌資活動與投資活動所產生之現金流入，如：訴訟受償款、存貨保險理賠款等。

㈡營業活動所產生之現金流出通常包括：

1. 現購商品及原料、償還供應商帳款及票據。
2. 支付各項營業成本費用。
3. 支付稅捐、罰款及規費。

4.支付利息與股利（亦可分類為籌資活動）。

5.取得因交易目的而持有之契約所產生之現金流出。

6.其他非因籌資活動與投資活動所產生之現金流出，如：訴訟賠償、捐贈及退還顧客貨款。

　　對於利息、股利得以彈性處理，說明如下：

1.收取的利息和股利被用來決定損益，得以分類為營業活動之現金流入。此兩者也是投資的報酬，因此亦可分類為投資活動之現金流入。

2.支付的利息被用來決定損益，得以分類為營業活動之現金流出。其也是資金成本，因此亦可分類為籌資活動之現金流出。

3.支付的股利可分類為營業活動之現金流出，有助於瞭解營業活動現金流量支付股利之能力。其又是資金成本，因此亦可分類為籌資活動之現金流出。

　　不論企業採用何種分類方式，利息及股利收付應單獨揭露，且應各期一致。此外來自所得稅之現金流量也應單獨揭露，且除非其可明確歸屬為籌資或投資活動，否則應視為營業活動。

二、投資活動

　　投資活動是指取得或處分長期資產及其他非屬約當現金項目之投資活動，如承作與收回貸款，取得與處分非營業活動所產生之債權憑證、權益證券、固定資產、礦產資源、無形資產及其他投資等。

㈠投資活動所產生之現金流入通常包括：

1.處分固定資產、無形資產及其他長期資產之價款，包括固定資產保險理賠款。

2.收回貸款及處分債權憑證，但不包括因交易目的而持有之債權憑證。

3.處分權益證券，但不包括因交易目的而持有之權益證券。

4.因期貨、遠期合約、交換、選擇權合約或其他性質類似之金融商品所產生之現金流入，但不包括因交易目的而持有者。

㈡投資活動所產生之現金流出通常包括：

1.取得固定資產、無形資產及其他長期資產而支付之現金。

2.承作貸款及取得債券憑證，但不包括因交易目的而持有之債權憑證。

3.取得權益證券，但不包括因交易目的而持有之權益證券。

4.因期貨、遠期合約、交換、選擇權合約或其他性質類似之金融商品所產生之現金流出，但不包括因交易目的而持有者。

三、籌資活動

籌資活動係指導致企業之投入權益及借款之規模及組成項目發生變動之活動。

㈠籌資活動所產生之現金流入通常包括：

1.現金增資發行新股。

2.舉借債務。

㈡籌資活動所產生之現金流出通常包括：

1.購買庫藏股票或退回資本。

2.償還借入款。

3.償還融資租賃之負債。

四、不影響資金之投資及籌資活動

除了以上三種活動外，下列兩種情形應該在現金流量表作附註揭露：

1.投資及籌資活動影響企業財務狀況而不直接影響現金流量者。例如發行公司債交換土地，以償債基金償付公司債等。

2.投資及籌資活動同時影響現金及非現金項目者。例如同時以現金五十萬元和長期應付票據三佰萬元購買土地，除了投資活動表達現金流出五十萬元外，另外要揭露長期應付票據與土地交換之狀況。

五、現金流量表之表達方式與釋例

現金流量表有關營業活動產生之現金流量，其表達方式有兩種，即直接法與間接法。但是 IAS 7 號建議採用直接法。

茲以三民公司為例，說明此兩種方式表達之現金流量表。三民公司之比較資產負債表及綜合損益表（假設無其他綜合損益）如下：

<table>
<tr><td colspan="3" align="center">三民公司
比較資產負債表
01 年及 02 年 12 月 31 日</td></tr>
<tr><td align="center">資　　產</td><td align="center">01 年</td><td align="center">02 年</td></tr>
<tr><td>現　　金</td><td>$ 5,400</td><td>$ 6,000</td></tr>
<tr><td>應收帳款（淨額）</td><td>4,500</td><td>3,000</td></tr>
<tr><td>存　　貨</td><td>5,000</td><td>5,000</td></tr>
<tr><td>預付費用</td><td>300</td><td>400</td></tr>
<tr><td>固定資產（淨額）</td><td>16,000</td><td>19,000</td></tr>
<tr><td>長期股權投資</td><td>8,000</td><td>6,600</td></tr>
<tr><td>合　　計</td><td>$39,200</td><td>$40,000</td></tr>
<tr><td align="center">負債及權益</td><td></td><td></td></tr>
<tr><td>應付帳款</td><td>$ 4,100</td><td>$ 2,500</td></tr>
<tr><td>應付利息</td><td>400</td><td>300</td></tr>
<tr><td>應付所得稅</td><td>1,200</td><td>1,000</td></tr>
<tr><td>應付票據（長期）</td><td>10,000</td><td>14,000</td></tr>
<tr><td>普通股股本</td><td>14,000</td><td>15,000</td></tr>
<tr><td>資本公積</td><td>1,400</td><td>1,600</td></tr>
<tr><td>保留盈餘</td><td>8,100</td><td>5,600</td></tr>
<tr><td>合計</td><td>$39,200</td><td>$40,000</td></tr>
</table>

三民公司 綜合損益表 02 年度		
銷貨淨額		$25,000
銷貨成本		10,000
銷貨毛利		$15,000
營業費用		
薪資費用	$5,600	
折舊費用	3,000	
壞帳費用	100	
其他營業費用	200	(8,900)
營業利益		$ 6,100
非營業收入及費用		
投資收益	$　500	
利息費用	(600)	(100)
稅前淨利		$ 6,000
所得稅費用		(1,200)
稅後淨利		$ 4,800

　　其他補充資料如下：

1. 02 年提列壞帳 $100，並無其他影響備抵壞帳之事項。

2. 投資收益為收到現金股利。

3. 通過並支付現金股利 $2,000。

4. 年度內新增長期股權投資 $1,400。

5. 年度內購回庫藏股並註銷，購回成本 $1,500，原發行價格 $1,200，超過之
   數借記保留盈餘。

　　茲分別用直接法及間接法編製 02 年度之現金流量表如下：

　　假設三民公司將利息支付分類為營業活動之現金流量，收到之現金股利
分類為投資活動之現金流量，支付之股利分類為籌資活動之現金流量。

㈠直接法

先計算各項收支如下：

1. 現銷及應收帳款收現 = 銷貨收入 + 期初應收帳款 − 期末應收帳款 （調整後）

$$= \$25,000 + \$3,000 - (\$4,500 + \$100) = \$23,400$$

2. 投資收益（股利）收現 = 投資收益 + 期初長期股權投資 − 期末長期股權投資（調整後）

$$= \$500 + \$6,600 - (\$8,000 - \$1,400) = \$500$$

3. 其他營業收益收現：本例無。

4. 進貨付現 = 銷貨成本 − 期初存貨 + 期末存貨 + 期初應付帳款 − 期末應付帳款

$$= \$10,000 - \$5,000 + \$5,000 + \$2,500 - \$4,100 = \$8,400$$

5. 薪資付現 = 薪資費用 + 期初應付薪資 − 期末應付薪資

$$= \$5,600 + 0 - 0 = \$5,600$$

6. 利息費用付現 = 利息費用 + 期初應付利息 − 期末應付利息

$$= \$600 + \$300 - \$400 = \$500$$

7. 所得稅付現 = 所得稅費用 + 期初應付所得稅 − 期末應付所得稅

$$= \$1,200 + \$1,000 - \$1,200 = \$1,000$$

8. 其他營業費用付現 = 其他營業費用 + 期初應付費用 − 期末應付費用 − 期初預付費用 + 期末預付費用

$$= \$200 + 0 - 0 - \$400 + \$300 = \$100$$

三民公司 現金流量表（直接法） 02 年度		
營業活動之現金流量：		
現銷及應收帳款收現	$23,400	
進貨付現	(8,400)	
薪資付現	(5,600)	
利息費用付現	(500)	
所得稅付現	(1,000)	
其他營業費用付現	(100)	
營業活動之淨現金流入		$ 7,800
投資活動之現金流量：		
增加長期股權投資	$(1,400)	
收到現金股利	500	(900)
籌資活動之現金流量：		
支付股利	$(2,000)	
購回庫藏股並註銷（減資）	(1,500)	
償還長期應付票據	(4,000)	(7,500)
本期現金及約當現金減少數		$ (600)
加：期初現金及約當現金餘額		6,000
期末現金及約當現金餘額		$ 5,400

㈡間接法

1.分析營業活動之現金流量

⑴分析綜合損益表中之收入費用，找出沒有支出現金的費用、沒有收到現金的收益，以及非營業活動之損失與利得，並確定加或減。此外根據 IAS7 應於現金流量表中揭露利息收付、股利收付與所得稅現金流量。故此部分在間接法的調整方式應從稅前淨利調整而非稅後淨利調整，且應減去利息收入並加回利息費用。分析如下：

＋折舊費用	$3,000
＋壞帳費用	100
－投資收益	500
＋利息費用	600

此部分為「收益費損項目」之調整，由稅前淨利開始而後加減調整之。

⑵計算營業相關之流動資產與流動負債之增減變動，並確定加或減。分析
　如下：

　　－ 應收帳款增加數　　$1,600　即 ($4,500 + $100) – $3,000 = $1,600
　　＋ 預付費用減少數　　　100　即 ($300 – $400) = ($100)
　　＋ 應付帳款增加數　　1,600　即 ($4,100 – $2,500) = $1,600

　　此部分為「與營業活動相關之資產／負債變動數」，置於由前述⑴得出之
金額下面調整，得出之金額稱之為「營業產生之現金」。

⑶確定應予單獨揭露之利息支付與所得稅現金流量

　　利息付現 = 利息費用 + 期初應付利息 – 期末應付利息
　　　　　　 = $600 + $300 – $400 = $500

　　所得稅付現 = 所得稅費用 + 期初應付所得稅 – 期末應付所得稅
　　　　　　　 = $1,200 + $1,000 – $1,200 = $1,000

　　此部分在 「營業產生之現金」 後作加減，得出 「營業活動淨現金流入
（出）」。

2. 分析投資活動之現金流量

　　＋ 投資收益（收到股利）　　$500
　　－ 增加長期股權投資　　　　1,400

3. 分析籌資活動之現金流量

　　－ 支付股利　　　　　　　$2,000
　　－ 買回庫藏股並註銷　　　1,500
　　－ 償還長期應付票據　　　4,000

　　償還長期應付票據並無列於補充資料中，因此必須由兩年的資產負債表
比較得出。

4. 分析有無其他資訊

⑴不影響現金流量之投資及籌資活動。
　　本例無。

⑵投資及籌資活動同時影響現金及非現金項目者。
　　本例無。

5.開始編製現金流量表

其實也可以分析一段就編製一段，不必等全部分析完才編製。茲以間接法編製三民公司之現金流量表如下：

三民公司 現金流量表（間接法） 02 年度		
營業活動之現金流量：		
稅前淨利	$ 6,000	
調整項目：		
收益費損項目：		
折舊費用	3,000	
壞帳費用	100	
投資收益	(500)	
利息費用	600	
	$ 9,200	
與營業活動相關之資產／負債變動數：		
應收帳款增加	(1,600)	
預付費用減少	100	
應付帳款增加	1,600	
營業產生之現金	$ 9,300	
支付利息費用	(500)	
支付所得稅	(1,000)	
營業活動之淨現金流入		$ 7,800
投資活動之現金流量：		
增加長期股權投資	$(1,400)	
收到現金股利	500	(900)
籌資活動之現金流量：		
支付股利	$(2,000)	
購回庫藏股並註銷（減資）	(1,500)	
償還長期應付票據	(4,000)	(7,500)
本期現金及約當現金減少數		$　(600)
加：期初現金及約當現金餘額		6,000
期末現金及約當現金餘額		$ 5,400

六、營業活動現金流量之計算技巧

　　現金流量的計算，其實就是由會計上的應計基礎調整為現金基礎的計算方式。說明如下：

(一)例　一

　　假設本期銷貨收入 $10,000，期初應收帳款 $2,000，期末應收帳款 $3,000，其他資料不變。則本期銷貨收現數如下：

$$銷貨收入 + 期初應收帳款 - 期末應收帳款$$
$$= \$10,000 + \$2,000 - \$3,000 = \$9,000$$

(二)例　二

　　同例一，再假設期初有預收貨款 $1,000，期末有預收貨款 $500。則本期銷貨收現數如下：

$$銷貨收入 + 期初應收帳款 - 期末應收帳款 - 期初預收貨款 + 期末預收貨款$$
$$= \$10,000 + \$2,000 - \$3,000 - \$1,000 + \$500$$
$$= \$8,500$$

(三)例　三

　　假設本期租金收入 $8,000，期初應收租金 $2,000，期末應收租金 $3,000，期初預收租金 $1,000，期末預收租金 $500。則本期租金收現數如下：

$$租金收入 + 期初應收租金 - 期末應收租金 - 期初預收租金 + 期末預收租金$$
$$= \$8,000 + \$2,000 - \$3,000 - \$1,000 + \$500$$
$$= \$6,500$$

㈣例 四

假設本期租金費用 $8,000，期初應付租金 $2,000，期末應付租金 $3,000，
期初預付租金 $1,000，期末預付租金 $500。則本期租金付現數如下：

租金費用 + 期初應付租金 − 期末應付租金 − 期初預付租金 + 期末預付租金
= $8,000 + $2,000 − $3,000 − $1,000 + $500
= $6,500

㈤例 五

假設本期銷貨成本 $10,000，期初存貨 $1,000，期末存貨 $500，另外期
初應付帳款 $2,000，期末應付帳款 $3,000。則本期進貨支付數如下：

銷貨成本 − 期初存貨 + 期末存貨 + 期初應付帳款 − 期末應付帳款
= $10,000 − $1,000 + $500 + $2,000 − $3,000
= $8,500

例五之調整可分兩段計算：

1.由銷貨成本推算本期進貨

∵本期進貨 + 期初存貨 − 期末存貨 = 銷貨成本
∴銷貨成本 − 期初存貨 + 期末存貨 = 本期進貨
$10,000 − $1,000 + $500 = $9,500

2.再由本期進貨推算進貨付現金額

$9,500 + $2,000 − $3,000 = $8,500

由上述五個例子可歸納下列幾個重點：

⑴由前三例可知，在計算收現數時，可由綜合損益表之收入 + 期初流動資

產 （應收類）－期末流動資產－期初流動負債 （預收類）＋期末流動負債。

(2)由例四、例五可知在計算付現數時，可由綜合損益表中的成本或費用＋期初流動負債 （應付類）－期末流動負債－期初流動資產 （預付類或存貨）＋期末流動資產。

(3)根據 1.、2. 可知收現數與付現數之調整方向（即加或減）正好相反。收現時流動資產期初「＋」期末「－」，流動負債期初「－」期末「＋」，付現時相反。

(4)當採用間接法編現金流量表時，全部之營業活動現金流量均由稅前淨利調整，並沒有區分收現與付現兩種金額，此時付現數是併入收現數調整，因此所有的調整公式如同(1)所述，由綜合損益表之稅前淨利（損）＋期初流動資產－期末流動資產－期初流動負債＋期末流動負債。

在前述例一中，並沒有提及提列備抵呆帳，以及相關之發生呆帳或收回呆帳之問題，此些問題將使銷貨收現數之調整變得更加困難，舉例分析如下：

㈥例 六

假設本期銷貨收入 $10,000，期初應收帳款 $2,000，備抵呆帳 $1,000，期末應收帳款 $3,000，備抵呆帳 $1,500，本期提列呆帳 $500。則本期銷貨收現數計算如下：

$$銷貨收入 ＋ 期初應收帳款 － 期末應收帳款$$
$$= \$10,000 + \$2,000 - \$3,000$$
$$= \$9,000$$

或者應收帳款用淨額表達時，期初淨額為 $2,000 － $1,000 ＝ $1,000，期末淨額為 $3,000 － $1,500 ＝ $1,500，此時應注意本期因提列呆帳使備抵呆帳增加 $500，造成期末應收帳款淨額為 $1,500，然呆帳之提列並未減少應收帳款（亦即未收現），故期末淨額應加回 $500，成為 $2,000 ($1,500 + $500)，故銷貨收

現數如下：

銷貨收入 + 期初應收帳款淨額 − 期末應收帳款淨額（調整後）

= $10,000 + $1,000 − $2,000

= $9,000

歸納結論有二：

1. 不去管備抵呆帳之變動，則可以直接調整期初與期末之應收帳款。

2. 若應收帳款用淨額表達（已減除備抵呆帳），則期末應收帳款淨額，應加回本期提列呆帳之數，再加以計算。

又如果採間接法用本期淨利再調整相關之現金流量時，因為呆帳之提列已減少淨利（假設淨利即 $10,000 − $500 = $9,500），在調整時變成：

本期淨利 + 期初應收帳款淨額 − 期末應收帳款淨額（調整前）

= $9,500 + $1,000 − $1,500 = $9,000

或是先將本期淨利加回呆帳（因為呆帳並未支出現金），再作如下調整：

調整後淨利 + 期初應收帳款淨額 − 期末應收帳款淨額（調整後）

= ($9,500 + $500) + $1,000 − $2,000 = $9,000

此處在觀念上極易混淆，故用不同方式詳加說明，免得造成同學在計算上的錯誤，多花篇幅解釋，應有助於同學之理解。

七、母子公司合併現金流量表

當一家公司持有另一家公司有表決權之普通股超過 50% 時（不論是直接持有或間接持有），除了少數情形不需編製合併報表外，均應按公認準則編製母子公司合併報表，包括合併現金流量表。此處將針對此種情形作補充說明。

㈠少數股權

係指子公司未被母公司直接與間接持有之股數。相當於合併個體以外之股東對合併淨資產之請求權。故在合併資產負債表上，單獨列示於權益項下。

㈡少數股權淨利

即少數股權對子公司淨利所能分享之數，係按照子公司淨利乘以少數股權比例計算而得，也可說是少數股東享有合併個體之損益，將列於合併綜合損益表中母子公司總合併淨利的減項，而得到真正（最後）的合併淨利，此乃母公司股東所能享有之淨利。

㈢合併現金流量表之表達

1. 在合併現金流量表中，少數股權淨利將列為「營業活動之現金流量」的加項，因為少數股權淨利雖減少合併淨利，但並未支付現金。
2. 子公司發放現金股利，大部分流入母公司手中，此部分股利仍然在合併個體中，並沒有現金流出。而少部分流入少數股東（少數股權）手中，才是真正的現金流出，此部分類似母公司本身支付之現金股利。

八、營業、投資與籌資活動之關係

現金流量表分別表達出營業、投資與籌資活動之現金流量。根據這三種流量之大小，可以瞭解三種活動之相關性。公司的財務長都會關注每年、每季、每月甚至每週的資金狀況，在公司所有的營運計畫下，規劃資金的來源與用途，所以現金流量表可以說是預計之中的實際結果，也就是良好規劃下的實際產物，預計與實際難免會有誤差，只要控制在合理範圍內就可以接受。以下就兩種常見的計畫加以說明：

㈠當公司有計畫作長期性的投資（例如擴廠），有兩種可能的情
　形：

1. 營業活動現金流入＞投資活動現金流出：此時有多餘之現金可供籌資活動
　之運用（流出），例如償還債款或發放股利（股利視為籌資活動），甚至於
　流行多年的購買庫藏股票與發還現金的減資。

2. 營業活動現金流入＜投資活動現金流出：此時現金不足，顯然需要利用籌
　資活動來籌集資金（流入），例如發行公司債、向金融機構長期借款或是現
　金增資等。

㈡當公司有計畫償還債款或減資，有兩種可能的情形：

1. 營業活動現金流入＞籌資活動現金流出

　　此時多餘之現金可供作部分投資活動之用（流出），例如購買機器設備、
無形資產，或是取得非交易目的之債權憑證與權益證券等。

2. 營業活動現金流入＜籌資活動現金流出

　　此時現金不足，可能需要處分非必要性之不動產、廠房及設備，或是收
回貸款、處分非交易目的之債權憑證與權益證券等。

　　如果營業活動現金流量是淨流出（負數），這種情況通常是剛草創的公
司，或是連年經營不善的公司，此時必須想辦法從投資與籌資方面取得資金
來源；倘若是快要結束營業的公司，在投資活動要將資產變現，在籌資活動
則要清償負債，退還資本了。

第二節　現金收支預算與財務預測

　　現金收支預算與財務預測基本上是屬於內部分析，而非外部分析，因為外界人士根本無法取得相關資料去分析企業的各項收支。企業本身為了資金的控制與運用，當然必須妥善規劃未來的現金收支，以期現金多餘時，加以運用孳息，現金缺乏時，適當籌措以對。

　　前述現金流量表只不過是歷史資訊，幫助我們瞭解企業過去一年資金的來源與運用狀況。而現金收支預算與財務預測，是針對未來，幫助我們瞭解企業未來一年（或一段期間）每個月的現金收支情形，以及如何規劃財源的運用與籌措。

一、現金收支預算

　　現金收支預算可以達成下列目的：

1. 列出現金需求，若有不足則考慮借款或出售短期投資。
2. 列出現金有無剩餘，在正常需求外若有多餘，可考慮做短期投資。
3. 詳細列出各項現金來源與用途，可協助進一步分辨各項現金使用之輕重緩急。
4. 可協助規劃長期資金之需求，如贖回公司債，支付退休金等。

　　現金收支預算分為收入與支出兩部分，收入的主要來源為現銷銷貨收入，以及應收帳款的收現。公司可根據過去收帳經驗，作為未來帳款收現的依據。支出主要係用於購料、發放薪資、製造費用及營業費用的支出、利息與股利的支付，而長期性的現金支出為購買資產設備、償還公司債等。

　　現金預算通常按月編製，茲以三民公司現金政策舉例說明。假設三民公司每月至少維持 $50,000 以上之現金，若低於 $50,000，必須向銀行借款（月利率 5%），以 $10,000 為單位，按月付息，若之前有短期投資，則可以出售以維持正常之現金餘額。倘若現金預算超過 $50,000，有多餘可用以償還借

款，甚至作短期投資（月報酬率 5%），亦以 $10,000 為投資單位，01 年初現金餘額恰為 $50,000。

　　三民公司每月銷貨有 50% 於當月份收現，30% 於次月份收現，15% 於次二月收現，餘額 5% 為呆帳。每月購貨中有 20% 於當月付現，50% 於次月付現，30% 於次二月付現。又薪資按月發放，每月約 $200,000，其他固定費用每月支付 $100,000，變動費用每月支出為銷貨的 10%。公司 01 年 1～6 月之銷貨及購貨資料如下：

	1 月	2 月	3 月	4 月	5 月	6 月
銷　貨	$800,000	$1,200,000	$1,000,000	$700,000	$800,000	$900,000
購　貨	400,000	600,000	500,000	300,000	400,000	400,000

　　為方便現金預算的編製，通常先編妥應收帳款收現表及應付帳款付現表，茲列示如下：

三民公司 應收帳款收現表 01 年 1～6 月份						
	1 月	2 月	3 月	4 月	5 月	6 月
預計銷貨	$800,000	$1,200,000	$1,000,000	$700,000	$800,000	$900,000
收款：						
當月：50%	$400,000	$ 600,000	$ 500,000	$350,000	$400,000	$450,000
次月：30%		240,000	360,000	300,000	210,000	240,000
次二月：15%			120,000	180,000	150,000	105,000
合計	$400,000	$ 840,000	$ 980,000	$830,000	$760,000	$795,000
呆帳 5%	－	－	－	$ 40,000	$ 60,000	$ 50,000

三民公司 應付帳款付現表 01 年 1~6 月份						
	1 月	2 月	3 月	4 月	5 月	6 月
預計購貨	$400,000	$600,000	$500,000	$300,000	$400,000	$400,000
付款：						
當月：20%	$ 80,000	$120,000	$100,000	$ 60,000	$ 80,000	$ 80,000
次月：50%		200,000	300,000	250,000	150,000	200,000
次二月：30%			120,000	180,000	150,000	90,000
合計	$ 80,000	$320,000	$520,000	$490,000	$380,000	$370,000

三民公司 現金預算 01 年 1~6 月份						
	1 月	2 月	3 月	4 月	5 月	6 月
期初現金餘額	$ 50,000	$ 50,000	$ 57,000	$ 58,500	$ 53,000	$ 56,500
加：現金收入						
銷貨收現	400,000	840,000	980,000	830,000	760,000	795,000
投資收現	–	–	1,500	4,500	3,500	3,500
小計	$ 450,000	$ 890,000	$1,038,500	$ 893,000	$ 816,500	$ 855,000
減：現金支出						
購貨付現	(80,000)	(320,000)	(520,000)	(490,000)	(380,000)	(370,000)
支付薪資	(200,000)	(200,000)	(200,000)	(200,000)	(200,000)	(200,000)
固定費用	(100,000)	(100,000)	(100,000)	(100,000)	(100,000)	(100,000)
變動費用	(80,000)	(120,000)	(100,000)	(70,000)	(80,000)	(90,000)
支付利息	–	(3,000)	–	–	–	–
調度前餘額	$ (10,000)	$ 147,000	$ 118,500	$ 33,000	$ 56,500	$ 95,000
銀行借款	60,000					
償還借款		(60,000)				
短期投資		(30,000)	(60,000)			(40,000)
投資收回				20,000		
調度後餘額	$ 50,000	$ 57,000	$ 58,500	$ 53,000	$ 56,500	$ 55,000
銀行借款餘額	$ 60,000	0	0	0	0	0
投資餘額	0	$ 30,000	$ 90,000	$ 70,000	$ 70,000	$ 110,000

　　根據上列之現金預算表，可知三民公司只有在 1 月份資金稍嫌不足，因此必須向銀行借款 $60,000，其後 2 至 6 月份之資金都很充裕，2 月份除償還借款外，還可將多餘資金拿去作短期投資，藉以孳息。3 月份、6 月份亦都可作投資，4 月份則出售部分投資，5 月份則沒有借款或投資的變動。讀者亦可觀察最後兩項資料（銀行借款餘額及投資餘額），以獲知相關之訊息。而公司每月調度後的現金餘額，始終都在 $50,000 以上，不超過 $60,000。

二、財務預測

　　所謂財務預測，即企業管理當局依其計畫及經營環境，對未來財務狀況、經營成果及現金流量所作之最適估計。IFRS 對財務預測並無規定，然而實務上企業難免會提供財務預測，因此必須依照我國財務會計準則公報第十六號「財務預測編製要點」來處理，簡單說明於下。

㈠編製準則

　　公報對於財務預測之編製準則有下列幾點：

1.誠信原則

　　應建立合理適當之假設，盡專業上應有之注意，避免過度樂觀或悲觀。

2.合適人員

　　應由合適人員審慎編製，所謂合適人員係指對企業及產業有充分認識且對產、銷、會計、財務、研究、環保、工程或其他方面具有專長之人員。

3.適當會計原則

　　應採用適當會計原則編製，且符合一致性。

4.最佳資訊

　　資訊應具攸關性、可靠性及適當性，並符合成本利益關係，在預測過程應建立防範、偵測及更正錯誤之機制。

5.與計畫一致

　　應依據其營運計畫所預期之結果以編製財務預測。

6.關鍵因素

企業應確認與營運相關之關鍵因素，並為其建立合理假設作為財務預測之基礎。例如：人工若為關鍵因素，則應建立有關人力需求、工資率等之基本假設。

7.適當假設

企業可根據市調、總體經濟指標及產業景氣資訊、歷年營運趨勢及型態、內部資料等，彙總分析以擬定基本假設，並由高階層人員審慎評估其適當性。

8.敏感度分析

為避免預期結果產生重大差異，應注意下列二種假設：(1)對預測結果相當敏感之假設，(2)產生差異可能性很高之假設。

9.書面文件

對財務預測及程序應建立適當之書面文件，以利主管之複核與核准及實際結果與預測結果之比較。

10.定期比較

財務預測結果應定期與實際結果作比較，並分析差異，以改進預測方法。

11.複核與核准

財務預測應經過主管之複核與核准，並確定是否按公報之規定編製，最高管理當局應對財務預測負最終責任。

㈡揭露準則

財務預測之揭露準則包括下列幾點：

1.財務預測宜參照歷史性基本財務報表之完整格式表達。如未按完整格式，則表達之項目至少應包括下列各項：

(1)銷貨收入

(2)銷貨成本

(3)繼續營業部門損益

(4)停業部門損益

(5)所得稅

⑹淨利

⑺每股盈餘

⑻財務狀況之重要變動

⑼企業之財務預測係屬估計,將來未必能完全達成之聲明

⑽重要會計政策之彙總說明

⑾基本假設之彙總說明

2.財務預測應每頁標明「預測」及「參閱重要會計政策及基本假設彙總」之字樣。

3.財務預測應揭露之假設通常包括:

⑴可能產生差異並對未來結果有重大影響之假設。

⑵預期情況與現存情況有重大不同之假設。

⑶對預期資訊及其解釋具有重要性之其他事項。

4.財務預測應揭露其編製完成之日期。

5.財務預測通常按單一金額表達,但亦得按上下限金額表達。上下限金額之幅度反映企業管理當局對預測結果之不確定程度。

6.財務預測之涵蓋期間通常以一年為準,亦得以延長或縮短。

7.公布本年財務預測時,得將以前年度之財務報表及財務預測並列,以利使用者分析比較,惟應標示清楚。

8.企業管理當局發現財務預測有錯誤時,如有可能誤導使用者之判斷時,應公告說明該錯誤及原資訊已不適用,並盡速重新公告修正後之預測資訊。

9.當基本假設發生變動而對財務預測有重大影響時,企業應更新財務預測,並說明更新之理由。

㈢財務預測之目的

　　財務預測既是針對未來,當然有很多的不確定性,然而為何企業要提供此類資訊呢?主要也是因應時代的需求,尤其是投資者的需求,因為財務預測可以滿足投資者之下列目的:

1.瞭解企業之經營計畫以及未來之成長性。

2.評估企業的經營績效。

3.藉以執行投資決策。

㈣需要公告財務預測之公司

目前法令並未規定上市、上櫃、公開發行公司都必須公告年度財務預測資料，應該公開財務預測資料之公司係在「公開發行公司財務預測資訊公開體系實施要點」第 2 條有所規定，包括：

1.向非特定人募集資金之公司

例如辦理現增發行新股、或計畫發行可轉換公司債之公司，應在當年及案件生效後次一年度公開其財務預測。

2.公司經營權可能發生重大變動之公司

⑴同一任期內董事發生變動累計達三分之一者。

⑵有公司法第 185 條第一項所定各款情事之一者，內容包括：

　a.締結、變更或終止關於出租全部營業、委託經營或與他人經常共同經營之契約。

　b.讓與全部或主要部分之營業或財產。

　c.受讓他人全部營業或財產，對公司營運有重大影響者。

⑶與其他公司合併者。

3.公司財務發生重大變動

⑴公司發生重大災害、簽訂重大產銷契約或重要產業部門變動，預計影響營收達最近一年度 30% 以上者。

⑵公司最近一年度營收較其前一年度減少 30% 以上者。

4.初次進入證券市場

應於主管機關核准上市或上櫃後之次一年度起連續三年度公開財務預測。

5.自願性提供

因為博達公司等事件的影響，93 年 8 月份金管會已通過自 94 年 1 月 1 日起，取消強制上市上櫃公司公布財測，以避免公司假借炒作股價。若還有自願公布財測者，將會有更多之規範，以避免誤導投資人，損害投資人權益。

每一次在慢跑當中，總會思索人生這個課題，生命是生老病死的大循環，生活是日出日落的小循環。繞著政大的操場跑步，每一圈都類似，卻又不盡相同，過去的點點滴滴，就像旋轉木馬一般，在我的腦海投影，有稚嫩的舉措，也有成熟的作為，有青澀的失敗，也有勤奮的成功。

春花秋月年復一年，生命不是電玩遊戲，無法重來。儘管有很多小說編纂著死而復生穿越過去，然後是生命成功的大圓滿，畢竟那是虛構的小說，只能滿足作者與讀者的幻想。也有不同的宗教闡釋著超越科學的玄妙，然後是天堂樂園的大團圓，希望這不是虛構，得以滿足病老對永生的盼望。

如果真的有天堂，我認為當下就是天堂，生活就是在當下追求真善美，雖然難以完成，但是如果在當下不去追求，想必來生如同今生般得過且過，所謂種瓜得瓜，來生會像今生般重複。

所以我認為要反省過去，把握現在，甚至計畫未來，盡力去做就是了。很多道理我們都知道，卻是知易行難啊！白居易問道於鳥窠禪師，答以平凡語「諸惡莫作，眾善奉行」，輕心答曰「三歲小兒得道」，立刻回曰：「三歲小兒得道，八十老翁行不得」。「道」是要去走的，而非寫在紙上，供於牆上。人生應該身體力行，知行合一。如果我們活到七老八十，卻還不知道去實踐，真是虛枉此生。

生活所呈現的樣貌，有的外放有的內斂，前者喜歡交際應酬，社會性較強；後者不愛社交，喜歡獨自一人看書、聽音樂、思索人生；多數人應該介於這兩者之間。不同性格的人都有其優缺點，並無好壞對錯，只要符合自己的個性，能夠生活得愉快就是一種幸福。如果違逆自己個性，遷就於工作而快然，久而久之就是不幸。當然，我們生活在國家社會的體制下，必須遵從法律，不能因為率性而違反法律或傷天害理，能夠在法理情的規範中，活得自在逍遙，那當下就是幸福的天堂。

第三節　現金流量財務比率

要瞭解企業的現金流量情形，除了前述現金流量表及現金收支預算與財務預測外，還可以計算相關之財務比率，茲分述如下：

一、現金比率

現金比率 (Cash Ratio) 在第五章已介紹過，詳見第五章，公式如下：

$$現金比率 = \frac{現金 + 約當現金}{流動資產} \tag{8-1}$$

計算現金比率可讓我們瞭解流動資產變現的品質。非現金的流動資產如應收帳款、存貨等，在變現時難免會有損失，因此現金比率愈高，變現損失則愈低，對短期債權較有保障。但是現金比率亦不宜過高，因過高表示資源的閒置與浪費。

二、現金對流動負債比率

現金比率分母若改成流動負債，則稱為現金對流動負債比率。公式如下：

$$現金對流動負債比率 = \frac{現金 + 約當現金}{流動負債} \tag{8-2}$$

此一比率在衡量短期償債能力的品質，而且比流動比率、速動比率更嚴格。因為債務之清償以現金為主，若現金缺乏，將引爆財務危機，故此一比率是衡量流動性的重要指標。

三、現金流量比率

現金流量比率，又稱為流動現金負債保障比率 (Current Cash Debt Coverage Ratio)，係營業活動淨現金流量與流動負債之比率關係。可參考第五章第二節「短期償債能力指標」，公式如下：

$$流動現金負債保障比率 = \frac{營業活動淨現金流量}{流動負債} \qquad (8\text{--}3)$$

此比率用來衡量由營業活動產生之資金，能夠償付流動負債的倍數關係，亦可顯示企業在正常營運情況下，償還流動負債的能力，比率愈高，流動性愈強。

四、現金流量對負債比率

現金流量對負債比率，又稱為現金負債保障比率 (Cash Debt Coverage Ratio)，係營業活動淨現金流量與負債總額之比率關係。可參考第六章第二節「長期償債能力指標」，公式如下：

$$現金負債保障比率 = \frac{營業活動淨現金流量}{負債總額} \qquad (8\text{--}4)$$

此比率用來衡量由營業活動產生之資金，能夠償付所有負債的倍數關係，亦可顯示企業在正常營運情況下，償還所有負債之能力，倘若企業具有此一能力，則償債能力將非常強，因為長期負債都能據以償還，實在不簡單。

五、每股現金流量

每股現金流量 (Cash Flow Per Share)，係指公司在維持期初現金存量下，能夠發放給普通股股東的每股現金股利最高金額。公式如下：

$$每股現金流量 = \frac{營業活動淨現金流量 - 特別股股利}{普通股加權平均流通在外股數} \qquad (8-5)$$

　　因為每股盈餘是依應計基礎計算，未必表示公司有能力發放股利，故每股現金流量可表示公司有能力發放現金股利之上限。若有剩餘還可用來清償負債。此外第七章所示之每股股利係指實際每股發放之股利，當然在上限以內。

六、付現利息保障倍數

　　付現利息保障倍數在衡量當期由營業產生之現金流量支付利息的能力。可參考第六章第二節「現金流量相關比率」。公式如下：

$$付現利息保障倍數 = \frac{營業活動淨現金流量 + 付現利息 + 付現所得稅}{付現利息} \qquad (8-6)$$

　　注意分子分母之付現利息應包含利息資本化之付現數。

七、付現固定支出保障倍數

　　付現固定支出保障倍數，在衡量當期由營業活動產生之現金流量支付固定支出的能力。可參考第六章第二節「現金流量相關比率」。公式如下：

$$付現固定支出保障倍數$$
$$= \frac{營業活動淨現金流量 + 付現利息 + 付現所得稅 + 付現固定支出}{付現利息 + 付現固定支出} \qquad (8-7)$$

八、現金流量適合率

所謂現金流量適合率 (Cash Flow Adequacy Ratio) 又稱為現金流量允當比率，在衡量由營業產生之現金流量，是否足夠支應企業之資本支出、存貨投資與股利之發放。通常以五年平均數為基準來計算，以避免受單一年度異常因素之影響。公式如下：

$$現金流量適合率 = \frac{最近五年營業活動淨現金流量}{最近五年 (資本支出 + 存貨增加額 + 現金股利)} \quad (8\text{--}8)$$

分母中三個項目應注意幾點：
1. 資本支出指每年的資本投資現金流出數。
2. 存貨增加額只有期末餘額大於期初餘額之數才列入，若期末存貨減少，則以零計算，不可以負數列計。
3. 現金股利包括支付給普通股東與特別股東之數。

此比率若大於一，表示營業活動產生之現金流量，足以供應該三項支出，不需額外融資，反之若小於一，則必須另外籌措財源，才足供需要。

九、現金再投資比率

所謂現金再投資比率 (Cash Flow Reinvestment Ratio)，係衡量為重置資產及經營成長之需，而將營業產生之資金於扣除現金股利後保留於公司，再投資於資產之比率。公式如下：

$$現金再投資比率 = \frac{營業活動淨現金流量 - 現金股利}{固定資產毛額 + 長期投資 + 其他資產 + 營運資金} \quad (8\text{--}9)$$

此一比率若能維持百分之十左右，即可視為令人滿意之水準。當然，比率愈高表示公司自發性之再投資能力愈強，不必藉由舉債或增資方式籌措資

金。本比率通常用一個年度之資料即可，若有需要，亦可用多年之合計數計算。

十、自由現金流量

所謂自由現金流量 (Free Cash Flow) 係指由營業活動產生之淨現金流量，減除當年資本支出及現金股利後之餘額。此一數額可以顯示企業需不需要另外舉債來購買資本設備及支付股利，若有餘額亦可顯示有多少自由現金可以用來償還債務、短期投資等其他用途。公式如下：

自由現金流量 = 營業活動淨現金流量 – 現金股利 – 資本支出 　　(8–10)

此處之觀點是以企業立場來分析，故必須減除現金股利，在 IFRS 之下，若支付股利當作籌資活動，在此一公式中就應減除。若當作營業活動則已經在營業活動淨現金流量內，在公式中就不必減除了（請參考第十一章有更詳細之說明）。

茲舉例說明各種現金流量之財務比率。假設文山公司相關資料如下：

資　　產			負債及權益	
流動資產：			流動負債	$100,000
現　金	$ 60,000		長期負債	150,000
短期國庫券（二個月期）	20,000		負債合計	$250,000
短期投資	40,000		特別股股本	50,000
存　貨	30,000	$150,000	（面值 $10，5% 累積）	
長期投資		100,000	普通股股本（面值 $10）	150,000
固定資產	$ 400,000		保留盈餘	50,000
減：累計折舊	(150,000)	250,000	權益合計	$250,000
資產總額		$500,000	負債及權益總額	$500,000

另外得知下列資料：

1.今年營業活動淨現金流入為 $160,000。

2.今年支付特別股股利 $2,500，並無任何積欠，普通股股利 $12,000。

3.今年支付利息及所得稅分別為 $5,000 和 $15,000。

4.今年支付其他固定支出共計 $45,000，資本支出共計 $50,000。

5.最近五年營業活動淨現金流入共 $800,000。

6.最近五年資本支出、存貨增加額及現金股利分別為 $300,000、$120,000 及 $80,000。

則文山公司之各種現金流量財務比率如下：

1.現金比率 $= \dfrac{\$60,000 + \$20,000 + \$40,000}{\$150,000} = \dfrac{\$120,000}{\$150,000} = 80\%$

2.現金對流動負債比率 $= \dfrac{\$120,000}{\$100,000} = 1.2$

3.流動現金對負債保障比率 $= \dfrac{\$160,000}{\$100,000} = 1.6$

4.現金負債保障比率 $= \dfrac{\$160,000}{\$250,000} = 64\%$

5.每股現金流量 $= \dfrac{\$160,000 - \$2,500}{15,000 \text{ 股}} = \$10.5$

6.付現利息保障倍數 $= \dfrac{\$160,000 + \$5,000 + \$15,000}{\$5,000} = 36$

7.付現固定支出保障倍數 $= \dfrac{\$180,000 + \$45,000}{\$5,000 + \$45,000} = 4.5$

8.現金流量適合率 $= \dfrac{\$800,000}{\$300,000 + \$120,000 + \$80,000} = 1.6$

9.現金再投資比率 $= \dfrac{\$160,000 - \$2,500 - \$12,000}{\$400,000 + \$100,000 + (\$150,000 - \$100,000)} \doteqdot 26.45\%$

10.自由現金流量 $= \$160,000 - \$50,000 - \$2,500 - \$12,000 = \$95,500$

第四節　黑字倒閉

　　企業經營者都想賺錢獲利，獲利之後更想永續經營賺更多的錢，此種能夠刺激經濟發展的念想，當然很好，也值得鼓勵，但是成功不是一朝一夕，並非一蹴可就。經營企業有很多需要學習和準備的工夫，能夠「萬事具備」加上「東風」幫忙，就比較安心。否則的話，至少希望能夠立於不敗之地，只要不「倒閉」就有機會能夠獲利。因此創業前先瞭解「倒閉」的可能現象，或許比較能避免「倒閉」的發生。

一、「赤字倒閉」與「黑字倒閉」

　　公司獲利與否與「資金」多寡並非成正比的關係，如果公司經營出現短期虧損，資金仍然充沛也是有可能的，但是長年虧損，再多的資金也將消耗殆盡，導致負債大於資產，若找不到奧援的話，終會倒閉。如果本期損益為淨損，則以紅字表達，以提醒管理者和投資人注意。此種因虧損而倒閉者稱為「赤字倒閉」。

　　正常來說，綜合損益表上有獲利，本期淨利則為黑字表達。如果公司有獲利，卻因為資金管理不善，導致資金發生缺口，萬一無法籌措到所需要的資金，也可能會倒閉。這種雖然有獲利但是卻因為週轉不靈而倒閉的現象，稱之為「黑字倒閉」。

　　通常會發生「黑字倒閉」的公司多屬於中小企業，或自行創業的小投資者。根據經濟部中小企業處統計，歷年來結束營業的主要原因為「財務問題」，而其中又以「黑字倒閉」居多。這些業主經營本業沒有問題，但是財務管理不善，收帳的速度趕不上付款的需要，因而無法繼續經營，只好棄械投降。

二、「黑字倒閉」發生的原因

　　根據前述，「赤字倒閉」主要是經營本身的問題，不是本節之主題。本文

所要強調的乃是「黑字倒閉」。其重點在於資金的管理，但是仍然有一些相關的問題需要注意。

㈠不當擴增投資

在景氣樂觀的情況下，多數管理者都會想要擴充投資，然而是否有利？是否正確？一切都應該審慎評估，相同行業如果每家都擴充 20% 產能，五家就達 100%，十家就擴充了 200%，市場的需求如果只增加 80% 的話，這個產業的產能將會過剩，到時就會有企業被淘汰，或者是每家企業獲利降低甚至虧損。例如少子化的年代，有些幼稚園就被迫關門，這種產能過剩的結果早已經延燒到高中職與大專院校了。

在以營利為主的企業體，則更加現實，一旦擴充投資不利，即使能夠避開「黑字倒閉」，也可能會有難看的下場。例如燦坤集團，在 92 年大舉西進中國，擴展迅速，最多曾經超過五十家門市。不過自 93 年起，就逐步縮減大陸通路事業的規模，轉而固守大上海及大福建地區，最低門市家數為三十一家。在 94 年 7 月全部轉給大陸的永樂電器接手，決定退出中國的三 C 通路市場。短短兩年的「起高樓、樓塌了」，全部的錯誤就在於不當擴增投資。

其實燦坤壯士斷腕的決心也是要肯定的，將虧損的大陸投資處分掉，可以避免陷入長期抗戰的泥淖，又可以集中精神在臺灣經營獲利，算是正確的決定。

㈡忽略金融機構的關係

策略分析常會用到 SWOT 分析，亦即優勢、弱勢、機會與威脅 (Strengths、Weaknesses、Opportunities、Threats)，前述擴充投資跟「威脅」有關，而金融機構的關係則跟「機會」有關，如果公司和金融機構有良好的關係，在資金孔急的情況下，就比較能夠獲得奧援，更何況是有「黑字」的獲利，並非「赤字」的損失，獲得幫助的機會就更大，金融機構也比較不擔心。

　　所以平常就要與金融機構建立良好友善的關係，才不會面臨「臨渴掘井」的窘境。

㈢疏忽資金調度

　　應收款項與應付帳款的管理，直接影響到資金的流進與流出。好的財務管理者，會注意現金營業循環（請參閱第五章第三節），存貨週轉天數加上應收款項週轉天數為營業週期，表示賣出商品至收到現金的天數，再減去應付帳款週轉天數，稱為淨營業週期，也就是現金營業循環。淨營業週期表示公司需要資金的融通天數，好的管理者會掌控好這種時間差，如果資金管理良善，除了能夠有適當的資金付款外，也能夠適當的調度資金在缺乏時作好融通，在多餘時作短期投資（可參考本章現金預算表）。

　　因此如果能夠避免以上三個情形的發生，當能夠避免「黑字倒閉」的可能性。

個案研習 H 失控的資金流量

張先生經營一家雜貨店多年，每個月何時進貨、何時付款在他的腦中清清楚楚，因為是雜貨店，幾乎沒有賒銷，所有的收入都是現銷收入。前幾年為了競爭，因而加盟一有名的便利商店，期望有更便宜穩定的貨源，並以新式的裝潢來吸引消費，張先生對加盟後的業務以及相關之現金收付仍然是一清二楚。加盟後的營收與利益，大約比加盟前多出 15%。由於資金充沛，也略有積蓄，張先生有時也利用閒餘資金投資股市，希望能增加更多財富，張先生財運當頭，進出股市無往不利，因而胃口愈來愈大，開始學會融資操作，希望能創造更大利潤。

有一次在政局不安的情況下，加上國際經濟情勢向下修正等因素，股市開始下跌，張先生一直認為是短暫因素，並沒有因此而將融資變現，而且還看好前景，增加融資買進的數量，突然某一天，營業員告訴他，戶頭裡的存款不夠 50 萬，張先生才嚇一跳，因為他一向對資金的運用相當自信，怎會算錯戶頭金額呢？

在仔細核算之後，張先生確認應該要補 50 萬之金額，卻發現自己及商店已無多餘資金，只好先向好朋友李大富借錢匯入。還好張先生很有理智，隔天認賠殺出融資，還了李大富之款項後，從此不再作股票融資，並反省自己對資金的控制與運用。不再只憑頭腦，而是確確實實的記在筆記上，瞭解自己與商店的資金運用情形。

◆問　題：

1. 融資買賣股票應注意些什麼問題？
2. 有時候媒體會報導某企業因負責人炒作股票失利而導致企業危機，你認為是什麼因素造成？
3. 在低利率的時代，你對閒餘資金如何運用，有何看法或建議？

本章公式彙整

● 現金比率 $= \dfrac{現金 + 約當現金}{流動資產}$

● 現金對流動負債比率 $= \dfrac{現金 + 約當現金}{流動負債}$

● 現金流量比率 = 流動現金對負債保障比率 $= \dfrac{營業活動淨現金流量}{流動負債}$

● 現金流量對負債比率 = 現金負債保障比率 $= \dfrac{營業活動淨現金流量}{負債總額}$

● 每股現金流量 $= \dfrac{營業活動淨現金流量 - 特別股股利}{普通股加權平均流通在外股數}$

● 付現利息保障倍數 $= \dfrac{營業活動淨現金流量 + 付現利息 + 付現所得稅}{付現利息}$

● 付現固定支出保障倍數

$$= \dfrac{營業活動淨現金流量 + 付現利息 + 付現所得稅 + 付現固定支出}{付現利息 + 付現固定支出}$$

● 現金流量適合率 $= \dfrac{最近五年營業活動淨現金流量}{最近五年 (資本支出 + 存貨增加額 + 現金股利)}$

● 現金再投資比率 $= \dfrac{營業活動淨現金流量 - 現金股利}{固定資產毛額 + 長期投資 + 其他資產 + 營運資金}$

● 自由現金流量 = 營業活動淨現金流量 - 現金股利 - 資本支出

■ 思考與練習 ■

一、問答題

1. 現金流量表中的資金，係指現金與約當現金。何謂「約當現金」？

2. 現金流量表與現金收支預算之目的，基本上有何不同？

3. 何謂財務預測？

4. 何謂每股現金流量？請列出公式。

5. 何謂現金流量適合率？請列出公式。

6. 何謂自由現金流量？此一觀念有何作用？ 【證券分析】

7. 我國上市公司之公開說明書及年度財務報告上對於現金流量之規定，必須揭露的比率，包括現金流量比率、現金流量允當比率及現金再投資比率，其計算公式為何？涵義及判斷準則各為何？ 【基層特考】

8. 何謂「黑字倒閉」？

二、選擇題

( ) 1. 下列何種情況下，支付給原料供應商的現金金額一定會比帳列的銷貨成本多？

(A)存貨增加且應付帳款增加　(B)存貨增加且應付帳款減少

(C)存貨減少且應付帳款減少　(D)存貨減少且應付帳款增加

【券商業務】

( ) 2. 企業出售無形資產所得的收入，應列為現金流量表上的哪一個項目？

(A)營業活動的現金流入　(B)投資活動的現金流入

(C)籌資活動的現金流入　(D)其他調整項目 【券商業務】

( ) 3. 下列敘述何者為非？

(A)折舊費用不是現金支出　(B)淨利和淨現金流量是不一樣的　(C)現金和營運資金是不一樣的　(D)一般公認會計原則認為現金制優於權責發生制

【券商業務】

( ) 4. 下列哪個措施，會增加公司純益，增加營運現金以及使得現金總額

增加？

(A)減少維修費用之支出　(B)延緩必要之資本支出　(C)延長對供應商的付款期間，而放棄現金折扣　(D)選項(A)、(B)、(C)皆非

【投信業務】

( )　5.快樂公司本年度營業活動淨現金流入 $550,000、籌資活動淨現金流入 $200,000、投資活動淨現金流出 $400,000、期初現金餘額 $1,000，則快樂公司之年底現金餘額為何？

(A) $350,000　(B) $351,000　(C) $951,000　(D) $451,000　【投信業務】

( )　6.一企業由顧客收得的現金等於：

(A)銷貨收入 + 應收帳款之變化 − 應付帳款之變化

(B)銷貨收入 − 期初應收帳款 + 期末應收帳款

(C)銷貨收入 − 應收帳款之變化 + 應付帳款之變化

(D)銷貨收入 + 期初應收帳款 − 期末應收帳款　【投信業務】

( )　7.現金增資發行新股，應列為何種活動之現金流入？

(A)營業活動　(B)投資活動　(C)籌資活動　(D)其他活動　【券商業務】

( )　8.現金流量比率等於：

(A)營業活動現金流量 ÷ 現金　(B)營業活動淨現金流量 ÷ 流動資產

(C)營業活動淨現金流量 ÷ 流動負債　(D)營業活動現金流量 ÷ 非營業活動現金流量　【券商業務】

( )　9.下列何者不影響現金流量且非投資亦非籌資活動？

(A)發放股票股利　(B)股票分割　(C)提撥法定盈餘公積　(D)選項(A)、(B)、(C)皆是　【券商高業】

( )　10.光寶公司自銀行借入 $400,000，並以廠房作擔保，這項交易將在現金流量表中列作：

(A)來自營業活動之現金流量　(B)來自投資活動之現金流量

(C)來自籌資活動之現金流量　(D)非現金之投資及籌資活動

【券商業務】

( )　11.現金流量表本身通常不會列示下列哪一項目？

(A)股票溢價發行　(B)支付現金股利　(C)發放股票股利　(D)股票買回
及註銷　　　　　　　　　　　　　　　　　　【投信業務】

(　) 12.某公司的損益表上列示淨利 $124,000，折舊費用 $30,000，出售廠房
利得 $14,000，經檢視流動資產與流動負債期初期末科目餘額之變
化，發現應收帳款減少 $9,400，存貨增加 $18,000，預付費用減少
$6,200，應付帳款增加 $3,400。該公司來自營業活動之淨現金流量
為？

(A) $139,000　(B) $141,000　(C) $145,800　(D) $155,000　【證券分析】

(　) 13.下面表格第一欄係里仁公司的四個會計項目，至於第二欄與第三欄
則分別為 100 年 1 月 1 日與 100 年 12 月 31 日的對應餘額

會計項目	100 年 1 月 1 日	100 年 12 月 31 日
應收帳款	$12,000	$9,000
預收收益	—0—	4,000
應計負債	2,000	5,500
預付費用	1,800	2,700

已知該公司於 100 年的會計利潤為 $293,000，計算當年營業活動的
現金流入：

(A) $290,400　(B) $295,600　(C) $296,600　(D) $302,600　【證券分析】

(　) 14.自由現金流量 (Free Cash Flow) 的定義為：
(A)收入 + 費用 + 投資　(B)收入 + 費用 − 投資
(C)收入 − 費用 − 投資　(D)收入 − 費用 + 投資

【券商高業】【投信業務】

(　) 15.甲公司從公開市場中買入該公司已發行之股票，這一交易在現金流
量表中應列為：
(A)營業活動　(B)投資活動　(C)籌資活動　(D)減資活動　【券商高業】

(　) 16.營業活動現金流量的增加不包括：
(A)應付帳款的增加　(B)應付所得稅的增加　(C)應收帳款的增加　(D)
淨利的增加　　　　　　　　　　　　　　　　【券商高業】

( ) 17.假設一資產之帳面價值為 $50,000,出售時發生損失 $20,000,若所得稅率為 25%,試問此交易所產生之淨現金流量為:(假設企業整體而言,獲利仍豐,仍需課稅)

　　(A)流出 $15,000　(B)流出 $20,000　(C)流入 $30,000　(D)流入 $35,000

　　　　　　　　　　　　　　　　　　　　　　　　　　　　【券商高業】

( ) 18.慶豐公司近五年來自營業活動之現金流量為 $90 百萬元、同期間資本支出 $25 百萬元,且未發放現金股利,五年間存貨增加 $5 百萬元,則該公司之現金流量允當比率為何?

　　(A) 230%　(B) 127.78%　(C) 360%　(D) 300%　　　【證券分析】

( ) 19.針對企業未來某段期間內各項活動造成現金流入與流出所做成之計畫稱為:

　　(A)擬制性財務報表　(B)現金流量預測　(C)銷貨預算　(D)總預算

　　　　　　　　　　　　　　　　　　　　　　　　　　　　【證券分析】

( ) 20.在直接法下,下列何項不會出現在現金流量表上?

　　(A)支付供應商之現金　(B)從顧客收到之現金　(C)折舊費用　(D)出售設備所收到之現金　　　　　　　　　　　　　　　　【證券分析】

( ) 21.企業管理當局發現財務預測有錯誤時:

　　(A)應先考慮是否誤導使用者之判斷。如有誤導之可能性時,應公告說明該錯誤及原發布之資訊並不適合使用,並儘速重新公告修正後之預測資訊　(B)無需考慮是否誤導使用者之判斷,應公告說明該錯誤及原發布之資訊並不適合使用,並儘速重新公告修正後之預測資訊　(C)應先考慮是否誤導使用者之判斷,如無誤導之可能性時,則僅公告說明該錯誤及原發布之資訊已不適合使用即可,而無須重新公告修正後之預測資訊　(D)由其簽證會計師決定是否重新公告修正後之預測資訊　　　　　　　　　　　　　　　　　　　【證券分析】

( ) 22.天利公司採用備抵法提列壞帳費用,2010 年該公司認列了 $30,000 壞帳費用,並沖銷 $25,000 的壞帳費用。上述交易使營運資金減少:

　　(A) $30,000　(B) $25,000　(C) $5,000　(D) $0　　　【證券分析】

（　）23.甲公司流動負債中有一項其他應付款項科目，該科目用以記錄公司
興建廠房之應付工程款，當年度該科目餘額因公司支付工程款而減
少，該現金流出屬：
(A)營業活動　(B)投資活動　(C)籌資活動　(D)不影響現金流量之投資
及籌資活動　　　　　　　　　　　　　　　　　　　【證券分析】

（　）24.以間接法編製合併現金流量表之「營業活動現金流量」時，下列何
者為合併淨利之加項？
(A)少數股權股東所獲得之股利　(B)少數股權淨利　(C)自持股 22%
之被投資公司所取得之現金股利　(D)負商譽之攤銷　　【投信業務】

（　）25.下列何者為來自籌資活動的現金流量？
(A)購買固定資產　(B)應計費用增加　(C)借入長期負債　(D)選項(A)、
(B)、(C)皆非　　　　　　　　　　　　　　　　　　　【投信業務】

（　）26.在間接法編製的現金流量表中，應揭露哪些和營業活動有關的現金
流出？
(A)利息支付金額　(B)所得稅支付金額　(C)選項(A)、(B)都需揭露　(D)
在間接法之下，現金流量表不應出現任何現金支付的項目

【投信業務】

（　）27.假設母、子公司間沒有任何交易，則合併損益表上「少數股權淨利」
之計算方式為：
(A)合併淨利×少數股權持股比例　(B)(子公司淨利－母公司投資成
本與股權淨值差額之攤銷)×少數股權持股比例　(C)合併淨利－子
公司淨利　(D)子公司淨利×少數股權持股比例　　　　【投信業務】

（　）28.下列何者非屬投資活動之現金流量？
(A)購買設備　(B)貸款予其他企業　(C)借款之利息支出　(D)收回對其
他企業之貸款　　　　　　　　　　　　　　　　【投信業務改編】

（　）29.投資人應對企業的財務報表深入觀察以避免「黑字倒閉」的發生，
請問下列哪一種資訊有助於我們避免掉入「黑字倒閉」的陷阱中？
(A)損益表上的純益率　(B)權益變動表上的每股盈餘　(C)企業的淨值

報酬率　(D)現金流量表　　　　　　　　　　　　　　　　【券商高業】

(　　) 30.若亦鋒公司 96 年純益 \$11,000、固定資產折舊為 \$6,500、專利權攤
銷 \$1,000、債券折價攤銷 \$500、預付費用減少 \$2,000、投資有價證
券 \$3,500，試問該公司當年度之營業活動現金流量為何？

　　　　(A) \$18,500　　(B) \$17,500　　(C) \$20,000　　(D) \$21,000

　　　　　　　　　　　　　　　　　　　　【券商高業】【投信業務】

三、計算題

1.甲公司今年度上半年預計銷貨如下：

1 月 \$100,000，2 月 \$120,000，3 月 \$120,000，4 月 \$140,000，5 月
\$160,000，6 月 \$200,000

其他補充資料如下：

(1)銷貨之 60% 為現銷，帳款於銷貨發生之次月份起，分二個月平均收回。

(2)銷貨成本為銷貨之 60%，成本之 80% 於當月份支付，另外 20% 於次月
　份支付。

(3)銷管費用每月 \$10,000，另加銷貨 10% 之變動費用，均於發生當月支付。

(4)購置設備支出 \$80,000，於 4、5 月份各支付半數。

(5)所得稅 \$30,000，將於 6 月份支付。

(6)現金股利 \$20,000，將於 6 月份支付。3 月底現金餘額為 \$50,000。

(7)每月底現金餘額至少 \$50,000，不足向銀行借入，每次以仟元為單位，年
　利率 12%。

試作：編製甲公司 4、5、6 月份之現金預算表。

2.忠孝公司正在編擬七月份的現金預算，並作下列各項估計：

(1)估計七月一日現金餘額為 \$100,000。

(2)預估所得稅以當月份之會計所得為稅基，所得稅率為 25%，於下個月繳
　付（暫繳性質）。

(3)公司之客戶於購買當月份付清 50% 之帳款，餘款於次月付清，預計有
　2% 之呆帳。

⑷公司商品採購皆為賒購，有 25% 之進貨於進貨當月付款，其餘則於次月付清。

⑸行銷與管理費用皆於發生當月付清。

⑹股利預期於七月份宣告並發放 $1,500,000。

⑺公司所訂月底最低現金餘額為 $100,000。

⑻其他預估之數據如下：

	六月份	七月份
銷　　貨（皆為賒銷）	$3,000,000	$4,000,000
進　　貨	1,000,000	1,500,000
折舊費用	500,000	600,000
銷貨成本	1,200,000	1,600,000
行銷與管理費用	900,000	1,000,000

試根據上述資料：

⑴編製忠孝公司七月份的現金預算表。

⑵公司依據此一現金預算是否需採取何種財務行動？請分析之。　【高考】

3.南海公司今年相關資料如下：

⑴估計銷貨如下：

　10 月份：$400,000

　11 月份：$440,000

　12 月份：$520,000

　該公司目前之收帳政策為：銷貨當月份收現 60%，其餘 40% 於銷貨之次月份收現。

⑵估計進貨如下：

　10 月份：$320,000

　11 月份：$408,000

　12 月份：$496,000

　該公司目前之付帳政策為：進貨當月份付現 15%，其餘 85% 於進貨之次月份付現。

⑶每月支付薪資：$30,000。

⑷每月支付租金：$8,000。

⑸每月份折舊費用 $7,000（直線法）。

⑹其他營業費用每月估計為銷貨之 10%。

⑺銷貨成本為銷貨收入之 60%。

⑻應付票據 $20,000 於 11 月中支付。

⑼10 月底現金餘額為 $480,000。

試編製南海公司今年 11 月份及 12 月份之現金收支預測表。　　　【高考】

4.下表為育昌公司 X1 與 X2 年 12 月 31 日之比較資產負債表及 X2 年度之損益表與現金流量表，試計算⒜至⒧之遺失資料。

育昌公司
資產負債表
X1 及 X2 年 12 月 31 日

	X1 年	X2 年		X1 年	X2 年
現　　金	$ 100,000	(A)	應付帳款	$ 180,000	$220,000
應收帳款	200,000	(B)	應付薪資	30,000	40,000
存　　貨	300,000	400,000	應付利息	(C)	10,000
固定資產			應付所得稅	20,000	15,000
（淨額）	600,000	740,000	其他流動負債	115,000	145,000
			應付公司債	200,000	(E)
			股　　本	(D)	600,000
			保留盈餘	345,000	(F)
資產總額	$1,200,000	$1,800,000	負債及權益	$1,200,000	(G)

育昌公司 損益表 X2 年度		育昌公司 現金流量表 X2 年度	
銷貨收入	$2,000,000	銷貨收現數	$ 1,700,000
銷貨成本	(H)	進貨付現數	(1,260,000)
薪資費用	400,000	薪資付現數	(K)
利息費用	20,000	利息費用付現數	(20,000)
折舊費用	60,000	所得稅費用付現數	(40,000)
所得稅費用	(I)	其他費用付現數	(220,000)
其他費用	(J)	購買固定資產	(L)
本期淨利	$ 35,000	發行公司債	200,000
		發行普通股	300,000
		支出股利	(10,000)
		現金增減數	$ 60,000

【高考】

5. 流星公司本年度相關資料如下：

資　　　產			負債及權益		
流動資產：			負債：		
現　　金	$ 40,000		流動負債	$100,000	
短期(三個月)國庫券	10,000		長期負債	200,000	$300,000
短期投資	30,000		權益：		
應收帳款	15,000		特別股股本 (6%，非累計)	$100,000	
存　　貨	25,000	$120,000	普通股股本	200,000	
長期投資		180,000	保留盈餘	100,000	400,000
固定資產	$ 600,000				
減：累計折舊	(200,000)	400,000			
資產總額		$700,000	負債及權益總額		$700,000

此外還有下列資料：

(1)今年營業活動淨現金流入為 $150,000。

(2)今年支付特別股及普通股股利分別為 $6,000 及 $14,000。

(3)今年支付利息及所得稅分別為 $12,000 和 $18,000。

(4)今年支付其他固定支出共計 $28,000。

⑸今年資本支出為 $60,000。

⑹最近五年營業活動淨現金流入共 $600,000。

⑺最近五年資本支出、存貨增加及現金股利共計 $400,000。

試作：

⑴現金比率　　　　　　⑵現金對流動負債比率

⑶流動現金負債保障比率　⑷現金負債保障比率

⑸每股現金流量　　　　⑹付現利息保障倍數

⑺付現固定支出保障倍數　⑻現金流量適合率

⑼現金再投資比率　　　⑽自由現金流量

（所有計算至百分比之小數第 2 位）

Chapter 9

9

風險分析與財務危機預測

Risk Analysis and Financial Crisis Forecast

資訊補給Ⅰ —— 股海浮沉三（投資致富？）

很多人都想知道如何在股市投資致富，從理財節目、投資叢書或是技術分析與模式，去尋求致富的方法，但是年復一年，究竟有多少人真的找到致富之道呢？或許有，但人數一定很少。

其實每個人個性與心性不同，即使知道別人賺錢的方法，也很難複製到自己身上。我呢，已經有了佳格的投資經驗，複製這種投資方法應該很容易上手，問題就是要找到合適的投資標的，一旦發現盈利不錯的股票，就要認真做功課了。

為了複製佳格的經驗，在 101 年 3 月份開始買進食品股南僑化工公司 (1702) 股票，購買均價約 $33，經過一年時間，於 102 年 4 月底全部出清，虧損 $65,249。事後觀之，一方面是營收與 EPS 沒有爆發，雖然當時消息面看好，但是總歸要有基本面支撐，沒有漂亮的 EPS，還是無法讓股價往上衝。賣掉後從 5 月到 10 月上漲一波，就沒再吃回頭草。筆者於 103 年在南僑股價 $40 初時觀察好一陣子沒進場，然後 $50 沒進場就後悔了，而 3 月 14 日收盤是 $61.8。所以複製成功的例子似乎不是那麼容易，還要時機的配合。「所以賣出的股票，漲上去再買回來，這樣的心理障礙是需要跨越的。」

還有一個類似的例子，就是生產自行車的美利達 (9914)，剛開始套牢一陣子，等很久慢慢解套，小賺一點就出清了（101 年 2 月），當時的價位大概不到 $90，沒想到隔了一、兩個月，美利達的股價開始上衝，後來狂飆到 $238.5（102 年 10 月）。當時出清的原因是美利達 99 年的負債比例約 47%，筆者過度穩健的結果導致後悔莫及。

另外一個讓我很嘔的狀況，就是紡織股的儒鴻 (1476)，剛開始觀察的時候股價才 $90 多，而後 $100 多，持續觀察之中卻始終沒有進場，本來是希望股價低一點再進場，沒想到蹉跎再蹉跎，當它高飛時，已經抓不住其脈絡與節奏，只能在場外默默看著那搆不著的股價飛奔，網不住的錢財遠颺。103 年 3 月 12 日其股價最高為 $407。

根據上述，南僑虧損，美利達小賺，儒鴻沒進場，然而三者後來都有飆漲，可見要複製成功之道，也非易事。但是筆者是這樣認知的，在股市當中雖然賠錢的情況很多，總還是有賺錢的機會。雖然錯失了幾次良機，卻不能

心急，要用守株待兔的耐心，等待時機的到來。

這次我真的很有耐心了，例子就是鼎翰 (3611)，剛開始買進是在 100 年 10 月底，當時每股 $98，之後股價慢慢下跌，曾經跌破 $80，大多在 $80 初頭震盪，101 年 2 月底股價在 $103 左右，之後也是載浮載沉，到 102 年 1 月底股價回跌在 $85 上下，這期間我每次買賣都是 1 張，只有一次買進 2 張，最多持有 7 張，儘管它的 EPS 也有 $8、$9 左右，本益比真低，我始終納悶為何每天成交量非常少，似乎乏人問津，就怕有我不知情的壞內幕，因此也不敢大量買進。

僥倖的，時機終於來了；在 102 年 2 月下旬，股價約在 $90 左右，我發現成交量有增加的傾向，於是開始勇敢的買多一點（不敢說大量），大概都是 3 張、2 張的，從 2 月底到 9 月初，中間賣過 3 次（共 10 張），但是庫存最高為 33 張。股價的變化從 2 月底 $90 幾，到 3 月底約 $110，4 月底約 $130，5 月底約 $140，6 月底回跌到 $133 左右，7 月最高來到 $175.5，8、9 月稍微回檔整理。10 月份曾飆破 $200，12 月最高來到 $238.5。9 月初至 11 月中，我的進出就比較頻繁，就像佳格一樣部分高出低進作短線，直到 11 月中我大致還有 30 張，之後就賣多買少，12 月底剩下 18 張。而營收的變化，與去年同期比，除了 2、6 月稍稍衰退以外，每個月都成長，其中 1、3 月是大幅成長，4、7、9 月成長都超過 20% 以上。

103 年 1 月初股價回跌最低到 $206，1 月底以 $236 作收，2 月中最高來到 $254.5，2 月底最高價為 $267，收盤為 $264.5。3 月 13 日最高價為 $307，收盤為 $300，我在 3 月 12 日僅剩下 9 張。投資鼎翰的帳面利益在 102 年底約 310 萬，至 103 年 3 月 12 日約 390 萬。

如此觀之，我似乎成功複製了佳格的例子，而且往上漲也敢加碼買，這也是美利達與儒鴻給我的啟示，所謂強者恆強，但是必須要有基本面的支撐，包括季報顯示較高的 EPS，以及每月營收持續成長等。我成功的向前邁進一步，克服心理的弱點，因為過去都不會追高，只想趁低買進，現在則會判別情況，能追也能放，敢取也敢捨。

後記一：最後剩下 6 張在 103 年 10 月到 11 月底出清，最後 2 張賣得不是很

好，賣在 $228，鼎翰全部獲利為 $3,684,732。

後記二：然而我能否把握投資都穩賺不賠呢？答案是否定的，像是 104 年間投資的「谷崧」，最後虧損約 34.7 萬。小額嘗試「可成」，也不成。

後記三：105 年追高進場的「智易」也套牢不少。106 年 4 月 7 日（週五）公布的 3 月營收，比去年同期衰退 36.5%，筆者於 4 月 10 日大跌時認賠出清，總共虧損約 26.3 萬。該停損還是要停損，這也是在股市浮沉中學到的寶貴經驗。

所謂風險 (Risk)，即不確定性，係對某種預測結果的一種落差。簡單而言，即不利事件發生的可能性，在統計學上稱之為「變異性」。不利事件係指財物、事務、身體或心靈的傷害，就商業界來說，風險係指財物上的可能損失。

1930 年 Albert H. Mowbray 將風險區分為純損風險 (Pure Risk) 及投機風險 (Speculative Risk)，前者係指事件發生的結果，不是發生損失就是沒有發生損失。後者係指事件發生的結果，除了發生或沒發生損失外，還有獲利的機會。

企業的純損風險，是一種靜態風險，不受經濟社會等因素影響，純粹是自然性的變動或人為錯誤所造成，如員工疏忽、員工傷亡、火災損失等。而企業的投機風險，是一種動態風險，不僅受經濟、政治等因素影響，也受技術、組織變革的影響，如研發投資新產品，可能獲利，但也可能遭受損失。包括在生產、行銷、財務、人事等都可能產生風險。

企業經營是無法避免風險的存在，問題在於如何去規避風險、控制風險。本章將解釋風險的種類、及其衡量指標，並針對風險大的公司如何進行財務危機預測作介紹。

第一節　風險的種類與衡量指標

就商業界而言，風險包括市場風險、利率風險、購買力風險、流動性風險、企業風險與財務風險六種，前三者又稱為系統風險 (Systematic Risk)，係指因為總體經濟因素導致報酬率的波動，因為沒法分散其投資標的來降低或消除此種風險，故又稱為不可分散風險 (Nondiversifiable Risk)，亦稱為市場風險 ❶。後三者又稱為非系統風險 (Nonsystematic Risk)，係指總體經濟以外的因素而導致報酬率的波動，其實就是各項投資標的所衍生而出的風險，因

---

❶ 故市場風險這名詞有兩種涵義，大者指系統風險，小者指系統風險中的市場風險。

為可藉由分散投資標的降低或消除此種風險，故又稱為可分散風險 (Diversifiable Risk)。

茲圖示如下：

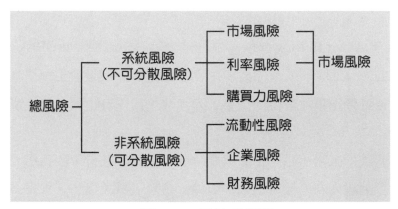

ㄱ圖 9-1　風險分類圖

一、市場風險 (Market Risk)

市場風險係指影響金融市場（包括股市、匯市）的非預期事件。例如戰爭、恐怖攻擊、石油危機、政局不安或法律條文變動等因素，對股市或匯市的不利衝擊。

市場風險的衡量指標很多，例如石油價格、戰爭因素、恐怖事件，或 2007 年美國的次級房貸，甚至於 2020 年的武漢病毒等等。

二、利率風險 (Interest Risk)

利率風險係指利率變動造成實際報酬率變化所產生的風險。利率變動對實際報酬所反映的資產價值之影響是反向的，亦即在其他情況不變下，利率上升會使資產價值下跌，而利率下降會使資產價值上升。因為利率造成報酬的不穩定，故稱之為利率風險。

直接與利率有關的證券，如固定收益之公債或公司債，當然會因利率的變動而受影響，若利率上升，按照票面利率支付之利息較低，債券持有人會有利息上的損失，而且債券本身的價格也會下降。此時長期債券下跌風險大

於短期債券，故投資人應在預期利率上升時，將長債換成短債。

此外，當利率變動時，票面利率較高之債券，比票面利率較低之債券，其價格變動幅度會比較小。例如，甲、乙兩家公司發行之公司債票面利率分別為 10% 與 8%，面額均為 $100,000，發行時之市場利率為 10%，則甲公司債平價發行，乙公司債折價發行之價格為 $98,182〔以一年計算：$100,000 × (1 + 8%) ÷ (1 + 10%) = $98,182〕。假設市場利率上升 1%，則甲、乙公司債之價格分別為：

$$甲公司債價格 = \$110,000 \div (1 + 11\%) = \$99,099$$

$$乙公司債價格 = \$108,000 \div (1 + 11\%) = \$97,297$$

$$甲公司債價格下跌 = \$100,000 - \$99,099 = \$901$$

$$乙公司債價格下跌 = \$98,182 - \$97,297 = \$885$$

$$甲公司債價格下跌幅度 = \$901 \div \$100,000 = 9.010\%$$

$$乙公司債價格下跌幅度 = \$885 \div \$98,182 = 9.014\%$$

綜上所述，結論如下：

1. **利率上升時**：債券價格會下跌，購買高票面利率之債券較有利，投資人應將長期公債換成短期公債；且應將票面利率低之債券，換成票面利率高之債券。

2. **利率下跌時**：債券價格會上漲，購買低票面利率之債券較有利，投資人應將短期公債換成長期公債；且應將票面利率高之債券，換成票面利率低之債券。

間接與利率有關的證券，如股票，也會因利率的變動間接受到些微影響，例如美國聯準會準備升息，其股市就受到某種程度的影響。

一般視政府短期公債所附之利率為「無風險利率」。而一般企業發行之公司債其票面利率必須加上「風險貼水」(Risk Premium) 才能吸引投資者購買。投資者自然會衡量其投資組合與風險報酬，選擇自己之投資標的。無風險利

率加上風險貼水稱為「實質利率」。而每家企業因本身信用與風險的關係,其風險貼水亦有不同,故實質利率將因公司而異,此外市場利率也因各種因素時有改變,因此利率的風險對各家公司債之影響就不太相同。

利率風險的衡量指標就是市場利率,利率上升愈大,風險就愈大。但是就金融業而言,利率上升,反而有利。又對債券而言,若其他條件不變,到期日愈長,利率風險就愈大,因為期限愈久,利率的波動就愈大。

三、購買力風險 (Inflation Risk)

購買力風險,其實就是通貨膨脹的風險,因為物價上漲而導致持有貨幣性資產之價值減損,故為貨幣購買力降低之風險。例如,今天 500 萬可以購得之房屋,若其他情況不變,而只有物價上漲的關係,導致一年後要花 600 萬才可購得相同房屋,此即購買力發生之損失。故在冷清的交易市場上,投資者之預期報酬率,將會包括較高的變現力溢酬 (貼水)。以購買力風險而言,其衡量指標即通貨膨脹的大小,通貨膨脹愈高,風險就愈大,反之就愈小,若通貨穩定,就沒有購買力風險。

一旦有通貨膨脹,則必須考慮名目利率,名目利率涵蓋無風險率,風險貼水及通貨膨脹率,其公式如下:

名目利率 = 實質利率 + 通貨膨脹率 + 實質利率 × 通貨膨脹率　　　(9–1)

四、流動性風險 (Liquidity Risk)

流動性風險,係指投資標的轉換成現金之速度快慢所隱含之風險,也稱為變現風險。若投資標的轉換成現金的速度快,亦即流動性大,其流動性風險就低;相反的,轉換速度慢,流動性風險就高。以上市和未上市公司股票作比較,上市公司股票之流動性大,其流動性風險比較低,而未上市公司股票流動性小,其流動性風險比較高。故在冷清的交易市場上,投資者之預期

報酬率,將會包括較高的變現力溢酬(貼水)。

　　流動性風險的衡量指標以流動性指數為代表,另外也可分別計算應收帳款週轉天數、存貨週轉天數、短期防護日數等(請參考第五章第二節)。

五、企業風險 (Business Risk)

　　企業風險係指公司的營運,因為景氣(包括經濟景氣與產業景氣)波動的關係,使得營業利潤受到不利的影響,亦即企業的營運風險。此處景氣波動應以廣義的觀點來看,如技術的改變、替代性產品的出現、消費者習性改變,甚至是成本結構的改變均包括在內。

　　當經濟景氣與產業景氣同時轉壞時,企業風險最大,若一項轉壞另一項轉好,則存在著一些風險,當兩項景氣同時好轉時,企業風險最小。或許大家認為企業風險應該是不利的影響,而經濟景氣與產業景氣均好轉,理應沒有風險才對,怎能說風險小呢?其理由是用兩家公司競爭,可以計算兩家公司利潤的波動性大小,包括計算其長期平均利潤以及標準差或變異係數,因此相對而言,就存在著風險大小的問題,不可能說企業經營是毫無風險的。

　　企業風險的衡量指標有利潤波動性與營業槓桿,將於第二節詳述。

　　一般講企業風險係指營運風險;若是講企業總風險,則包括財務風險。亦即:

$$企業總風險 = 營運風險 \times 財務風險 \qquad (9\text{–}2)$$

六、財務風險 (Financial Risk)

　　財務風險係指公司因舉債經營,存在著某種程度因無法按期支付利息,而引發財務危機的風險,又稱為「違約風險」(Default Risk)。基本上而言,負債愈大,風險就愈大。

　　公司舉債經營的目的本在發揮好的財務槓桿以增加權益報酬率(可參考

第四章第三節），但是企業的獲利並非一廂情願，因為外在環境存在著太多的
變數與風險，一旦獲利不如預期，反倒侵蝕資本，導致財務危機。

　　財務風險的衡量指標包括財務槓桿度、綜合槓桿度、財務槓桿乘數，詳
述於第三節。

第二節　企業風險的衡量指標

　　企業風險之衡量指標包括利潤波動性及營業槓桿。分述如下：

一、利潤波動性

　　利潤波動性的衡量，即為利潤之變異數 (δ^2) 或標準差 (δ)，標準差之公
式如下：

$$\delta = \sqrt{\frac{\sum_{i=1}^{n}(P_i - \overline{P})^2}{N}} \tag{9-3}$$

P 代表營業利益，公司亦可用稅前淨利或稅後淨利套入，但應一致性使用。
$\overline{P}$ 為營業利益之平均數。

　　假設 A、B 兩家公司營業利益分別如下表所示：

表 9-1　A、B 公司營業利益

年度	A 公司	B 公司
01 年	50,000	50,000
02 年	60,000	70,000
03 年	110,000	80,000
04 年	80,000	80,000
05 年	50,000	70,000
平均數	70,000	70,000

㈠變異數

A 公司變異數：

$[(50,000 - 70,000)^2 + (60,000 - 70,000)^2 + (110,000 - 70,000)^2 + (80,000 -$

$70,000)^2 + (50,000 - 70,000)^2] \div 5$

$= 2,600,000,000 \div 5$

$= 520,000,000$

B 公司變異數：

$[(50,000 - 70,000)^2 + (70,000 - 70,000)^2 + (80,000 - 70,000)^2 + (80,000 - 70,000)^2$

$+ (70,000 - 70,000)^2] \div 5$

$= [(-20,000)^2 + 0^2 + (10,000)^2 + (10,000)^2 + 0^2] \div 5$

$= 120,000,000$

變異數 A 公司較大，故 A 公司利潤波動性較大，風險較高。

㈡標準差

A 公司標準差 $= \sqrt{520,000,000} = 22,804$

B 公司標準差 $= \sqrt{120,000,000} = 10,954$

A 公司標準差大於 B 公司，故 A 公司利潤波動性較大，風險較高。

㈢變異係數

有時候公司因規模大小不同，使得標準差之衡量也會有大小之差異，為了消除規模大小造成的此種差異，以獲得一個標準化的統計量來比較其風險，可以進一步計算變異係數，公式如下：

$$變異係數 = \frac{標準差}{\bar{P}} \qquad (9-4)$$

$\bar{P}$ 為營業利益的平均數

$$A\text{ 公司之變異係數} = 22{,}804 \div 70{,}000 = 0.3258$$

$$B\text{ 公司之變異係數} = 10{,}954 \div 70{,}000 = 0.1565$$

變異係數愈大表示風險愈大，變異係數愈小表示風險愈小。本例因 A、B 兩家公司之利潤平均數均為 \$70,000，故標準差較大之 A 公司，其變異係數仍然比較大。

如果我們故意將 A 公司規模變小，其基本資料全部改成如下數字：

表 9-2　A 公司營業利益

年度	A 公司
01 年	5,000
02 年	6,000
03 年	11,000
04 年	8,000
05 年	5,000
平均數	7,000

重新計算 A 公司之變異數，標準差及變異係數如下：

$$\begin{aligned}
\text{變異數} &= [(5{,}000 - 7{,}000)^2 + (6{,}000 - 7{,}000)^2 + (11{,}000 - 7{,}000)^2 + \\
&\quad (8{,}000 - 7{,}000)^2 + (5{,}000 - 7{,}000)^2] \div 5 \\
&= 26{,}000{,}000 \div 5 \\
&= 5{,}200{,}000
\end{aligned}$$

$$\text{標準差} = \sqrt{5{,}200{,}000} = 2{,}280$$

$$\text{變異係數} = 2{,}280 \div 7{,}000 \fallingdotseq 0.3257$$

若比較 A、B 公司之標準差，則 A 公司因規模小，標準差只有 2,280，遠比 B 公司 10,954 來得小，不能逕行斷論 A 公司風險小，而應該比較其變異係數，則將發現 A 公司變異係數 0.3257 比 B 公司之 0.1565 大了將近一倍，

故 A 公司之風險較大。

因為營業利益來自於營業收入，故讀者亦可計算公司之營收波動性來計算標準差與變異係數，此亦為衡量企業風險之方式，諸位可自行試算。當然我們也可以計算報酬率的標準差，此時變異係數的分母即為報酬率的平均數，亦即平均報酬率。

此外，標準差與變異係數均應利用公司之長期資料來計算，若只有兩、三年則比較不準確，至少應有五年以上之資料，但也不要超過十年，因為太久以前的財務資料則不具代表性。

二、營業槓桿 (Operating Leverage)

所謂營業槓桿，係用以測驗公司在某既定產銷水準下，由於數量變化所引起營業利益變化之百分比。表達營業槓桿之公式稱為營業槓桿指數或營業槓桿度 (Degree of Operating Leverage, DOL)。

通常營業槓桿會因成本結構不同而不同，當固定成本高時，營業槓桿較大，而固定成本低時，營業槓桿較小。因此成本結構之不同將影響利益變化之百分比，而呈現不同之風險程度。茲舉例說明如下：

假設 A、B、C 三家公司之資料如表 9–3 所示。

㈠營收成長 10%（情況一）

根據表 9–3 之情況一資料顯示，以 A 公司而言，利益波動幅度與營收波動幅度呈現相同的百分比，因為 A 公司並無固定成本，故營收增加 10% 時，總成本也增加 10%，故利潤也增加 10%。

以 B 公司而言，利益波動幅度大於營收波動幅度，當營收增加 10% 時，變動成本也增加 10%，但固定成本為 $10,000，並無改變，總成本增加比例約 8.3% (($65,000 – $60,000) ÷ $60,000 ≒ 8.3%)，不到 10%，因此利益增加幅度大於 10%，而為 12.5%。

表 9-3　營業槓桿釋例表

成本結構	A 公司	B 公司	C 公司
變動成本率	60%	50%	40%
固定成本	0	$10,000	$20,000
原始情況：營收 $100,000			
營收	$100,000	$100,000	$100,000
變動成本	(60,000)	(50,000)	(40,000)
固定成本	(0)	(10,000)	(20,000)
營業利益	$ 40,000	$ 40,000	$ 40,000
情況一：營收 $110,000（成長率 10%）			
營收	$110,000	$110,000	$110,000
變動成本	(66,000)	(55,000)	(44,000)
固定成本	(0)	(10,000)	(20,000)
營業利益	$ 44,000	$ 45,000	$ 46,000
利益成長率	$4,000÷$40,000=10%	$5,000÷$40,000=12.5%	$6,000÷$40,000=15%
情況二：營收 $80,000（衰退率 20%）			
營收	$ 80,000	$ 80,000	$ 80,000
變動成本	(48,000)	(40,000)	(32,000)
固定成本	(0)	(10,000)	(20,000)
營業利益	$ 32,000	$ 30,000	$ 28,000
利益衰退率	−$8,000÷$40,000=−20%	−$10,000÷$40,000=−25%	−$12,000÷$40,000=−30%

以 C 公司而言，利益波動幅度不僅大於營收波動幅度，更大於 B 公司之波動幅度，原因在於其固定成本為 B 公司之兩倍。根據資料顯示，營收增加 10%，變動成本也增加 10%，但固定成本仍然為 $20,000，總成本為 $64,000，總成本增加比例約 6.7%（$4,000÷$60,000≒6.7%），亦不到 10%，因此利益增加幅度大於 10%，而為 15%。

㈡營收衰退 20%（情況二）

又根據情況二之資料顯示，營收衰退 20% 時，C 公司之利益衰退幅度為 30%，亦比 B 公司利益衰退幅度 25% 來得高。因此結論就是，當固定成本占總成本比重愈大，當營收變動時，利益變動幅度將愈大，反之固定成本愈小，利益變動幅度亦愈小。

　　此種波動性之幅度，雖會因變動成本率而改變，但結論仍然相同。假設
B 公司與 C 公司之變動成本率均為 60%，其他資料不變，其狀況如表 9–4 顯
示。

表 9–4　營業槓桿釋例表

成本結構	A 公司	B 公司	C 公司
變動成本率	60%	60%	60%
固定成本	0	$10,000	$20,000
原始情況：營收 $100,000			
營收	$100,000	$100,000	$100,000
變動成本	(60,000)	(60,000)	(60,000)
固定成本	(0)	(10,000)	(20,000)
營業利益	$ 40,000	$ 30,000	$ 20,000
情況一：營收 $110,000（成長率 10%）			
營收	$110,000	$110,000	$110,000
變動成本	(66,000)	(66,000)	(66,000)
固定成本	(0)	(10,000)	(20,000)
營業利益	$ 44,000	$ 34,000	$ 24,000
利益成長率	$4,000 ÷ $40,000 = 10%	$4,000 ÷ $30,000 = 13%	$4,000 ÷ $20,000 = 20%
情況二：營收 $80,000（衰退率 20%）			
營收	$ 80,000	$ 80,000	$ 80,000
變動成本	(48,000)	(48,000)	(48,000)
固定成本	(0)	(10,000)	(20,000)
營業利益	$ 32,000	$ 22,000	$ 12,000
利益衰退率	−$8,000 ÷ $40,000 = −20%	−$8,000 ÷ $30,000 = −27%	−$8,000 ÷ $20,000 = −40%

　　由表 9–4 資料顯示結論仍然相同，請自行參閱，不再贅敘。

㈢營業槓桿度之演變

如一開始所述,營業槓桿係在測驗公司在某產銷水準下,因銷量(或銷貨)變化而引起營業利益變化之百分比。公式為:

> DOL = 利益變化百分比 ÷ 銷量變化百分比　　　　　　　　　(9–5)

由 9–3 與 9–4 兩表所顯示,因成本結構不同,將有不同之營業槓桿。茲以表 9–3 之資料計算三家公司之營業槓桿度如下:

	情況一	情況二
A 公司 DOL	$\dfrac{10\%}{10\%} = 1$	$\dfrac{-20\%}{-20\%} = 1$
B 公司 DOL	$\dfrac{12.5\%}{10\%} = 1.25$	$\dfrac{-25\%}{-20\%} = 1.25$
C 公司 DOL	$\dfrac{15\%}{10\%} = 1.5$	$\dfrac{-30\%}{-20\%} = 1.5$

因為 C 公司營業槓桿度較大,故其利益受銷量影響之變動幅度亦較大,風險亦比較大,而關鍵就在於 C 公司固定成本較大之緣故。

有時候,我們會將 DOL 之公式作演變,簡化成邊際貢獻除以營業利益,茲說明如下:

假設:Q 代表銷量

　　　P 代表單位售價

　　　V 代表單位變動成本

　　　F 代表固定成本總額

則營業利益變化百分比 $= \dfrac{\Delta Q(P-V)}{Q(P-V)-F}$,此公式中,分子係邊際貢獻增減數,亦等於是利益增減數,而分母是目前之營業利益。而銷量變化百分比 $= \dfrac{\Delta Q}{Q}$ 。

$$根據定義\ DOL = \frac{\Delta Q(P-V)}{Q(P-V)-F} \div \frac{\Delta Q}{Q}$$

$$= \frac{Q(P-V)}{Q(P-V)-F} \qquad (9\text{–}6)$$

$$= \frac{邊際貢獻}{營業利益}$$

依照 A、B、C 三家公司資料,利用 $\dfrac{邊際貢獻}{營業利益}$ 計算營業槓桿度如下:

(請參閱表 9–3 原始情況)

$$A\ 公司\ DOL = \frac{\$100,000 - \$60,000}{\$40,000} = 1$$

$$B\ 公司\ DOL = \frac{\$100,000 - \$50,000}{\$40,000} = 1.25$$

$$C\ 公司\ DOL = \frac{\$100,000 - \$40,000}{\$40,000} = 1.5$$

與前述用 (利益變化百分比 ÷ 銷量變化百分比) 之計算結果完全相同。

第三節 財務風險的衡量指標

財務風險之衡量指標為財務槓桿度、綜合槓桿度與財務槓桿乘數,分述如下:

一、財務槓桿度 (Degree of Financial Leverage, DFL)

財務槓桿作用係指公司利用舉債資金而支付固定利息,以求增加普通股東權益之效果。當稅前及利息前之淨利(簡稱 EBIT)變動,而引起每股盈餘變化之百分比,稱為財務槓桿度。財務槓桿度愈高即財務彈性愈大,表示固

定財務成本愈高，故 EBIT 變動對每股盈餘變動之影響效果愈大。財務槓桿度之公式如下：

$$DFL = \frac{EBIT}{EBIT - I} \tag{9-7}$$

EBIT 即 Earnings Before Interest and Tax，而 I 即利息。公式來源如下：

$$EPS = \frac{(EBIT - I) \times (1 - T)}{N} \ , \ \Delta EPS = \frac{\Delta EBIT(1 - T)}{N}$$

N 為普通之加權平均流通在外股數

T 為所得稅率

$$EPS \ 變化百分比 = \frac{\Delta EPS}{EPS} = \frac{\dfrac{\Delta EBIT(1 - T)}{N}}{\dfrac{(EBIT - I)(1 - T)}{N}}$$

$$= \frac{\Delta EBIT}{EBIT - I}$$

$$EBIT \ 變化百分比 = \frac{\Delta EBIT}{EBIT}$$

$$DFL = \frac{\dfrac{\Delta EBIT}{(EBIT - I)}}{\dfrac{\Delta EBIT}{EBIT}} = \frac{EBIT}{EBIT - I}$$

當股東獲得報酬之變動百分比（即 $\frac{\Delta EPS}{EPS}$）大於 EBIT 之變動百分比（即 $\frac{\Delta EBIT}{EBIT}$），則 DFL 大於一，財務槓桿度高，表示股東獲得報酬之變化因公司舉債而更加不穩定，可能賺得更多，亦可能虧得更多。反之若 DFL 小於一，財務槓桿度低，表示股東獲得報酬有較高之穩定性。

一般公司之財務人員，習慣將營業利益視為 EBIT，故實務上在計算 DFL

時，公式變成：

$$DFL = \frac{營業利益}{營業利益 - 利息費用} = \frac{Q(P-V)-F}{Q(P-V)-F-I} \qquad (9-8)$$

二、綜合槓桿度 (Degree of Combined Leverage, DCL)

綜合槓桿度係指公司在既定之資本結構及產銷水準下，因銷量變化而影響每股盈餘變化之百分比，也可稱為合併槓桿度，也就是營業槓桿與財務槓桿之綜合效果。公式如下：

$$\begin{aligned}
DCL &= DOL \times DFL \\
&= \frac{Q(P-V)}{Q(P-V)-F} \times \frac{EBIT}{EBIT-I} \\
&= \frac{Q(P-V)}{Q(P-V)-F} \times \frac{Q(P-V)-F}{Q(P-V)-F-I} \\
&= \frac{Q(P-V)}{Q(P-V)-F-I}
\end{aligned} \qquad (9-9)$$

營業槓桿度衡量公司營業利益（扣除利息與所得稅之前）因景氣波動造成的風險程度，財務槓桿再進一步衡量公司扣除利息後股東獲取報酬的風險程度。當公司營收變化時，首先透過營業槓桿而影響營業利益的變化，其次經由財務槓桿而影響股東之報酬。因此股東實為企業風險與財務風險的最後承擔者。

當公司的企業風險低，股東或許願意承受較大之財務風險，反之若企業風險高，股東則不願意接受較大之財務風險。兩種風險都高的公司，其很難倖免於財務危機而導致公司倒閉呢！

假設 X、Y、Z 公司相關資料如下：

	X 公司	Y 公司	Z 公司
營收	$100,000	$100,000	$100,000
變動成本	(40,000)	(40,000)	(40,000)
邊際貢獻	$ 60,000	$ 60,000	$ 60,000
固定成本	(20,000)	(20,000)	(20,000)
營業利益	$ 40,000	$ 40,000	$ 40,000
利息費用（利率6%）	0	(6,000)	0
所得稅費用（稅率25%）	(10,000)	(8,500)	(10,000)
稅後淨利	$ 30,000	$ 25,500	$ 30,000
長期負債	$　　0	$100,000	$　　0
特別股股本（股利率6%）	0	0	100,000
普通股股本	200,000	100,000	100,000
總資產	$200,000	$200,000	$200,000

三家公司之營業槓桿均為 1.5，即 $\dfrac{\$60.000}{\$40,000} = 1.5$

三家公司之財務槓桿分別為：

$$X \text{ 公司 DFL} = \frac{\$40,000}{\$40,000} = 1$$

$$Y \text{ 公司 DFL} = \frac{\$40,000}{\$40,000 - \$6,000} \doteqdot 1.1765$$

$$Z \text{ 公司 DFL} = \frac{\$40,000}{\$40,000 - \dfrac{\$6,000}{1 - 25\%}} = 1.25$$

特別股股利為 $\$100,000 \times 6\% = \$6,000$，但其為盈餘分配，本不受稅的影響，然而在計算財務槓桿時應與利息費用一致，故化成稅前金額為 $8,000〔$\$6,000 \div (1 - 25\%) = \$8,000$〕。

三家公司之綜合槓桿為：

$$\text{X 公司的 DCL} = \frac{\$60,000}{\$40,000} = 1.5 \text{ 或 } 1.5 \times 1 = 1.5$$

$$\text{Y 公司的 DCL} = \frac{\$60,000}{\$34,000} = 1.765 \text{ 或 } 1.5 \times 1.1765 \doteq 1.765$$

$$\text{Z 公司的 DCL} = \frac{\$60,000}{\$32,000} = 1.875 \text{ 或 } 1.5 \times 1.25 = 1.875$$

誠如第四章（權益報酬率請參閱第四章第三節）所述，當運用財務槓桿作用時，權益報酬率便涵蓋了經營績效與理財績效，意思就是權益報酬率經歷了企業風險與財務風險。故若要衡量理財績效，便可計算財務槓桿因數與指數，公式為：

財務槓桿因數 = 權益報酬率 − 資產報酬率　　　　　　　　　　(9−10)

因扣除了資產報酬率，相當於扣除了企業風險，故理財績效的好壞正足以反映財務風險的結果。若財務槓桿因數大於零，表示舉債經營有利，小於零則不利。

財務槓桿指數 = 權益報酬率 ÷ 資產報酬率　　　　　　　　　　(9−11)

財務槓桿指數大於一，表示舉債經營有利，有正的財務槓桿作用，小於一則舉債經營不利。因為權益報酬率除以資產報酬率，亦相當於消除企業風險之經營績效。故財務槓桿指數正好表示理財績效所反映之財務風險。

三、財務槓桿乘數 (Financial Leverage Multiplier)

財務槓桿乘數即「財務槓桿指數」亦稱為「權益乘數」，公式如下：

$$\text{財務槓桿乘數} = \frac{\text{權益報酬率}}{\text{資產報酬率}} \qquad (9\text{−}12)$$

此一公式本不能再簡化，因為資產報酬率之分子為稅後淨利 + 利息費用 × (1 − 稅率)。但是如果運用杜邦分析之方式（請參閱第四章第五節），資產報酬率之分子簡化成稅後淨利，則財務槓桿乘數就可推演如下：

$$財務槓桿乘數 = \frac{權益報酬率}{資產報酬率} = \frac{\dfrac{稅後淨利}{權益}}{\dfrac{稅後淨利}{總資產}} \quad\quad (9\text{--}13)$$

$$= \frac{總資產}{權益} = 1 + \frac{負債}{權益}$$

運用上列公式，簡單得知以下三點結論：

1. 當公司沒有負債時，財務槓桿乘數等於一，亦即權益報酬率等於資產報酬率，公司沒有財務風險。

2. 當公司有負債時，負債小於權益，財務槓桿乘數必大於一，權益報酬率之波動幅度會大於資產報酬率之波動幅度，股東將承擔一些財務風險。

3. 當公司負債大於權益，財務槓桿乘數則為二以上，公司財務風險極大，股東應會出脫持股，公司危矣！

當然，此種結論是因為簡化的關係而造成，要驟下結論執行決策前，仍應以詳細而正確的公式細算才是。

四、特別股對財務槓桿的影響

前面述及財務槓桿係利用舉債資金，在支付固定利息後，所增加之普通股東權益之效果。事實上，公司資金來源，亦可透過發行特別股而取得，特別股之股利類似利息費用，只不過其為盈餘之分配，沒有節稅效果。

當公司利用特別股資金所賺取之盈餘超過所支付之特別股股利時，多餘之數便歸由普通股東享受（參加特別股另當別論）。此時亦產生財務槓桿作用。以前述之 Z 公司為例，其財務槓桿度為 1.25。財務槓桿度大於一，亦即運用特別股的資金，可增加普通股的 EPS，發揮有利的財務槓桿作用。

　　利用 Z 公司的資料再換個方式分析之。假設 Z 公司普通股股數為 10,000 股，則原有的 EPS = $2.4（即 ($30,000 − $6,000) ÷ 10,000 = $2.4），茲假設營業利益增加 50%，變成 $60,000 [$40,000 × (1 + 50%)]，則相關資料如下：

營業利益	$60,000
所得稅費用	15,000
稅後淨利	$45,000

$$\text{EPS} = \frac{\$45,000 - \$6,000}{10,000} = \$3.9$$

$$\Delta\text{EPS} = \$3.9 - \$2.4 = \$1.5$$

$$\frac{\Delta\text{EPS}}{\text{原有 EPS}} = \frac{\$1.5}{\$2.4} = 0.625$$

$$\text{DFL} = \frac{\text{EPS 變化百分比}}{\text{營業利益變化百分比}} = \frac{0.625}{50\%} = 1.25$$

　　因此可以證明特別股對財務槓桿的影響。

心靈饗宴一

花蓮新城之夜

披著午後光絲編織的溫暖
穿越雪山隧道
迴盪在山海間
湛藍與翠綠崎嶇蜿蜒的
送我們來到花蓮
太魯閣的咖啡
映著傍晚的景緻
特別香醇

節氣大寒　新城卻以熱情相迎
上弦的月色大方朗笑
低迴的夜風親切耳語
自立霧溪上游
徘徊而來的幾許涼意
足夠啜飲整個夜晚

亥時　當夜蟲的田園美籟
漸入尾聲　才驚覺
掠過街道有斷斷續續的
另類交響
潮汐用最溫柔的搖籃曲
慰貼疲憊的太平洋

讓我一宿酣眠
天明時就能告訴你
九曲洞徑迴通幽的祕密

　　這首詩寫於 99 年 1 月 20 日，當天下午與父母、兩位哥哥及姪女，一行人前往花蓮，夜宿於新城鄉，老實說亥時躺在床上卻難以入眠，除了屋頂機器運轉的雜音外，還有夜蟲的鳴叫聲，後來不可思議的聽到潮汐的聲音，左思右想居然構想出此詩的情節，於隔天將之完成，算是自己的得意之作。與大家分享，或許可以洗滌俗世的煩囂。

第四節　財務危機預測

　　企業面臨的各種風險若很高時，則引發財務危機，導致破產的機會就很大。故分析者除了分析公司的各種風險外，也會對發生財務危機之可能性作些預測。尤其是在這個全球競爭以及經營者貪婪的年代，企業發生財務危機的可能性變得更大。

一、財務危機發生的原因

　　財務危機發生的因素很多，大約可分為以下幾點：

1. 管理詐欺舞弊。
2. 生產技術落後，缺乏研發創新。
3. 行銷不力或管理不善。
4. 資金控制不良。
5. 不當的信用政策。
6. 投資失敗。
7. 天災人禍。
8. 人為疏忽或其他因素。

二、財務危機預測的重要性

　　財務危機預測不僅對企業本身重要，對政府、投資者、債權人、會計師等，都應該重視。茲分述如下：

㈠對政府主管機關而言

　　政府為保障良好投資環境、社會安定以及投資者權益，當然有權力而且有義務對所有公司作好監督工作，最好能防範企業發生財務危機，尤其是管理舞弊者，如博達公司、安隆公司、力霸集團。

㈡對管理者而言

企業經營管理者當然希望能永續經營，除了蓄意詐欺舞弊者外，公司若能事先洞察各種財務危機發生之因素，仍然會盡力改善或考慮合併或重整，以免公司倒閉，影響管理者與員工之生計，而且倒閉將瀕臨清算，使得資產價值減損。

㈢對投資者而言

投資者若能預測到公司的財務危機，當會出售持股避免損失。而潛在投資者在挑選投資時，若能事先作好分析與預測，將可避免踩到所謂的「地雷股」。

㈣對債權人而言

債權人是資金供應者，資金即為其血脈，當然不希望自己血本無歸。因此債權人在提供貸款前，必定會審慎評估企業的長短期償債能力，包括借款之用途與計畫。而提供貸款之後，債權人也應隨時注意企業的營運及財務狀況，尤其對財務危機可能發生之情形更要密切注意。

㈤對會計師而言

會計師對公司之財務報表負責簽證，表示其專家意見，此代表會計師之公信力，若簽發無保留意見，而公司卻發生財務危機，必然會引起喧然大波，損及會計師之名譽，甚至吃上官司，負連帶賠償責任或刑責。因此會計師在簽證時，對公司之查帳包括財務分析與預測應密切注意。

三、財務危機預測模式

預測財務危機之模式有所謂單變量模式與多變量模式，茲分述如下：

㈠單變量模式

所謂單變量模式即採用單一之財務比率來預測財務危機之方法。不同的學者對何種比率較具財務危機預測能力之看法多少也會不同。例如,「現金流量比率」(詳見第五章或第八章)、「資產報酬率」(詳見第四章)、「負債比率」(詳見第六章)、「權益報酬率」(詳見第四章)、財務槓桿(詳見本章)等。

單變量模式之缺點包括:

1. 取決點難有客觀標準,例如負債比率為「$\frac{1}{2}$」或「1」或「2」才會有財務危機呢?

2. 無法適用於所有公司,例如財務槓桿度。

3. 測定甲、乙公司有財務危機,結果甲公司果然倒閉,但乙公司卻沒有倒閉,則難以自圓其說。

4. 選用不同之比率項目,預測之結論可能不同,例如選用現金流量比率預測丙公司有財務危機,選用權益報酬率卻認為丙公司沒有財務危機。

由於單變量模式以偏概全,故多數學者主張採用多變量模式。

㈡多變量模式

多變量模式顧名思義,係指綜合多項財務比率,組合成一個加權的模式,據以預測企業財務危機。 在各項多變量模式中 , 最廣為採用者為歐特曼 (Edward I. Altman) 所發展之 Z-Score 模式,其公式如下(適用於上市公司):

$$Z = 1.2X_1 + 1.4X_2 + 3.3X_3 + 0.6X_4 + 1.0X_5 \qquad (9\text{--}14)$$

其中 Z = 區別值 (Discriminant Score),亦稱綜合判斷數值

$$X_1 = \frac{淨營運資金}{總資產}$$

$$X_2 = \frac{保留盈餘}{總資產}$$

$$X_3 = \frac{EBIT}{總資產}$$

$$X_4 = \frac{股票市價總值}{總負債}$$

$$X_5 = \frac{營業收入}{總資產}$$

歐特曼研究之結論以 Z = 2.675 為臨界點，低於臨界點，即表示有財務危機，愈低則可能性愈大，若 Z 值高於 2.675，愈高則財務狀況愈佳。但是，若 Z 值介於 1.81～2.99 之間，則有可能發生預測錯誤，亦即低於 2.675 並未發生危機，而高於 2.675 卻發生危機，故此一區間稱之為灰色地帶 (Gray Area)。當然如果正值低於 1.81，那就絕對會有破產危機了。

假設達隆公司去年度財務資料如下：(單位：萬元)

總資產	$400	營收	$200
總負債	250	EBIT	(20)
流動資產	100	保留盈餘	100
流動負債	140		

另外公司發行並流通在外普通股數共 20 萬股，每股市價在財報公布之際為 20 元上下。將以上資料代入 Z-Score 模式，得到如下結果：

$$X_1 = \frac{100 - 140}{400} = -0.1$$

$$X_2 = \frac{100}{400} = 0.25$$

$$X_3 = \frac{(20)}{400} = -0.05$$

$$X_4 = \frac{20 \times 20}{250} = 1.6$$

$$X_5 = \frac{200}{400} = 0.5$$

$$Z = 1.2 \times (-0.1) + 1.4 \times 0.25 + 3.3 \times (-0.05) + 0.6 \times 1.6 + 1 \times 0.5$$
$$= -0.12 + 0.35 - 0.165 + 0.96 + 0.5$$
$$= 1.525$$

很明顯地，達隆公司確實有財務危機，因為 Z 值 1.525 遠低於灰色地帶之下限。

由於 Z-Score 中運用了股票市價，故只能適用於上市（櫃）公司，歐特曼另外擬出適用於未上市公司之財務危機預測模式，公式如下：

$$Z = 0.717X_1 + 0.847X_2 + 3.107X_3 + 0.42X_4 + 0.998X_5 \qquad (9\text{--}15)$$

其中 $X_4 = \dfrac{權益}{總負債}$ ，其他變數仍然相同。 灰色地帶介於 1.23 到 2.90 之間。

將達隆公司資料代入此模式，其數值如下：

$$Z = 0.717 \times (-0.1) + 0.847 \times 0.25 + 3.107 \times (-0.05) + 0.42 \times \frac{400 - 250}{250}$$
$$+ 0.998 \times 0.5$$
$$= -0.0717 + 0.21175 - 0.15535 + 0.252 + 0.499$$
$$= 0.7357$$

亦遠低於 1.23 之灰色地帶下限，結論仍然一樣。

歐特曼指稱，將 Z-Score 模式運用在 33 個倒閉公司及 33 個正常公司之樣本中，預測出正確的樣本有 63 個，只有 3 個不正確；但若倒閉公司與正常公司之數目差異愈大時，預測的正確性將大幅滑落。

事實上此種預測是無法取代本書各章所介紹之各種比率，有智慧的分析者應注意各種比率的異常性，並予追蹤，則察覺公司財務危機的可能性將大為提高。

四、如何避開地雷股

這是一個注重投資理財的時代，雖然投資的標的很多，但是流動性最大者莫過於股票投資，然而投資者如何慎選股票，又如何可以避免踩到地雷股呢？因為偶爾有大型公司的倒閉或舞弊，這個主題也每隔幾年被提出討論。

例如 87 年「國產車」的鉅額違約交割，引爆了地雷股的財務危機，平息幾年後，91 年 10 月「嘉裕」也發生鉅額的違約交割，到 92 年 2 月的「久津實業」更加嚴重，證交所於 6 月 16 日勒令下市。

93 年風雲再起，「博達」因無法償還到期的鉅額公司債，向法院聲請重整，9 月 8 日終止上市。「訊碟」因為上半年虧損高達 45 億元（含 42.7 億元的投資損失），同一天打入全額交割股，直到 95 年 9 月恢復一般交易。「皇統」也因虛設行號、作假帳美化報表，9 月 17 日被列為全額交割股，12 月 16 日終止上市。

「力霸」與「嘉食化」於 95 年 12 月 29 日聲請重整，在 96 年 1 月 4 日才公告，其後「東森」、「衣蝶」等王家企業都受到影響，「力霸」於 4 月 11 日終止上市。東森集團總裁王令麟也在 8 月份被起訴為力霸案的共犯，王又曾父子聯手掏空力霸與東森集團上佰億甚至上仟億元。「雅新」因為無法釐清自結盈餘等相關問題的重大錯誤，於 96 年 4 月 9 日打入全額交割股，又因為未能及時繳交 95 年財務報表，於 5 月 7 日停止其股票交易。

投資人不小心碰到這種不肖商人、不肖的經營者，真的是欲哭無淚。我們除了希望證期局與金管會能夠作好把關工作外，自己也應該認真做功課，保護自己的投資結果。我們究竟如何避開地雷股呢？可以分幾個部分說明：

㈠作好財務報表分析

1.注意流動比率、速動比率

兩者過低的話就是一個警訊，例如茂矽的流動比率在 89 及 90 年分別為 2.4 與 0.8。90 年流動比率大幅滑落，就應注意。

2.注意應收帳款週轉率、存貨週轉率

若比同業低很多的話，代表生意不好、獲利不佳，應予留意。

3.注意負債比率

上市櫃公司負債比率若超過 66%，就會引起證交所的注意，槓桿比重過大，風險就高。有些營建業的負債甚至超過權益的三倍，此種股票最好避開。

4.注意現金流量

從營業活動的現金流量可以瞭解公司經營本業的能力，若現金淨流入並非來自本業，就要留神；如果出現淨流出，就表示錢只出不進，公司是相當危險的。

5.注意是否長年虧損

若不小心投資長年虧損的公司，應該立即認賠了事，倘若仍然繼續投資，甚至加碼攤平，可能會血本無歸。例如「力霸」與「嘉食化」都超過六年沒有賺錢，也就算了，之後又被掏空，真是令投資人「搥心肝」。

㈡留心資金問題

1.資金貸與他人過高

資金若不正常貸與他人，證交所就會注意，尤其是與關係人間的借貸關係，一旦借款企業發生問題，將影響貸放公司的經營。例如中華商銀被力霸詐貸掏空一億五仟萬元。

2.關係人交易比例過高

有時候企業會透過一些假交易，實質上是掩人耳目的資金移轉方式，這種情形通常是關係人間的交易，投資人應予注意。

3.預付款過高

預付款過高也可能是跟關係人間的變相資金融通方式，投資人要小心。

4.背書保證過高

背書金額太大，甚至超過淨值，就很可能連帶受到牽累，投資人最好避開。

5.挪用資金情形

通常資金的運用必須按照計畫，如果不當的挪用就表示有問題，例如茂矽於 91 年辦理現金增資，為的是償還公司債與銀行借款，然而增資後卻沒有按計畫執行，導致股票停止交易。力霸與東森更是挪用與掏空的典型案例。

㈢瞭解經營問題

1.荒廢本業，熱衷炒股

經營者一旦忽視本業的經營，而在乎股價的高低，甚至於拿公司的錢炒股票，發生問題絕對是遲早的事。例如前台鳳集團總裁黃宗宏，將台鳳股價炒到每股最高 257 元，且違法從中興銀行超貸 70 多億元，後因亞洲金融風暴，導致台鳳的財務危機，最後因中興銀案入監服刑近 6 年，在 102 年 4 月假釋出獄，105 年因台鳳炒股案又被判刑 4 年。又如 102 年胖達人連鎖麵包店（由基因國際公司經營），爆發人工香精事件，檢調單位因而查出基因國際公司前董事長徐洵平、江麗芬夫婦以及藝人小 S 的公公許慶祥涉及內線交易，均被判一年多的刑期（得以緩刑）。

2.擴充過度，無法應變

東帝士集團的陳由豪因土地資產暴增致富，開始介入紡織（東雲）、營建（東帝士）、水泥（建台），等多項產業，在 85、86 年間全盛時期，還擁有東榮電信、晶華酒店、大丸百貨及大東亞石化等多角化的事業。但是資本快速的擴張，也導致集團負債過高，不幸遇上亞洲金融風暴，終於陷入財務困境，仟億元的資產變成仟億元的負債。

3.積極操作衍生性金融商品

若公司過度於操作衍生性金融商品，將容易引發信用、市場價格、流動性及現金流量類型的財務風險。若其淨部位餘額超過實收資本額的 20%，就要小心。

4.頻繁更換高階經理人

高階經理人或財務長對公司的實際狀況最瞭解，若頻遭更換，顯然透露著一些玄機與問題，這種公司應予注意，最好避開投資。例如「博達」與「訊碟」，都曾三、四度更換財務長或財務主管。

5.注意審計報告或更換會計師

當會計師執行查帳時，若懷疑有管理舞弊情形，因愛惜羽毛拒絕查核而被動更換會計師。又查帳報告可能是無法表示意見或保留意見時，通常會事先跟管理當局討論，若管理當局無法同意會計師意見時，可能會主動更換會計師。此種情況投資人就要警惕。例如「皇統」在90年至92年分別由三家不同的會計師事務所查核簽證，果然有問題。

㈣注意董監事及大股東問題

1.董監事持股比下降或質押比上升

董監事對公司的內情最清楚，倘若其持股出脫，或是質押比過高，可能隱含一些負面的問題，投資者應該小心。例如「雅新」的董監持股比，在90年還有20%，但是在93年底就降至10%以下，96年初更低於5%。而「力霸」在97年其董監事的股票質押比就開始增加，96年初更高達80%。

2.董監事結構異常

我國家族企業還蠻多的，因此董監事多為「自己人」的情況屢見不鮮，雖說證交法於93年修訂條文針對於此，在第14-2條規定，董事會至少應有四分之一以上由獨立董事擔任。然而力霸的主事者幾乎直接掌握了「力霸」與「嘉食化」的董監事，因此容易營私舞弊。

3.大股東及法人出脫持股

由於大股東或法人投資機構比較有人脈和專業知識，因此更能瞭解公司的狀況與變化，所以當他們出脫持股，投資者就要注意了。

㈤注意股價是否異常

1. 股價異常偏高

當股價跟同業相比而異常偏高時,此種情況可能是隱瞞公司經營問題的假象,投資人應該謹慎。因為根據經驗與研究,出問題的公司大都有此種情況。

2. 股價跌破面額

一般正常企業,若是沒有虧損,股價是不可能跌破 10 元的面額,一旦跌破就是一種警訊。

3. 每股跌破淨值

淨值是正常公司的基本價值,為資產減負債後的餘額,股價若跌破每股淨值,應該審慎瞭解原因,若有問題還是避開為妙。

4. 股價跌跌不休

此種情況很有可能是公司出了問題,不過此時投資人即使知悉,也為時已晚,早就慘遭套牢,天天掛跌停也賣不掉持股,應該在壞消息一出時就認賠殺出股票。筆者個人就有類似經驗,可惜沒有馬上認賠殺出,結果股票就變成壁紙,那就是新企電子工程(原名為新企工程)股份有限公司 (1534)。因為跳票聲請法院重整,卻因為未依規定公告申報 93 年度財務報告,94 年 12 月 16 日已被終止上市,金管會於 95 年 10 月 23 日更廢止其公開發行。

以上很多需要的訊息,都可以在公開資訊觀測站查詢,例如財務報表的一些比率,可查「營運概況」→「財務資料分析」。更換會計師事務所或財務長,可查 「重大訊息」→「重大訊息主旨全文檢索」→再鍵入 「會計師事務所」或「財務長」。董監事持股,可查「董監股權異動」→「董監事持股餘額明細資料」。

其實上市櫃公司總計上千家,投資者不必冒險去購買風險高而財務不佳的股票,或是冒險去買所謂的飆股,雖然那並不代表地雷股,但總是令人擔心,也容易在高檔套牢。所以應該選擇基本面好的、正派經營的、本益比低的投資標的。也可以參考績效優良的基金,以該基金的持股當成我們的投資標的。

個案研習—投機與風險

在這個投資理財的時代，各類的投資商品，大至上億豪宅，小至儲蓄存款，複雜如衍生性商品，簡單如定期存款。據我的觀察，股票族還是占最大多數。

不論是哪種投資標的，「獲利」與「風險」都要一併考慮。如果投資者對風險能有深一層的認識，或許獲利的機會就能提高，但是知易行難，因為多數投資人都不夠用功，明知山有虎，還以為自己是武松，卻不會準備武器裝備等。或者僥幸兩次三次可以投資獲利，但是卻會損失七次八次，兩者相較，仍然是輸家。

下列幾段文字摘自《一個投機者的告白》，本書為德國知名投資大師安德烈・科斯托蘭尼 (André Kostolany) 所著，由唐崤翻譯。如果你閱讀完這些段落就可以知道自己用不用功，應該判斷是否可以作為一個「投機家」，也可瞭解，各種資訊都暗示著一些風險，如果我們對風險不夠瞭解無力分析，那十之八九會成為輸家。

「不同於投資者，投機家對各種新聞都感興趣，但這並不表示……對任何新聞都有反映。……有遠見的投機家密切注意各種基本因素，如金融和貸款政策、利率、經濟擴充、國際局勢、貿易收支、經營報告等，不會受到次要的日常新聞影響。他制定周密的計畫和策略，根據每天發生的事件進行調整。」

「證券投機家這種職業，一方面像新聞記者，另一方面像醫生。投機家像新聞記者一樣，靠著自己追蹤收集來的新聞為生。……而投機家分析新聞，然後又必須像醫生一樣，作出診斷。診斷最重要，沒有診斷，醫生就無法進行治療……。」

「三種人當中，只有新聞記者可以一再出錯，還能一直擔任記者一職。如果醫生不斷出錯，總有一天會失去病人，而投機家則會破產……。」

「但有一點，投機家和新聞記者，特別是醫生這種職業，是有所差別的。任何學校都教不出投機家，他的工具，除了經驗，還是經驗。我不會用我八十年的經驗，去換取相當我體重的黃金，對我來說，無論如何都不划算。」

　　「投資者和證券玩家剛好相反。他買股票,然後留個幾十年,當成養老金,或當成留給子女或孫子的財產。他從不看指數,對指數不感興趣,即使股價崩盤,也任由他去,由他將資金長期投資於股票,一直投資下去。即使蕭條時期,也不減少股票的投資比率。」

　　「投資者把寶押在績優股上,涵蓋各行各業,涉及多個國家。他不會過度看重或挑選特殊的未來行業……對投資者來說,投資績優股,是最方便的方法。」

◆問　題:

1. 上述這幾段話,你覺得哪段話最契合你的想法,或者說你對哪段話最有興趣?試說明之。

2. 你覺得當投機家簡不簡單?你想當一位投資者還是投機家呢?

3. 從哪段文字可以察覺風險的存在及風險的種類?

本章公式彙整

- 名目利率 = 實質利率 + 通貨膨脹率 + 實質利率 × 通貨膨脹率

- 企業總風險 = 營運風險 × 財務風險

- $DOL = \dfrac{\Delta Q(P-V)}{Q(P-V)-F} \div \dfrac{\Delta Q}{Q} = \dfrac{Q(P-V)}{Q(P-V)-F} = \dfrac{邊際貢獻}{營業利益}$

- $DFL = \dfrac{EBIT}{EBIT-I}$

- $DFL = \dfrac{營業利益}{營業利益 - 利息費用} = \dfrac{Q(P-V)-F}{Q(P-V)-F-I}$

- $DCL = DOL \times DFL$

$$= \dfrac{Q(P-V)}{Q(P-V)-F} \times \dfrac{EBIT}{EBIT-I}$$

$$= \dfrac{Q(P-V)}{Q(P-V)-F} \times \dfrac{Q(P-V)-F}{Q(P-V)-F-I}$$

$$= \dfrac{Q(P-V)}{Q(P-V)-F-I}$$

- 財務槓桿因數 = 權益報酬率 − 資產報酬率

- 財務槓桿指數 = 權益報酬率 ÷ 資產報酬率

- 財務槓桿乘數 $= \dfrac{權益報酬率}{資產報酬率}$

- 財務槓桿乘數 $= \dfrac{權益報酬率}{資產報酬率} = \dfrac{\dfrac{稅後淨利}{權益}}{\dfrac{稅後淨利}{總資產}}$

$$= \dfrac{總資產}{權益} = 1 + \dfrac{負債}{權益}$$

- $Z = 1.2X_1 + 1.4X_2 + 3.3X_3 + 0.6X_4 + 1.0X_5$

- $Z = 0.717X_1 + 0.847X_2 + 3.107X_3 + 0.42X_4 + 0.998X_5$

■ 思考與練習 ■

一、問答題

1. 何謂系統風險？何謂非系統風險？

2. 何謂市場風險？

3. 何謂違約風險？

4. 何謂營業槓桿？公式為何？

5. 何謂財務槓桿？公式為何？

6. 請說明企業從事金融商品交易可能涉及之風險有那些（請簡答）

【證券分析】

7. 利用歐曼 Z 分數 (Altman Z-Score) 預測企業破產的公式如下：

$$Z = 0.717X_1 + 0.847X_2 + 3.107X_3 + 0.420X_4 + 0.998X_5$$

(1)請問上式中 X_1 至 X_5 是那些財務比率？

(2)如何利用 Z 分數預測企業破產機率的高低？ 【基層特考】

二、選擇題

( ) 1. 一般而言，公債風險不包括下列何者？

(A)信用風險 (B)流動性風險 (C)利率風險 (D)通貨膨脹風險

【券商業務】

( ) 2. 總槓桿效果為：

(A)營業槓桿效果 + 財務槓桿效果 (B)營業槓桿效果 – 財務槓桿效果 (C)營業槓桿效果 × 財務槓桿效果 (D)營業槓桿效果 ÷ 財務槓桿效果 【證券分析】

( ) 3. 以下何項原因與非系統風險無關？

(A)公司罷工 (B)開發新科技產品 (C)董事大舉出脫持股 (D)經濟成長率下降

【投信業務】

( ) 4. 在其它條件相同時，下列三種債券，甲. 5 年期，10% 票面利率，$10,000 面額公司債；乙. 10 年期，6% 票面利率，$10,000 面額公司

債；丙. 5 年期，6% 票面利率，$10,000 面額公司債，其利率風險由高至低依序為：

(A)甲 > 乙 > 丙　(B)乙 > 丙 > 甲　(C)乙 > 甲 > 丙　(D)丙 > 乙 > 甲

【證券分析】

(　) 5.若債券的次級市場不發達、交易量很小，則投資者在急需用錢時可能無法順利出售時的風險為：

(A)再投資風險　(B)流動性風險　(C)信用風險　(D)利率風險

【投信業務】

(　) 6.分散投資，可幫助消除：

(A)公司特定風險　(B)系統性風險　(C)市場風險　(D)選項(A)、(B)、(C)皆是　【投信業務】

(　) 7.下列何者可以用來衡量不同期望報酬率投資方案之相對風險？

(A)變異數　(B)標準差　(C)變異係數　(D)貝它係數　【券商業務】

(　) 8.美國公司 X1 年度營業利益變動 10%，其營業槓桿度 1.6，財務槓桿度 2.5，則其每股盈餘變動多少？

(A) 25%　(B) 16%　(C) 40%　(D)無法判斷　【投信業務】

(　) 9.下列何者風險屬於系統風險？

(A)贖回風險　(B)違約風險　(C)商業風險　(D)利率風險　【券商業務】

(　) 10.衡量風險時，需考慮到多方面的風險來源，如石油危機、世界大戰即屬於：

(A)企業風險　(B)財務風險　(C)市場風險　(D)流動性風險

【券商高業】

(　) 11.下列何種投資組合的非系統風險較小？

(A)個別產業之股票型基金　(B)股價指數型基金　(C)個別股票　(D)無法比較　【券商高業】

(　) 12.宏華公司的營運槓桿程度為 2.67 倍，財務槓桿程度為 1.25 倍，則公司總槓桿程度約為：

(A) 2.4　(B) 3.3　(C) 1.8　(D) 3.0　【券商高業】

( ) 13.立大公司在 X1 年銷售了 10,000 個產品,每個產品售價為 100 元,每單位之變動成本為 60 元,固定成本為 250,000 元,請問立大公司之營運槓桿程度約為:

(A) 2.7　(B) 4　(C) 3.2　(D) 2.4　　　　　【券商高業】【投信業務】

( ) 14.在下列何者情況下財務槓桿係數最大?

(A)稅前息前淨利等於利息費用時　(B)銷售數量下降時　(C)訂價提高時　(D)固定成本攤提完成時　　　　　【券商高業】

( ) 15.企業無法支付舉債利息或償還本金之風險稱為:

(A)財務風險　(B)企業風險　(C)市場風險　(D)購買力風險

【券商高業】

( ) 16.下列何者為投資本國政府債券所會面臨的主要風險?

(A)利率風險　(B)違約風險　(C)到期風險　(D)匯率風險　【券商業務】

( ) 17.當投資者投資地方政府債券時,若該政府預算赤字增加,此時投資者面臨的違約風險會:

(A)變小　(B)變大　(C)不變　(D)無法判斷　　　　　【券商業務】

( ) 18.以下何者風險通常包含於政府債券報酬當中?

(A)信用風險　(B)通貨膨脹　(C)到期風險　(D)違約風險　【券商業務】

( ) 19.當預期利率下跌時,投資人的公債操作策略為:

(A)將面額大的公債換成面額小的公債

(B)將票面利率低的公債換成票面利率較高的公債

(C)將短期公債換成長期公債

(D)持有原來的公債不變　　　　　【券商業務】

( ) 20.假設其他條件都一樣,在利率下跌時,下列那一種債券最吸引投資人?

(A)票面利率 10%　(B)票面利率 8%　(C)票面利率 12%　(D)票面利率 6%　　　　　【券商高業】

( ) 21.國人購買中央政府發行之新臺幣債券具有:

(A)信用風險　(B)匯率風險　(C)利率風險　(D)稅賦風險　【券商高業】

(　) 22.在其他條件不變下，下列何債券相對上可能有較高之利率風險？
(A)票面利率 8%，20 年期　(B)票面利率 9%，15 年期
(C)票面利率 12%，8 年期　(D)票面利率 10%，10 年期　【券商高業】

(　) 23.舉債經營有利時，財務槓桿指數應：
(A)小於 1　(B)大於 1　(C)等於 1　(D)不一定　【券商業務】

(　) 24.若善大公司的營運槓桿程度為 2.0，銷售量變動 6%，則：
(A)淨利變動 12%　(B)每股盈餘變動 3%　(C) EBIT 變動 3%　(D)
EBIT 變動 12%　【券商高業】

(　) 25.台南公司只生產一種產品，X1 年時共銷售了 56,000 個單位，每單
位售價 10 元，每單位變動成本及費用 7 元，固定營業費用 80,000
元，當年度利息支出 5,000 元，則其綜合槓桿度為何？
(A) 1.61　(B) 2.02　(C) 3.61　(D)選項(A)、(B)、(C)皆非　【券商高業】

(　) 26.由於物價水準發生變動，所導致報酬發生變動的風險，稱之為：
(A)利率風險　(B)購買力風險　(C)違約風險　(D)到期風險
【券商業務】

(　) 27.投資人大多以何者為無風險利率？(A)短期利率　(B)長期利率　(C)公
司債券利率　(D)短期國庫券利率　【券商業務】

(　) 28.當預期利率上漲時，投資人的公債操作策略為：
(A)將短期公債換成長期公債
(B)將票面利率低的公債換成票面利率較高的公債
(C)將面額大的公債換成面額小的公債
(D)持有原來的公債不變　【券商業務】

(　) 29.下列何者與系統性風險無關？
(A)通貨膨脹　(B)匯率變動　(C)公共建設支出　(D)公司會計政策改變
【投信業務】

(　) 30.假設一債券是以面值發行，如果市場利率在發行後下降，則債券的
價格很可能會：
(A)大幅下降　(B)小幅下降　(C)上升　(D)不變　【券商高業】

三、計算題

1. 某公司下年度預計損益表如下：

銷貨收入	$125,000
銷貨成本	(50,000)
邊際貢獻	$ 75,000
固定成本	(60,000)
營業利益	$ 15,000

試作：(1)依該預計表，其營運槓桿度為何？若銷貨增加 20%，則依營運槓桿觀念其營業利益增加百分比若干？(列示計算)

(2)假設稅率為 40%，而該公司預計下年度需支付利息 $10,000 及現金股利 $12,000，則上述銷貨收入應設定為若干？　　　【特考】

2. 四維公司、五福公司與六合公司的部分財務資料如下所示：

	四維公司	五福公司	六合公司
總資產	$1,000,000	$2,000,000	$3,000,000
總負債	300,000	500,000	600,000
負債的利率	10%	10%	10%
營業利潤	80,000	210,000	300,000

試作：(1)請計算四維公司、五福公司與六合公司的財務槓桿指數，假設稅率為 25%。

(2)請分別說明三家公司的財務槓桿指數大小的原因及其意義。

【基層特考】

3. 大洋公司連續兩年度之損益資料如下：

	第一年	第二年
銷貨收入	$ 500,000	$ 800,000
變動成本	(300,000)	(400,000)
邊際貢獻	$ 200,000	$ 400,000
固定成本	(100,000)	(200,000)
營業利益	$ 100,000	$ 200,000
利息費用	(20,000)	(30,000)
稅前淨利	$ 80,000	$ 170,000
所得稅費用 (25%)	(20,000)	(42,500)
稅後淨利	$ 60,000	$ 127,500

試作：(1)計算各年度之營業槓桿度

(2)計算各年度之財務槓桿度

(3)計算各年度之綜合槓桿度

(4)就以上分析，作一簡要結論

(5)分別按各年度之成本結構，假設銷貨增加 100%，將會使淨利各
增加多少百分比？（列出報表加以驗證）

4. A、B、C 及 D 公司生產及銷售相同之產品，且同時面對相同之產品銷售
數量及產品價格變動風險；假設 A、B、C 及 D 公司所生產之產品，其品
質及外觀上皆一致，無法分別。今年 A、B、C 及 D 各公司之損益數字如
下所示（單位：新臺幣佰萬元）：

	A	B	C	D
銷貨收入	$1,000	$10,000	$ 3,000	$ 5,000
營業成本（費用）				
變動營業成本	(500)	(6,000)	(1,200)	(3,500)
固定營業成本	(200)	(1,000)	(300)	(250)
利息費用前營業利益	$ 300	$ 3,000	$ 1,500	$ 1,250
長期借款之利息費用	(100)	(1,000)	(900)	(250)
稅前淨利	$ 200	$ 2,000	$ 600	$ 1,000
所得稅	(50)	(500)	(150)	(250)
淨利	$ 150	$ 1,500	$ 450	$ 750

假設各公司資本結構及資產結構不變之情況下，試回答下列問題（請說明
並計算過程）：

(1)比較 A、B、C 及 D 公司營運槓桿之大小？

(2)比較 A、B、C 及 D 公司財務槓桿之大小？

(3)綜合(1)及(2)之答案，比較 A、B、C 及 D 公司總風險之大小？

(4)假如 A、B、C、D 各公司係生產完全不同之產品（且不同產業），試問
上述 A、B、C、D 各公司營運槓桿、財務槓桿及風險之大小評估將受何
影響？　　　　　　　　　　　　　　　　　　　　　　　　【CPA】

5.以下為甲、乙公司今年度之重要資料：

	甲公司	乙公司
營運資金	$ 9,000	$15,000
保留盈餘	8,000	6,000
負債總額	3,000	8,000
資產總額	30,000	25,000
銷貨收入	43,000	20,000
營業利益	7,000	5,000
股價市值	18,000	15,000

歐特曼於 1968 年發展之多變量模式來預測破產，其模式如下：

$$Z = 1.2X_1 + 1.4X_2 + 3.3X_3 + 0.6X_4 + 1.0X_5$$

試作：(1)計算甲、乙公司 X_1，X_2，X_3，X_4，X_5 之值

　　　(2)計算甲、乙公司各別之 Z 值

　　　(3)根據 Z 值請你分析那家公司可能會有財務危機

　　　(4)歐特曼以 Z 值等於 1.8 為臨界點，請問 Z 值高於 1.8 或低於 1.8 會
　　　　有破產危機？　　　　　　　　　　　　　　　　　　【CPA 改編】

Chapter 10

證券的評價與風險

Valuation and Risk of Securities

資訊補給J 股票投資心法

　　　筆者幾篇「股海浮沉」多為繁雜的敘述，為了方便大家瞭解起見，特別將自己股票投資的實戰經驗彙整如下：

一、從基本面尋找良好的投資標的

　　1.尋找每季 EPS 超過 $1 以上的。如果資金有限，低於 $1 亦可。

　　2.對照市價，挑選本益比較低的股票。

　　3.再挑選營收成長或營收相對穩定的個股作為投資標的。

二、注意投資標的之產業前景

　　1.從投資標的之相關新聞瞭解其產業前景。

　　2.注意投資標的之每月營收，只要營收穩定或成長，表示前景是 OK 的。

　　3.注意毛利率及營益率的變化，有提升可持股或加碼，若下降很多要趕快出清。

　　4.注意每季季報的 EPS，是否符合、超出或低於法人預期，會影響股價的波動。

三、分批加碼或減碼

　　1.採用不定期不定額方式投資，股價有上漲空間則分批加碼，反之分批減碼。

　　2.部分短線方式，在股價偏高時，可以獲利了結，股價又下跌時，再承接回來。部分長期累積，以賺取倍數的獲利（個股趨勢向上時）。

四、觀察大盤趨勢

　　1.留意大盤趨勢，如果是區間整理，比較不用擔心。

　　2.若是趨勢向上，就放心投資。若是趨勢向下，可考慮分批出清，保留資金。

五、投資個股的種類不要太多

　　1.不要投資超過 5 種股票。

　　2.可以觀察另外不超過 10 種股票，作為換股操作的空間。

六、注意大量交易之正常或異常

　　1.所謂量先價行，如果是放大量在正常範圍，且股價上漲，表示健康的換手，股價還會上漲。

2.如果成交量超乎異常的大,且股價上漲(甚至由漲反跌),表示法人或大戶逢高出脫,最好賣出為妙。

七、適時獲利了結

1.有時可參考消息面或技術面指標,作短線進出。

2.所投資個股本益比已經偏高時,應適時獲利了結,落袋為安。

八、其　他

1.勇敢停損,當斷則斷。

2.強者恆強,當追則追。

3.回歸基本面,勿追本夢比。

4.不要頻繁進出,以波段操作。

5.觀察投資標的之流動資產、固定資產、流動負債、長期負債是否合理,與同業相比若負債比例過高,應小心為妙。

6.受當年證所稅影響導致成交量偏低,且股票種類過多,使個股成交量偏低,因此上漲不易,稍有風吹草動卻很容易下跌。所以最好選擇交易量比較大的投資標的。

7.注意地雷股(請參考第九章第四節之四「如何避開地雷股」)。

九、問　心

1.心臟要強:此法股票集中少數幾檔,若大漲或大跌,財富帳面價值每天的變化會大起大落,若容易緊張或精神衰弱的人,生活將大受影響,只有心臟夠強的人才適合此法。

2.心神要穩:當資訊多而雜,或者是毫無資訊,股價卻波動異常,此時人的心理容易受影響,會懷疑究竟是利多還是利空。意志不穩時就很難確定要加碼、減碼或不動如山;三心二意可能會延誤股情、錯失機會。

3.心靈要純:在股海中浮沉,很容易因為追求財富而喪失本心,進而影響生活的品質,忘卻生命的意義與價值。孩童的純真,利他的良善,山水的秀美,親人的孝悌,對「真、善、美、聖」的追求,才能夠豐富我們的生命。

　　在企業的立場，發行公司債、特別股與普通股，均會考量資產報酬率、權益報酬率及資金成本間的關係。資金成本相對而言就是投資者所要賺取的報酬率。本章以投資者的角度來評估各類證券的價值，以及與風險的關係。

第一節　各類證券的評價

　　證券的價值通常為其未來現金流量的折現值，此一價值即為內涵價值 (Intrinsic Value)，為該證券的合理價值 (Fair Value)，有別於清算價值、帳面價值。如果證券市場資訊公開且流通迅速的話，此一內涵價值應該與市場價值 (Market Value) 相等。

一、債券的評價

　　債券的現金流量為各期支付的利息及到期值，若要計算現值，就必須選擇適當的折現率來折現，其公式又因債券種類的不同而異。

㈠一般債券

　　一般債券係指每年、每半年、每季或每月支付利息，且有一定到期日需要償還到期值的債券。評價公式為：

$$V_0 = \frac{I}{1+i} + \frac{I}{(1+i)^2} + \cdots + \frac{I}{(1+i)^n} + \frac{M}{(1+i)^n}$$

$$= I \times P_{n,i} + M \times p_{n,i}$$

(10–1)

V_0 = 債券價值　　　　　　　　　　n = 債券流通在外期間

I = 每期支付的利息　　　　　　　　$P_{n,i}$ = 年金現值

M = 債券的面額或到期值　　　　　　$p_{n,i}$ = 複利現值

i = 適當的折現率

　　根據上述公式，可知 V_0 的大小受 i 的影響至大，故 i 的決定要慎重，一般會考慮債券風險、流通期間與資本市場的供需。如果市場上有風險類似的債券，可取其市場利率來折現。

　　假設大忠公司一年前發行八年期的公司債，面額 \$100,000，票面利率 5%，每年付息一次，目前與該債券類似風險程度的市場利率為 6%，則大忠公司債券的價值計算如下：

$$M = \$100,000$$
$$I = \$100,000 \times 5\% = \$5,000$$
$$i = 6\%$$
$$n = 8 - 1 = 7$$
$$V_0 = \$5,000 \times \mathbf{P}_{7,\,0.06} + \$100,000 \times p_{7,\,0.06}$$
$$= \$5,000 \times 5.582 + \$100,000 \times 0.665$$
$$= \$27,910 + \$66,500$$
$$= \$94,410$$

　　因為折現率（市場利率）會影響債券價格，結果為：

1. 市場利率 > 票面利率，V_0 < 面值，債券價格下跌。
2. 市場利率 = 票面利率，V_0 = 面值，債券價格不變。
3. 市場利率 < 票面利率，V_0 > 面值，債券價格上漲。

㈡永續債券 (Perpetual Bond)

　　永續債券係指只有付息永不還本的債券，僅限於政府才可能發行。其評價公式為：

$$V_0 = \frac{I}{1+i} + \frac{I}{(1+i)^2} + \cdots + \frac{I}{(1+i)^\infty}$$
$$= \frac{I}{i} \text{（按等比級數推演而得）}$$

(10–2)

假設政府發行永續債券面額 $100,000，票面利率 6%，每半年付息一次，當時公債的市場利率為 4%，則其內涵價值為：

$$I = \$100,000 \times 6\% \times \frac{1}{2} = \$3,000，i = 4\% \times \frac{1}{2} = 2\%$$

$$V_0 = \frac{\$3,000}{2\%} = \$150,000$$

㈢零息債券 (Zero-Coupon Bond)

零息債券係指只有還本而永不付息的債券，與永續債券完全相反。此種債券因為不用付息，則投資者主要在於賺取其價差，故其發行價格遠低於面值，亦即折價很大。其評價公式為：

$$V_0 = \frac{M}{(1+i)^n} = M \times p_{n,i} \tag{10-3}$$

假設大華公司發行零息債券，面額 $100,000，五年後按面額還本，若市場利率為 6%，則其內涵價值計算如下：

$$V_0 = \$100,000 \times p_{5,\,0.06} = \$100,000 \times 0.747 = \$74,700$$

㈣債信評等

前述提及 i 的大小會影響 V_0，而 i 的主要影響因素為債券的風險，債券的風險與發行債券的公司有關。美國三大債券評等機構為穆迪 (Moody's)、標準普爾 (Standard & Poor's, S&P) 以及惠譽 (Fitch Ratings)；我國則為中華信用評等公司 (簡稱中華信評)。針對發行債券公司分析其信用等級，主要考慮因素大致包括獲利指標、槓桿指標、風險指標、公司規模等。一般劃分等級方

式如下：

1.穆迪之分類

高評等	投資級	低評等	投機級	違約級
Aaa、Aa	A、Baa	Ba、B	Caa、Ca	C

2.標準普爾之分類

高評等	投資級	低評等	投機級	違約級
AAA、AA	A、BBB	BB、B	CCC、CC	C、D

3.惠譽之分類（與標準普爾相同）

4.中華信評之分類

長期債信由高至低	twAAA、twAA、twA、twBBB、twBB、twB、twCCC、twCC、SD、D
短期債信由高至低	twA-1、twA-2、twA-3、twB、twC、SD、D

此外中華信評另有 twR 之分類，代表該債務人基於其財務狀況，目前正接受主管機關接管中。在接管期間，主管機關有權決定償債種類的順位或僅選擇償還部分債務。

選擇性違約 (Selective Default, SD)，為受評債務人已選擇性地針對某些特定債務違約，但仍將會如期履行其他債務。"D" 為受評債務人將發生全面性的違約，且將無法如期履行所有或絕大部分債務。

由上述可知要符合投資級，必須達到 BBB 以上的評等，有很多基金明文規定不得投資於 BBB 以下的等級，以免損及投資者權益。另外要說明的是，在 AA 至 CCC 之間，可另加「+」或「-」來顯示各主要評級類別中之相對位置。

而 BBB 級以下之債券則稱為「垃圾債券」(Junk Bond)，為高風險高報酬的債券，一般所謂「高收益債券」均屬之。這種債券本來是有良好績效的公司，卻突然發生財務危機，而影響其評等。演變至今，此類債券多由尚未建立良好紀錄之新公司所發行，或者是反資本化 (Decapitalization) 的高舉債公司，用舉債取代權益證券的發行，或是為購併而舉債，這些原因所發行之債券因屬「高風險債券」當然也具高收益性質，故稱為垃圾債券。1980 年

代，這類債券確實吸引很多投資者為了賺取其較高之收益而爭相購買，此種狀況有如天使降落凡塵般，故有「掉落天使」(Falling Angel) 之稱。

雖然投資於垃圾債券有高收益，但並不保證實際報酬率會高於一般債券，因此投資人是否真的要投資此種債券，仍然需要仔細評估與比較。

㈤債券的存續期間 (Duration)

雖然債券都會有既定的到期日（永續債券除外），然而由於市場利率總是會變動，因而影響債券的價格，於是發行債券的機構可能考慮在公開市場買回債券比較有利，若仍需要資金亦可再發行新債券，因此債券的實際存續期間就不一定是它的到期期間。計算存續期間可以衡量債券的利率風險，存續期間愈長，風險愈高。

1. 影響存續期間的因素

影響債券存續期間的因素有三：

(1)債券的到期日

若其他條件不變，債券的到期日愈長，存續期間就愈長。

(2)票面利率

若其他條件不變，債券的票面利率愈高，存續期間就愈短，因為發行機構想減輕資金成本的負擔。

(3)到期收益率

到期收益率即債券投資者，持有債券至到期日為止，所能獲得的預期年報酬率，又稱為殖利率。若其他條件不變，到期收益率愈高，存續期間就愈短，因為發行機構想減輕資金成本的負擔。到期收益率是根據票面利率來計算，而且與票面利率呈正比的關係。因此只考慮前兩項因素就可以得知存續期間的長短。

2. 各類債券的存續期間

一般來說，債券的實際存續期間，會小於債券的到期期間，頂多等於到期期間，分述如下：

⑴付息債券

所有付息債券的存續期間將小於或等於其到期期間。其為現金流量折現後的加權平均期間，舉例如下：

假設某公司發行面額 $100,000，票面利率 100%，每年底付息一次，四年後到期。茲計算其存續期間如下：

年	現金流量	現值係數	現值	流通期間總額
1	$ 10,000	0.9090	$ 9,091	$ 9,091
2	10,000	0.8264	8,264	16,528
3	10,000	0.7513	7,513	22,539
4	110,000	0.6830	75,130	300,520
合計			$100,000*	$348,678

*合計本為 $99,998，因為誤差調整為 $100,000。

$$存續期間 = \$348,678 \div \$100,000 = 3.48678 \text{ 年}$$

⑵零息債券

零息債券的存續期間將等於其到期期間，因為持有債券的期間不會有任何現金流量，故利率變動不會影響其資金成本的負擔。

⑶永續債券

理論上永續債券期限無窮大，永無到期日，但是每期都有固定之利息負擔，仍然可以計算其可能的存續期間，公式如下：

$$D = 1 + \frac{1}{r} = \frac{r+1}{r} \tag{10-4}$$

D 為存續期間 (Duration)

r 為到期收益率（殖利率）

假設某一永續債券每年付息一次，其殖利率為 5%，則其存續期間為 21 年，計算如下：

$$D = \frac{5\% + 1}{5\%} = 21 \text{ 年}$$

因為存續期間與到期期間成正相關的關係，所以此兩者的期間愈長，利率風險就愈大，故存續期間可以反映債券價格對利率變動的敏感程度。

二、特別股的評價

特別股都訂有固定的股息，有點類似債券，除了可轉換特別股或可贖回特別股外，特別股大多是永久發行，此與一般債券大不相同，卻類似永續債券。特別股評價公式如下：

$$V_0 = \frac{D}{k} \qquad\qquad (10\text{--}5)$$

D＝特別股股利　　k＝預期報酬率

假設大孝公司發行之特別股，股利率為 10%，亦即每股 \$1，投資人預期報酬率為 5%，則每股特別股價值如下：

$$V_0 = \frac{\$1}{5\%} = \$20$$

三、普通股的評價

普通股對公司的請求權雖然是在公司債與特別股之後，但是普通股股東可以享受公司獲利的成長。雖然普通股沒有明確的股利亦無到期日，但是好的公司每年多半會發放股利，而且因為公司獲利成長，將促使普通股市價上漲，股東也可出售持股賺取資本利得。

理論上普通股的評價公式，也可按各期股利折算成現值，亦即：

$$V_0 = \frac{D_1}{(1+k)^1} + \frac{D_2}{(1+k)^2} + \cdots + \frac{D_\infty}{(1+k)^\infty}$$

$$= \sum_{t=1}^{\infty} \frac{D_t}{(1+k)^t}$$

(10–6)

但是一般投資者很少會永續持有股票，通常持有一段時間就會變現，因此上述公式並不實用。普通股的評價分為下列幾種：

㈠零成長模式

此種情況為股利每年都相同，亦即股利成長率為零，類似特別股，其評價模式如下：

$$V_0 = \frac{D}{k} \ (D = D_1 = D_2 = \cdots = D_\infty)$$

(10–7)

假設大仁公司每年發放 $2 之現金股利，投資人預期報酬率為 8%，則每股價值為：

$$\$2 \div 8\% = \$25$$

相對而言，若已知大仁公司每年股利 $2，目前股價 $20，則投資人的預期報酬率為：

$$k = \frac{D}{V_0} = \frac{\$2}{\$20} = 10\%$$

㈡固定成長模式

此為公司的盈餘或股利，每年都呈現固定的成長率，若基期股利為 D_0，則第一期股利為 $D_1 = D_0(1 + g)$，第二期股利為 $D_2 = D_0(1 + g)^2$，依此類推，其評價模式為：

$$V_0 = \frac{D_0(1 + g)}{(1 + k)^1} + \frac{D_0(1 + g)^2}{(1 + k)^2} + \cdots + \frac{D_0(1 + g)^\infty}{(1 + k)^\infty}$$

$$= \frac{D_1}{k - g} \quad （按等比級數推演）$$ (10–8)

$g = $ 預期盈餘或股利成長率

假設前述大仁公司每年盈餘或股利成長率為 3%，去年發放股利 $2，投資人預期報酬率為 8%，則每股價值為：

$$V_0 = \frac{\$2 \times (1 + 3\%)}{8\% - 3\%} = \frac{\$2.06}{5\%} = \$41.2$$

經由上述公式，亦可計算固定成長模式下之股票預期報酬率為：

$$k = \frac{D_1}{V_0} + g$$ (10–9)

k 也可稱之為「預期股利收益率」，g 為股票價格的預期成長率或期望的資本利得收益率。

㈢超常態成長模式

某些公司的成長會隨其生命週期進行，在顛峰時，其成長率超過總體經

濟成長率，持續一段期間後，又回復到某一固定成長率，亦即呈現快速成長與緩慢成長兩種情況。故其價值由此兩部分組成，模式如下：

$$V_0 = \text{快速成長期間股利現值} + \text{緩慢成長期間股利現值}$$

假設大仁公司為一超常態成長的公司，其超常態成長率為 10%，為期在前 3 年，之後為常態成長，常態成長率為 5%，公司去年發放每股股利 $2，若投資人預期報酬率為 8%，則公司股票價值計算如下：

1. $D_1 = \$2 \times (1 + 10\%) = \$2.2$

   $D_2 = \$2.2 \times (1 + 10\%) = \$2.42$

   $D_3 = \$2.42 \times (1 + 10\%) = \$2.662$

   前三年的現值為（折現率為 8%）：

   $$\$2.2 \times 0.926 + \$2.42 \times 0.857 + \$2.662 \times 0.794$$
   $$= \$2.0372 + \$2.07394 + \$2.113628 = \$6.224768$$
   $$\doteq \$6.22$$

2. $D_4 = D_3 \times (1 + 5\%) = \$2.662 \times 1.05 = \$2.7951$

   茲以 V_3 代表第三年底之股價，g 為第三年底以後之常態成長率，則：

   $$V_3 = \frac{D_4}{k - g} = \frac{\$2.7951}{8\% - 5\%} = \$93.17$$

   V_3 之現值為 $\$93.17 \times 0.794 \doteq \$73.98$

3. 大仁公司目前每股價值為 $6.22 + $73.98 = $80.2。

心靈饗宴 J　六十石山

海拔八百有餘　　　　　　　　滿山的詩情如何鍾靈
一顆心蜿蜒崎嶇　　　　　　　順手擷取楓紅一葉
跟隨旅車盤旋而上　　　　　　悄悄地閱讀
青綠和藍白　　　　　　　　　仔細咀嚼　這
相與雜談　　　　　　　　　　澄黃如浪翻　金針似雨覆

倏忽　　　　　　　　　　　　動人的畫意如何淬鍊
山水疊疊股股　　　　　　　　漫步拾級登亭而上
潑墨而來　　　　　　　　　　大方地觀覽
雲霧靄靄　頻頻招手　　　　　縱情去品味　那
露出八月的微笑　　　　　　　氤氳如浴出　繚繞似挽袖

心情正在黑白之間翻騰　　　　且恣肆吸吮
突然　天地色變　　　　　　　權充親密的接觸
澄黃黛綠撲面相迎　　　　　　如果還有些許忐忑
在屏息凝睇後　　　　　　　　為的是囊中的萱草
貪婪難忍而四顧流盼　　　　　期待朵頤解我幽思

造化因何垂青？
用簡單的水墨
滌盪空明的山色
用繽紛的花朵
妝點藏羞的容顏

　　此詩完成於 95 年 10 月 31 日，當年 8 月與親友前往六十石山，後來花了一些時間終於完成此詩。

第二節　證券投資的風險與報酬

　　瞭解各類證券的評價之後，投資人如何從事投資選擇，也必須在報酬率與風險之間作適當之衡量與評估，因為高風險高報酬，風險與報酬之間具有絕對之相關性，在此分別作一簡單的介紹。

一、報酬率

　　投資者對報酬率的要求可能有兩方面：

(一)必要報酬率 (Required Rate of Return)

　　必要報酬率即投資者所要求的最低報酬率。若某項投資計畫連必要報酬率都無法達到，則投資者必然會放棄該項投資計畫。

　　理論上而言，投資者之必要報酬率至少應等於其資金成本才不至於虧損。資金成本有兩種，一為付現資金成本 (Out of Pocket Cost of Capital)，即單獨為某投資方案而籌措資金所產生。例如為擴廠而平價發行 8% 特別股，則其付現資金成本即為 8%。一為加權平均資金成本 (Weight Average Cost of Capital, WACC)，一般所指的資金成本多為 WACC。假設大業公司有利率 10% 之公司債 $400,000，股利率 8% 之特別股 $200,000，以及普通股及保留盈餘 $400,000，普通股及保留盈餘資金成本為 6%，所得稅率為 25%，則大業公司之 WACC 為 7%，計算如下：(先計算資金比例各占 0.4、0.2、0.4)

$$10\% \times (1 - 25\%) \times 0.4 + 8\% \times 0.2 + 6\% \times 0.4$$
$$= 3\% + 1.6\% + 2.4\%$$
$$= 7\%$$

㈡預期報酬率 (Expected Rate of Return)

預期報酬率係指投資者對投資計畫預期實現的報酬率，其為各種可能出現報酬率在不同機率下的期望值。

例如大業公司股票報酬率的機率分配如下：

經濟狀況	發生機率 (P_i)	股票報酬率 (R_i)
繁榮	0.1	80%
穩定	0.6	20%
蕭條	0.3	−20%

$$
\begin{aligned}
預期報酬率 &= 0.1 \times 80\% + 0.6 \times 20\% + 0.3 \times (-20\%) \\
&= 0.08 + 0.12 - 0.06 \\
&= 0.14 = 14\%
\end{aligned}
$$

如果沒有此種機率分配的資訊，則投資者可按照前述 $k = \dfrac{D}{V_0}$ 或 $k = \dfrac{D_1}{V_0}$ + g 來計算預期報酬率。通常投資者對預期報酬率之要求至少要等於必要報酬率，如果能夠高於必要報酬率，必然更有投資意願，反之，若低於必要報酬率則不願意投資。

如果投資者已經投資某種股票，則當該股票之預期報酬率發生變化，若低於必要報酬率時，則會出售該股票，而造成股價下跌；反之，若預期報酬率高於必要報酬率，將會惜售，甚至加碼投資，而造成股價上漲。

假設中興公司股票預期每股發放 \$2 的股利，預期未來成長率為 6%，目前每股股價為 \$40。

1.中興公司股票的預期報酬率若干？

$$
k = \frac{D_1}{V_0} + g = \frac{\$2}{\$40} + 6\% = 11\%
$$

2.若投資者必要報酬率為 8%，股價會發生什麼變化？

　因為 11% > 8%，故中興公司的股價將會上漲。

3.股價多少時，預期報酬率會等於必要報酬率 8%？

$$\frac{\$2}{V_0} + 6\% = 8\% \Rightarrow \frac{\$2}{V_0} = 2\% \Rightarrow V_0 = \frac{\$2}{2\%} = \$100$$

　當股價為 $100 時，預期報酬率等於必要報酬率。

㈢實際報酬率

　　實際報酬率為實際投資期間結束時之報酬率，除非湊巧，通常不會等於預期報酬率。各期間報酬率 $(R_i) = \frac{(V_i - V_{i-1})}{V_{i-1}}$；若期間為兩期以上，有兩種方式衡量實際報酬率，一為算術平均報酬率，一為幾何平均報酬率，當各期報酬率均相同時，兩種方法算出之報酬率也相同；但是各期報酬率不同時，算術平均報酬率比較高，而且各期報酬率波動愈大，兩者之報酬率差距也愈大。

　　通常在衡量長期投資之績效時，算術平均法會有高估績效之情況，幾何平均法比較能夠真實表達其實際報酬率。兩者公式如下：

1.算術平均報酬率

$$算術平均報酬率 = \frac{\sum_{i=1}^{n} R_i}{n}$$

2.幾何平均報酬率

$$幾何平均報酬率 = \sqrt[n]{\pi_{i=1}^{n}(1 + R_i)} - 1$$

$\pi_{i=1}^{n}$ 為「相乘積」之意，例如 $\pi_{i=1}^{3} a_i = a_1 \times a_2 \times a_3$

假設大華公司兩年來投資台塑公司股票，第一年股價從 $100 下跌至 $80，第二年又從 $80 上漲至 $110，其算術平均報酬率與幾何平均報酬率計算如下：

$$第一年報酬率 = \frac{(\$80 - \$100)}{\$100} = -20\%$$

$$第二年報酬率 = \frac{(\$110 - \$80)}{\$80} = 37.5\%$$

$$算術平均報酬率 = \frac{(-20\% + 37.5\%)}{2} = 8.75\%$$

$$幾何平均報酬率 = \sqrt[2]{(1-20\%)(1+37.5\%)} - 1 = 1.0488 - 1 = 4.88\%$$

二、風　險

風險的種類在第九章已介紹過，此處將針對證券投資的風險進一步加以說明。

㈠風險貼水 (Risk Premium)

當投資於政府發行的短期國庫券時，其報酬率為無風險利率 (Riskless Rate)。但是若投資於風險性資產時，投資者的預期報酬率一定要大於無風險利率，此種差額稱為風險貼水，或稱為風險溢酬。故所謂風險貼水即對風險性投資的額外補償，可表示如下：

$$R_r = R_f + \pi$$

R_r = 風險性投資的預期報酬率
R_f = 無風險利率
π = 風險貼水

對於風險貼水的多寡，必須視投資標的本身的風險性高低而定，風險程度愈高，風險貼水則愈多，反之則愈少。

㈡投資者的風險態度

每個人面對風險時的態度，必然會有不同，基本上而言面對風險的態度可分為風險規避、風險中立及風險偏好三類。一般投資學的立場均假設投資者為風險規避者。

1.風險規避者

風險規避者為理性的投資人，其並不喜歡風險，所以在風險增加時，所要求的邊際報酬率也會增加。例如張三為風險規避者，其第一單位投資的報酬率為 5%，當風險增加時，其第二單位投資所要求的報酬率將大於 5%，否則不會投資。就投資人的財富而言，當財富遞增而財富邊際效用遞減，則屬風險規避者。

2.風險中立者

風險中立者在風險增加時，所要求的邊際報酬率維持不變。例如前述張三為風險中立者，則其投資第二單位所要求的邊際報酬率仍然為 5%。亦即不論風險變大或變小，其對風險的態度都沒有好惡之差異。

3.風險偏好者

風險偏好者在風險增加時，所要求的邊際報酬率減少也無所謂。假設前例張三為風險偏好者，則其投資第二單位所要求的邊際報酬率低於 5%，仍然願意冒險投資。

三、證券投資組合

投資組合是將投資分散到多種投資標的，以避免風險集中於單一投資標的。若投資組合均以證券為標的，不含其他類別之資產，則為證券投資組合。

㈠投資組合報酬率

將個別資產之預期報酬率加權平均計算,即為投資組合之預期報酬率。公式如下:

$$投資組合預期報酬率 = W_1 \times R_1 + W_2 \times R_2 + \cdots + W_n \times R_n = \sum_{i=1}^{n} W_i \times R_i$$

例如:老陳投資甲、乙兩種股票,預期報酬率分別為 16% 與 36%,投資比例分別為 60% 與 40%,則投資組合預期報酬率計算如下:

$$60\% \times 16\% + 40\% \times 36\% = 9.6\% + 14.4\% = 24\%$$

㈡投資組合風險

衡量投資組合之風險,為其變異數或標準差,該數值愈大則風險愈高。茲以兩項資產之投資組合說明之。

$$
\begin{aligned}
投資組合變異數 &= Var(W_1 \times R_1 + W_2 \times R_2) \\
&= W_1^2 \times Var(R_1) + W_2^2 \times Var(R_2) + 2W_1 W_2 \times Cov(R_1 , R_2)
\end{aligned}
$$

$$Cov(R_1 , R_2) = \rho_{12} \times \sqrt{Var(R_1)} \times \sqrt{Var(R_2)}$$

$Cov(R_1 , R_2)$ 為 R_1、R_2 兩種資產報酬率之共變異數

ρ_{12} 為 1 與 2 兩種資產之相關係數

$\sqrt{Var(R_1)}$ 為第 1 種資產報酬率之標準差

例如：老張利用歷史資料統計甲、乙兩種股票之資訊如下：

	平均報酬率	共變異數	
		甲股票	乙股票
甲股票	18%	0.08	0.05
乙股票	24%	0.05	0.06

如果老張投資甲、乙股票比例為 6:4，則其投資組合之變異數與標準差計算如下：

$$投資組合變異數 = 0.6^2 \times 0.08 + 0.4^2 \times 0.06 + 2 \times 0.6 \times 0.4 \times 0.05$$
$$= 0.0288 + 0.0096 + 0.024$$
$$= 0.0624 = 6.24\%$$
$$投資組合標準差 = \sqrt{6.24\%} = 0.2498 = 24.98\%$$

㈢風險分散與相關係數

投資組合之目的主要在分散風險，但是風險是否真的分散，將視組合內各資產間之相關係數而定，相關係數介於 ±1 之間，相關係數愈大，風險分散的效果愈差，相關係數愈小甚至為負數，風險分散的效果愈佳。茲以兩種資產投資組合說明之。

1.相關係數 = 1 ($\rho_{12} = 1$)

$$投資組合變異數 = W_1^2 \times Var(R_1) + W_2^2 \times Var(R_2) + 2W_1W_2 \times \rho_{12} \times \sqrt{Var(R_1)} \times \sqrt{Var(R_2)}$$
$$= W_1^2 \times Var(R_1) + W_2^2 \times Var(R_2) + 2W_1W_2 \times 1 \times \sqrt{Var(R_1)} \times \sqrt{Var(R_2)}$$
$$= (W_1 \times \sigma_1 + W_2 \times \sigma_2)^2$$

$$投資組合標準差\ (\sigma_p)\quad = W_1\sigma_1 + W_2\sigma_2$$

因此投資組合相關係數為 1 時，其標準差等於個別資產標準差之加權平均，並無分散風險之效果。

2. $-1 <$ 相關係數 < 1

因為 $-1 < \rho_{12} < 1$，故 $2W_1W_2 \times \rho_{12} \times \sqrt{Var(R_1)} \times \sqrt{Var(R_2)}$ 變小，則：

$$投資組合標準差\ (\sigma_p) < W_1 \times \sigma_1 + W_2 \times \sigma_2$$

其標準差小於個別資產標準差之加權平均，具有分散風險之效果。

3. 相關係數 $= -1$

$$投資組合變異數 = W_1^2 \times Var(R_1) + W_2^2 \times Var(R_2) + 2W_1W_2 \times (-1) \times \sqrt{Var(R_1)}$$
$$\times \sqrt{Var(R_2)}$$
$$= (W_1 \times \sigma_1 - W_2 \times \sigma_2)^2$$

$$投資組合標準差\ (\sigma_p) = |W_1 \times \sigma_1 + W_2 \times \sigma_2|，(\sigma_p) \geq 0$$

此時若 $W_1 \times R_1 = W_2 \times R_2$，投資組合之標準差可降低至 0。

假設某一投資組合之資料如下：

	甲股票	乙股票
預期報酬率	8%	12%
報酬率之標準差	20%	30%
投資比例	0.4	0.6

若投資組合之相關係數分別為 1、0.1、−1，則投資組合標準差分別為：

$$\rho_{12} = 1，\sigma_p = 0.4 \times 20\% + 0.6 \times 30\% = 8\% + 18\% = 26\%$$

$$\rho_{12} = 0.1，投資組合變異數 = 0.4^2 \times 20\%^2 + 0.6^2 \times 30\%^2$$
$$+ 2 \times 0.4 \times 0.6 \times 0.1 \times 20\% \times 30\%$$
$$= 0.0064 + 0.0324 + 0.00288$$
$$= 0.04168$$

$$\sigma_p = \sqrt{0.04168} \doteqdot 0.2042 = 20.42\%$$

$$\rho_{12} = -1，\sigma_p = |0.4 \times 20\% - 0.6 \times 30\%| = |8\% - 18\%| = 10\%$$

如果投資比例反過來為 0.6 與 0.4，且投資組合相關係數為 −1，投資組

合標準差將等於 0。計算如下：

$$\rho_{12} = -1 \text{ , } \sigma_p = |0.6 \times 20\% - 0.4 \times 30\%| = |12\% - 12\%| = 0$$

㈣系統風險與貝他係數

前述在相關係數不等於 1 之情況下，投資人可透過多角化之投資組合來分散風險，但是再如何增加不同資產投資，也無法將全部風險降至零，因為其降低之風險屬於非系統風險，另外還有系統風險是無法分散的。

用來衡量系統風險最重要的指標為貝他係數 (Beta Coefficient) 或貝他值 (Beta)。貝他值的範圍並無限制，但是大於 1，小於 1 或 0，分別有其涵意。貝他值大於 1，代表其報酬率變動大於整體市場的變動。若貝他值小於 1，則代表其報酬率的變動小於整體市場的變動。若貝他值為 0，代表無風險。若貝他值為 0.8，表示報酬率受總體經濟因素影響程度為市場之 0.8 倍。

若 A 證券之貝他值為 B 證券之兩倍，並不表示預期報酬率為兩倍，也不表示風險就是兩倍，而只是說 A 證券受市場變動之影響程度為 B 證券的兩倍。

若某證券在大盤下跌時具抗跌性，在大盤上漲時亦上漲較少，顯然其報酬率的變動小於整體市場之變動幅度，故其貝他值小於 1，該證券之預期報酬率是低於市場平均報酬率。貝他值愈大，因為風險愈大，所要求之預期報酬率就愈大。

所謂貝他值主要在衡量某個別證券或證券投資組合之報酬率對整體證券市場變動的敏感度，其為某個別證券或證券投資組合之報酬率與整體市場之報酬率的共變異數 (Covariance)，對整體市場報酬率的變異數之比值。公式如下：

$$\beta = \frac{\text{Cov}(R_r, R_m)}{\sigma_m^2} \tag{10–10}$$

β = 貝他值

$\text{Cov}(R_r, R_m)$ = 某證券或證券投資組合報酬率與整體市場報酬率之共變異數

σ_m^2 = 整體市場報酬率的變異數

當某一投資組合之變異數很接近其與整體市場之共變異數時，其 β 值將接近 1。整體市場報酬率在國內當然用發行量加權股價指數之漲跌來衡量，而整體市場投資組合之 β 為 1。

$$\beta = \frac{Cov(R_r , R_m)}{\sigma_m^2} = \frac{\sigma_m^2}{\sigma_m^2} = 1$$

至於 $Cov(R_r , R_m)$ 之公式類似於前述介紹之 $Cov(R_1, R_2)$。

還記得 $Cov(R_1 , R_2) = \rho_{12} \times \sqrt{Var(R_1)} \times \sqrt{Var(R_2)}$ 吧！

$Cov(R_r , R_m)$ 公式如下：

> 甲股票報酬率與市場報酬率之共變異數
> ＝甲股票報酬率之標準差×市場報酬率標準差×兩者相關係數

假設甲股票報酬率之標準差為 12%，其與市場報酬率之相關係數為 0.8，而市場報酬率之標準差為 6%，整體市場報酬率為 8%，無風險利率為 3%。

甲股票之 $Cov(R_r , R_m) = 12\% \times 6\% \times 0.8 = 0.0072 \times 0.8 = 0.00576$

甲股票之 β 值 $= \dfrac{0.00576}{6\%^2} = \dfrac{0.00576}{0.0036} = 1.6$

甲股票之預期報酬率 $= 3\% + 1.6 \times (8\% - 3\%) = 3\% + 8\% = 11\%$

由上述公式亦可知悉，當兩種股票相關係數為 0 時，其共變異數為 0，此種投資組合之 β 值亦為 0。某投資組合與市場之關係亦同，若其相關係數為 0，其 β 值亦為 0，若其相關係數為負，其 β 值亦為負數。

預期報酬率之公式請參閱接下來之證券市場線。

四、證券市場線 (Security Market Line, SML)

貝他值的運用將影響投資者之預期報酬率，亦即：

$$R_r = R_f + \pi = R_f + \beta(R_m - R_f) \qquad (10\text{–}11)$$

R_m = 整體市場的平均報酬率

　　此公式稱之為 SML 方程式，以座標圖表示，即所謂的證券市場線，反映了期望報酬率與系統風險間的關係。SML 也是資本資產訂價模式 (Capital Assets Pricing Model, CAPM) 的具體表徵。公式中 $(R_m - R_f)$ 為整體市場風險貼水，$\beta(R_m - R_f)$ 為某證券或證券組合之風險貼水。SML 實為表達 R_r、R_f 與 β 之關係。

　　SML 圖形（參考圖 10–1）繪製步驟如下：

1. 先以座標圖為基礎，橫軸代表 β 值，縱軸代表報酬率。
2. 無風險利率 R_f 與橫軸平行，其 β 值為 0。
3. SML 的斜率為 $(R_m - R_f)$，斜率愈大，SML 線愈陡，其風險貼水與報酬率將愈高。所以改變 $(R_m - R_f)$ 之值，就會改變 SML 的陡斜平緩。

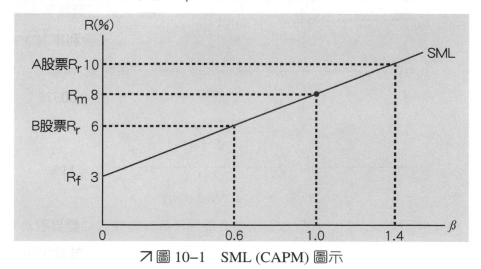

↗圖 10–1　SML (CAPM) 圖示

　　假設股票整體市場的平均報酬率為 8%，無風險利率為 3%，市場風險貼水為 5% (8% – 3%)。又假設 A、B 兩家公司股票的貝他值分別為 1.4 與 0.6，則 A 公司股票之風險貼水為 1.4×5%＝7%，B 公司股票風險貼水為

$0.6 \times 5\% = 3\%$，則 A 公司股票的預期報酬率為 $3\% + 7\% = 10\%$，B 公司股票的預期報酬率為 $3\% + 3\% = 6\%$。

以 A 公司而言，若其股票目前市價衡量之報酬率為 8%，與預期報酬率 10% 相比則偏低，代表目前市價被高估，才會使報酬率下降。

由圖形得知 A、B 公司之 β 值雖不同，但都落在 SML 線上，故 β 值不會影響 SML 的陡斜，只有 $(R_m - R_f)$ 才會影響。

五、資本資產訂價模式 (CAPM)

資本資產訂價模式 (Capital Asset Princing Model, CAPM) 為美國學者夏普 (William Sharpe)、崔納 (Jack Treynor) 與莫森 (Jan Mossin) 等人提出的方法，其為利用系統風險（市場風險）來闡述風險與報酬關係的數學模式。即 $R_r = R_f + \beta(R_m - R_f)$，請參考圖 10–2。

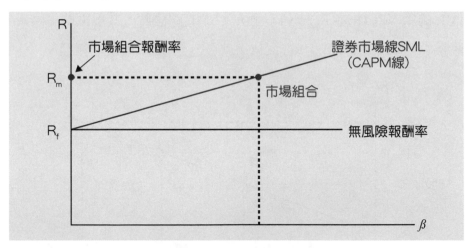

↗圖 10–2　CAPM 圖示

CAPM 可以幫助投資者評估股價的合理性與投資績效。

㈠評估股價

CAPM 線代表股市在均衡時，所有股價反映之風險與報酬都在此線上。若某股票的報酬率目前在 CAPM 的上方，則反映其股價偏低，將吸引投資者爭相購買，此時價格會上升，最後促使報酬率下降，回到 CAPM 線上。反

之，若股價目前的報酬率在 CAPM 的下方，則反映其股價偏高，投資者將會出售促使價格下跌，最後使得報酬率上升，回到 CAPM 線上。至於價格與報酬率之間的關係，已如前述可用 $V_0 = \dfrac{D}{k}$ 或 $V_0 = \dfrac{D_1}{k-g}$ 來換算。

㈡評估績效

投資者藉由不同的投資組合來分散非系統風險，但是究竟是否能得到預期的報酬，且能夠優於 CAPM 整體市場的平均報酬，就要看投資者投資組合是否具有效率。雖然投資組合的道理以 CAPM 來推演，但若實際報酬率能高於 CAPM，就表示投資者績效優於整體市場。反之若實際報酬率低於 CAPM，則表示績效不佳。

六、套利訂價理論 (APT)

套利訂價理論 (Arbitrage Pricing Theory, APT) 為美國學者羅斯 (Steven Ross) 在 1976 年提出，用以修正 CAPM 的訂價模式。

CAPM 的模式中只採用單一因子 $\beta(R_m - R_f)$ 來解釋必要報酬率。而 APT 模式則採用多個因子來解釋與計算必要報酬率，APT 理論認為個別證券的報酬率是由無風險利率與多組的風險貼水組成。模式如下：

$$R_r = R_f + \beta_1(R_1 - R_f) + \beta_2(R_2 - R_f) + \cdots + \beta_n(R_n - R_f) + e_i$$
$$= R_f + \beta_1 r_1 + \beta_2 r_2 + \cdots + \beta_n r_n + e_i$$

(10–12)

$\beta_1 \cdot \beta_2 \cdot \cdots \cdot \beta_n$ 觀念與前述 β 一樣。

$r_1 \cdot r_2 \cdot \cdots \cdot r_n$ 表示該特定因子的風險貼水，類似 $R_m - R_f$。

e_i 表示個別風險 (Unique Risk) 的一種誤差值。

假設投資甲、乙股票之貝他係數分別為 1.5 與 0.6，甲、乙股票之風險溢酬分別為 6% 與 3%，若無風險利率為 5%，在無法套利下，此投資組合之預

期報酬率計算如下：

$$R_r = R_f + \beta_1(R_1 - R_f) + \beta_2(R_2 - R_f)$$
$$= 5\% + 1.5 \times 6\% + 0.6 \times 3\%$$
$$= 15.8\%$$

所謂「套利訂價」，類似「比價」，當兩種證券貝他值相同時，報酬率理應相同，但若產生相異情況時，投資人將會出售較低報酬率（價格偏高）之證券，而買進報酬率較高（價格偏低）之證券，結果價格在供需機能發揮作用，促使兩種證券之報酬率變成相同而達到均衡。由於買低價賣高價，故稱之為「套利訂價」。

若兩種證券 β 值不同時，其報酬率自然不同，亦可採套利訂價。例如 A 證券 β 值高，故必要報酬率較高為 15%，B 證券 β 值低，必要報酬率較低為 10%，假設目前 A 證券之報酬率為 20%，而 B 證券之報酬率為 8%，則投資者可賣 B 證券（價格偏高），而買 A 證券（價格偏低），以資套利。

理論上而言，APT 雖較 CAPM 為佳，但運用上卻比 CAPM 麻煩，因為必須估算較多之 β 值，以及風險貼水。

七、其他評估指標

除了前述報酬率與風險的概念以外，對於其他投資組合之績效評估指標也應該有些基本的瞭解，茲分述如下：

㈠夏普指標——報酬與變異

夏普指標 (Sharpe Index) 為夏普在 1966 年所提出，用此指標將 1954 至 1963 年 34 種共同基金按績效排名，其所用的指標為報酬對變異比率 (Reward-to-Variability Ratio, RVAR)，又稱為夏普比率 (S_p)。公式如下：

$$報酬對變異比率 = \frac{(R_p - R_f)}{\sigma_p} = \frac{超額報酬}{總風險} \qquad (10\text{--}13)$$

$R_p = p$ 投資組合平均報酬率

$R_f =$ 無風險報酬率

$\sigma_p = p$ 投資組合平均報酬率之標準差

此一比率所代表的涵意是每承擔一單位投資組合總風險,所能獲得的超額報酬,故比率愈高,代表投資績效愈好。

假設甲基金,過去五年平均報酬率為 16%,其報酬率之標準差為 20%,同一期間的無風險報酬率平均為 6%,則夏普比率為 0.5,計算如下:

$$S_p = RVAR = \frac{16\% - 6\%}{20\%} = \frac{10\%}{20\%} = 0.5$$

換言之,如果標準差增加 1%,就可增加 0.5% 的報酬。不過單獨衡量一個基金的夏普指標是沒有用的,必須與其他資訊作比較,例如:

1. 甲基金與乙基金夏普指標分別為 0.5 與 0.6,可知乙基金績效較高。

2. 夏普指標與 SML 或 CML (Capital Market Line, CML) 相比。SML 為證券市場線,CML 為資本市場線,SML 只考慮系統風險,而 CML 考慮系統風險與非系統風險。

若夏普指標大於 SML 或 CML 的報酬率,亦即斜率較大,代表績效超過 SML 與 CML 的績效。

(二)崔納指標——報酬與波動

崔納指標 (Treynor Index) 為崔納在 1965 年提出,其所用的指標為報酬對變動比率 (Reward-to-Volatility Ratio, RVOR),又稱之為崔納比率 (T_p),公式如下:

$$報酬對變動比率 = \frac{(R_p - R_f)}{\beta_p} = \frac{超額報酬}{系統風險} \qquad (10\text{--}14)$$

$\beta_p = p$ 投資組合下的系統風險

此一比率所代表的涵意是每承擔一單位投資組合之系統風險，所能獲得的超額報酬。故比率也是愈高愈好，代表投資績效比較好，讀者應該很容易發覺，此公式與夏普指標的區別；分子都相同，不同之處在於分母，一個用總風險，一個用系統風險。我們均知：

$$總風險 = 系統風險 + 非系統風險$$

如果某項投資組合能完全消除非系統風險的話，則夏普指標將等於崔納指標。

㈢詹森指標——報酬差異性

詹森指標 (Jensen Index) 係詹森 (Michael C. Jensen) 於 1968 年提出，其所用的指標為報酬差異性指標，又稱為 α 指標或詹森值 (Jensen's Alpha)，公式如下：

$$R_{pt} = R_{ft} + \beta_p(R_{mt} - R_{ft}) + \alpha_p \qquad (10\text{--}15)$$

$R_{pt} = p$ 投資組合在期間 t 的報酬率

$R_{ft} = $ 無風險資產在期間 t 的報酬率

$R_{mt} = $ 市場投資組合在期間 t 的報酬率

$\beta_p = p$ 投資組合下的系統風險

$\alpha_p = p$ 投資組合下的異常報酬（此即詹森指標，詹森 α 值）

亦可寫成：

$$\alpha_p = (R_{pt} - R_{ft}) - \beta_p(R_{mt} - R_{ft}) \tag{10-16}$$

公式 10-15，就像是 SML 線多加一個 α_p 值。故詹森指標之適當性，建立於 CAPM 是正確的基礎之下。

1. 若 $\alpha_p > 0$，則 $R_{pt} > R_{ft} + \beta_p(R_{mt} - R_{ft}) = $ SML，代表報酬 $R_{pt} > $ 市場報酬

   此時 R_{pt} 在 SML 的上方，表示績效好。該投資組合在 CAPM 下，具選股能力。

2. 若 $\alpha_p = 0$，則 $R_{pt} = R_{ft} + \beta_p(R_{mt} - R_{ft}) = $ SML，代表報酬 $R_{pt} = $ 市場報酬

   此時 $R_{pt} = $ SML，表示證券在 CAPM 理論下有合理的評價。

3. 若 $\alpha_p < 0$，則 $R_{pt} < R_{ft} + \beta_p(R_{mt} - R_{ft}) = $ SML，代表報酬 $R_{pt} < $ 市場報酬

   此時 R_{pt} 在 SML 下方，表示績效差。該投資組合在 CAPM 下，不具選股能力。

   假設某投資組合 A 之平均報酬率為 18%，報酬率之標準差為 10%，貝他值為 1.2，假設市場投資組合平均報酬率為 15%，無風險利率為 6%，則該組合 A 之詹森指標為 0.012，計算如下：

$$\alpha_A = (18\% - 6\%) - 1.2(15\% - 6\%) = 12\% - 10.8\% = 1.2\% = 0.012$$

八、效率市場假說 (Efficient Markets Hypothesis, EMH)

資本市場為企業與投資者之間的橋樑，藉著此橋樑，資金可以流向最需要的地方，此時投資者將希望其投資能得到合理的回報，也就是投資風險與投資報酬能達到公平合理的狀況，此則有賴於資本市場的效率性。在效率的資本市場中，具有兩項特徵：

1. 證券價格能夠充分反映所有相關的資訊。

2.若有新資訊產生時，證券價格亦能夠迅速地反映與調整。

因此在效率市場假說中，證券價格能反映其真實的價格，亦即證券價格與其真實的價格是非常接近的，此時任何技術分析都無法賺取超額報酬。投資者只需採取消極性投資策略即可分散風險圖取利益。

學者法瑪 (Eugene F. Fama) 在 1970 年提出 EMH，其將資本市場分成三種類型：

㈠弱式效率市場 (Weak Form Efficient Market)

在弱式效率市場中，目前的證券價格均已充分地反映了包括資產交易的價格、數量等過去的資訊，而投資者不會因為分析過去之價格，而有助其選取合適的證券，故投資者無法賺取超額利潤。換言之，在弱式效率市場下，技術分析是沒有效果的。不過投資者若能進一步取得公開或未公開的資訊，就能獲得較佳的投資結果。

㈡半強式效率市場 (Semistrong Form Efficient Market)

在半強式效率市場中，目前的證券價格對所有已經公開的資訊均有充分的反映。而投資者不會因為分析這些資訊就另外獲得更佳的績效，故在半強式效率市場中，不僅技術分析，連基本分析都是沒有效果的。但是投資者能取得內幕消息亦可獲得較佳之投資結果，或是公司突然宣布重大利多，就會引起股價上漲。

㈢強式效率市場 (Strong Form Efficient Market)

在強式效率市場中，目前的證券價格對所有公開與未公開的資訊，都充分反映了，因為投資者能藉由各種方式取得未公開的資訊 （成為公開的秘密）。投資者不能藉由任何方法在此市場中獲取超額報酬，因為連內幕消息都不再是秘密了。

在現實的資本市場中，弱式與半強式的假說應該可以成立，但是強式的假說，大概是很難存在吧！

個案研習 J 高收益VS垃圾債券

筆者退休後在 95 年 9 月、12 月曾單筆購買「聯博全球高收益債券」，成本分別為 USD18,465 與 USD18,162。 當時每單位淨值分別為 USD4.66 與 USD4.79，現在看來都很高，筆者算是買在高點。購買的原因在於退休後的資產配置，大部分投資於債券型基金，每個月領配息（每個月配息分別為 USD113.5 與 USD108.6），年利率分別約為 7.38% 與 7.17%。 當然比不上 18%，卻比銀行定存的 1.35% 好很多。

沒想到 96 年 11 月美國發生二房事件，97 年 2 月二房事件擴大發酵，金融海嘯漸漸形成，97 年 11 月雷曼兄弟企業集團倒閉，金融海嘯席捲全球，許多企業倒閉，甚至少數國家瀕臨破產危機。許多股票型基金淨值腰斬，甚至跌幅達六、七成，債券型基金狀況雖沒有那麼嚴重，但也受創不少，像環球沛智（改名為創利德，又改為天利）的債券型基金，甚至停止贖回。

以「聯博全球高收益債券」來說，淨值從 USD4.85 跌至 97 年 11 月的最低點 USD2.80，跌幅也達 36%，其後慢慢回升，但是 98 年 3 月又跌回到 USD2.81，不過接下來雖偶有小跌，卻是一路往上，可惜我們並非聰明人，也不敢危機入市，所以沒有在低點進場投資。

還好筆者有點運氣，於 98 年 4 月 22 日以臺幣 400,000 外加手續費 $3,000 投資「聯博全球高收益債券」，當日的淨值為 USD3.18，接著於 7 月 31 日、8 月 6 日及 9 月 30 日分別又買入三筆，第一筆含手續費為臺幣 100,750，第二筆為 USD5,541.25，第三筆為臺幣 302,250。買入時淨值分別為 USD3.80、USD3.88 及 USD4.17，101 年 10 月 31 日的淨值為 USD4.65，四筆的漲幅分別為 46%、22%、20% 及 11%。這些漲幅還未加計每個月的配息呢！

以 4 月 22 日第一筆而言，因為淨值較低，買入的單位數較多，配的利息也比較多，每個月的配息大約 $3,400（這幾年配息率下修了兩次，加上臺幣升值，現在只剩約 $2,700），因為以臺幣申購，每月配息受匯率影響而不同。7 月 31 日該筆目前每月配息約 $575，至於 8 月 6 日那筆是以美金申購，每月配息固定為 USD40.97（現在為 USD34.73）。而 9 月 30 日該筆目前每月配息約 $1,620。茲列表比較 95 年 9 月與 98 年 8 月兩筆「聯博全球高收益債券」

之績效如下：（計算至 101 年 10 月 31 日止）

幣值：USD

	95 年 9 月	98 年 8 月
投資成本	18,465.00	5,541.25
投資日單位淨值	4.66	3.88
每月配息	96.21	34.73
累積配息	7,996.21	1,452.07
101 年 10 月 31 日總淨值	18,260.73	6,591.00
累積淨利 (+−)	7,791.94	2,501.82
累計報酬率	42.20%	45.15%
配息年利率	7.13%	8.32%

　　上述資料中，累計報酬率比較沒意義，因為投資期間長短差異很大。而且購買債券型基金，主要是為了賺取每月配息當作生活費，因此以每月配息金額換算配息年利率才有意義。由於 95 年 9 月的投資是在淨值的高點，配息年利率比較低，只有 7.13%，但是 98 年 8 月買在低點，配息年利率比較高，有 8.32%，不論如何，兩者都比定期存款利率高很多。

　　再列表比較臺幣投資那三筆如下：（計算至 101 年 10 月 31 日止）

	98 年 4 月	98 年 7 月	98 年 9 月
投資成本	$403,000	$100,750	$302,250
投資日單位淨值	USD3.18	USD3.80	USD4.17
每月配息	2,704	575	1,627
累積配息	129,699	24,998	65,400
101 年 10 月 31 日總淨值	503,539	108,904	303,000
累積淨利 (+−)	230,238	33,152	66,150
累計報酬率	57.13%	32.90%	21.89%
配息年利率	12.87%	11.03%	10.39%

◆問　題：

1. 你知道用美金計價與用臺幣計價購買「聯博全球高收益債券」，每月配息有何不同嗎？

2. 以風險和利率而言，你認為利率應該至少要多少，才願意投資？

3. 你知道「垃圾債券」的信用等級是多少以下嗎？

本章公式彙整

一般債券

$$V_0 = \frac{I}{1+i} + \frac{I}{(1+i)^2} + \cdots + \frac{I}{(1+i)^n} + \frac{M}{(1+i)^n} = I \times \mathbf{P}_{n,i} + M \times p_{n,i}$$

永續債券

$$V_0 = \frac{I}{1+i} + \frac{I}{(1+i)^2} + \cdots + \frac{I}{(1+i)^\infty} = \frac{I}{i} \text{（按等比級數推演而得）}$$

零息債券

$$V_0 = \frac{M}{(1+i)^n} = M \times \mathbf{P}_{n,i}$$

存續期間

$$D = 1 + \frac{1}{r} = \frac{r+1}{r}$$

特別股

$$V_0 = \frac{D}{k}$$

普通股

$$V_0 = \frac{D_1}{(1+k)^1} + \frac{D_2}{(1+k)^2} + \cdots + \frac{D_\infty}{(1+k)^\infty}$$

$$= \sum_{t=1}^{\infty} \frac{D_t}{(1+k)^t}$$

零成長

$$V_0 = \frac{D}{k}(D = D_1 = D_2 = \cdots = D_\infty)$$

固定成長

$$V_0 = \frac{D_0(1+g)}{(1+k)^1} + \frac{D_0(1+g)^2}{(1+k)^2} + \cdots + \frac{D_0(1+g)^\infty}{(1+k)^\infty}$$

$$= \frac{D_1}{k-g}\text{（按等比級數推演）}$$

預期報酬

$$k = \frac{D_1}{V_0} + g$$

貝他係數

$$\beta = \frac{\mathrm{Cov}(R_r, R_m)}{\sigma_m^2}$$

SML

$$R_r = R_f + \pi = R_f + \beta(R_m - R_f)$$

APT

$$R_r = R_f + \beta_1(R_1 - R_f) + \beta_2(R_2 - R_f) + \cdots + \beta_n(R_n - R_f) + e_i$$

$$= R_f + \beta_1 r_1 + \beta_2 r_2 + \cdots + \beta_n r_n + e_i$$

夏普指標

$$\text{報酬對變異比率} = \frac{(R_p - R_f)}{\sigma_p} = \frac{\text{超額報酬}}{\text{總風險}}$$

崔納指標

$$報酬對變動比率 = \frac{(R_p - R_f)}{\beta_p} = \frac{超額報酬}{系統風險}$$

詹森指標

$$R_{pt} = R_{ft} + \beta_p(R_{mt} - R_{ft}) + \alpha_p$$

$$亦可寫成：\alpha_p = (R_{pt} - R_{ft}) - \beta_p(R_{mt} - R_{ft})$$

■ 思考與練習 ■

一、問答題

1. 何謂垃圾債券？來源有幾種？試述之。

2. 普通股的評價模式，按其股利及盈餘成長模式分為哪幾種？請列出公式。

3. β 係數的意義為何？請列出公式。

4. 列出 SML 的公式。

5. APT 與 CAPM 的主要區別為何？

6. 夏普指標與崔納指標有何區別，請列出公式。

7. 效率市場假說將資本市場分為哪三種類型？

二、選擇題

( ) 1. 一股票之報酬率與市場報酬率之共變異數為 30%，其標準差為 20%，若市場報酬率變異數為 18%，請問該股票之 β 為何？
(A) 1.5　(B) 1.67　(C) 1.31　(D)資料不足，無法計算　【券商業務】

( ) 2. 比較兩種以上的投資商品的風險時，為了衡量系統性風險的差異，一般而言會使用那一類指標？
(A)變異數　(B)變異係數　(C)標準差　(D)貝它係數　【券商業務】

( ) 3. 資本資產定價理論 (CAPM) 認為貝它值 (Beta) 為 1 證券的預期報酬率應為：
(A)市場報酬率　(B)零報酬率　(C)負的報酬率　(D)無風險報酬率
【券商業務】

( ) 4. 依據史坦普 (S & P) 公司對債券信用評等的等級來看，A 等級與 AA 等級何者較高？
(A) A　(B) AA　(C)相同　(D)無法判斷　【券商業務】

( ) 5. 應用固定成長股利折現模式時，降低股票的要求報酬率，將造成股票真實價值：
(A)增加　(B)減少　(C)不變　(D)可能增加或減少　【券商業務】

( ) 6.高貝它 (Beta) 係數的證券,其價格在空頭市場較其他證券:

⒜上漲較快　⒝上漲較慢　⒞下跌較快　⒟下跌較慢　【券商業務】

( ) 7.投資組合理論最關心的是:

⒜非系統性風險的消除　⒝投資分散對投資組合風險的降低　⒞在相同風險下,提高預期報酬　⒟選項⒜、⒝、⒞皆是　【券商業務】

( ) 8.甲股票之報酬率與市場報酬率之相關係數為 1,其標準差為 20%,若市場報酬率標準差為 10%,請問該股票之貝它值為何?

⒜ 2.00　⒝ 1.67　⒞ 1.33　⒟資料不足,無法計算　【投信業務】

( ) 9.下列敘述何者有誤?

⒜投資組合之建構多以平均數—變異數分析為基礎

⒝不能賣空下,股票之間相關係數愈低,風險分散之效果愈好

⒞增加資產種類一定可使風險分散之效果更好,降低總風險

⒟股票之風險溢酬愈高,其貝它係數愈大　【投信業務】

( ) 10.下列有關市場投資組合 (Market Portfolio) 理論之描述,何者不正確?

⒜包含市場上所有證券　⒝每個證券之投資比重相等　⒞為效率投資組合　⒟具有風險　【投信業務】

( ) 11.若某個別證券的報酬位於 SML 之上方,表示:

⒜個別證券未能提供預期報酬率　⒝價格被低估　⒞對該證券的需求將會減少　⒟價格被高估　【投信業務】

( ) 12.在 CAPM 模式中,若證券 β 值減少,則:

⒜風險減少,預期報酬減少　⒝風險增加,預期報酬增加

⒞風險不變,預期報酬增加　⒟風險增加,預期報酬不變

【投信業務】

( ) 13.持有一貝它值為 2.0 之股票,在市場平均報酬率為 12%,其要求報酬率為 18%;若無風險利率不變,且市場平均報酬率增加為 14%,則該股票要求報酬率將為:

⒜ 18%　⒝ 20%　⒞ 22%　⒟ 24%　【投信業務】

( ) 14.在資本資產模式下,何者為真?

(A)投資組合的風險及個別股票風險均可用 β 衡量

(B)投資組合的風險用 β 衡量，個別股票風險用變異數來衡量

(C)投資組合風險只與殘差變異數有關

(D)分散風險 (Diversification) 不影響投資組合的殘差變異數

【投信業務】

(　) 15.下列何者指標適合尚未完全分散仍存有非系統風險投資組合績效之
評估？

(A)夏普指標　(B)崔納指標　(C)詹森指標　(D)貝它係數　【投信業務】

(　) 16.下列有關績效衡量指標之敘述何者為真？

(A)崔納指標是以資本市場線為基準

(B)夏普指標是以證券市場線為基準

(C)詹森指標是以證券市場線為基準

(D)夏普指標愈高表示績效愈差　　　　　　　　　　　【證券分析】

(　) 17.根據 CAPM，以下的敘述何者正確？甲. 所有合理報酬的證券，都
應位在證券市場線上；乙. 所有合理報酬的證券，都應位在資本市場
線上；丙. 價格被高估的證券，應位於證券市場線的上方；丁. 價格
被高估的證券，應位於資本市場線的上方

(A)甲、丙(B)乙、丁　(C)甲、丁　(D)甲　　　　　　　【證券分析】

(　) 18.對某一投資組合而言，其期望報酬率為 9%，標準差為 16%，Beta
係數為 0.8；而市場期望報酬率 12%，標準差為 20%，無風險利率
為 3%，則投資組合之 Alpha 為：

(A) +0.6%　(B) −0.6%　(C) −1.2%　(D) +1.2%　　　　【證券分析】

(　) 19.甲股票剛發放過每股 2 元現金股利，且預期未來兩年均可成長
10%，之後則成長率為 0，若要求報酬率為 10%，則甲股票合理價
格為？

(A) 20 元　(B) 22 元　(C) 24 元　(D) 26 元　　　　　　【證券分析】

(　) 20.投資組合經理人為達最大分散風險之目的，應加入與原投資組合相
關係數為何之證券？

(A) 1　　(B) 0.75　　(C) 0　　(D) −0.25　　　　　　【證券分析】

（　）21.若信義公司今天之股價為 $24，而本期股利 ($D_0$) 為 $3，固定股利成長率 4%。若信義公司股票之 β 值為 1.1，無風險利率為 6%，試問在資本市場均衡下，預期市場報酬率為何？

(A) 10.0%　(B) 17.5%　(C) 16.0%　(D) 15.0%　　　　【證券分析】

（　）22.長春公司股票報酬率之標準差為 8%，且其股票報酬率和市場報酬率之相關係數為 +0.90。若你預期市場投資組合報酬率之期望值為 15%，標準差為 6%，而無風險利率為 5%。在資本市場均衡之狀況下，長春公司股票之預期報酬率為：

(A) 9.00%　(B) 12.00%　(C) 16.00%　(D) 17.00%　　　【證券分析】

（　）23.在二因子 APT 模式中，第一及第二因素之風險貼水分別為 5% 及 4%，若某股票相對應於此二因素之貝他值分別為 1.2 及 0.6，且其期望報酬率為 12%，假設市場上無套利機會，則無風險利率應為何？

(A) 3.6%　　(B) 3.2%　　(C) 2.8%　　(D) 2.5%　　　【券商高業】【投信業務】

（　）24.以詹森 (Jensen) 指標來衡量投資績效，忽略了那項主要風險？

(A)沒有忽略任何風險　(B)系統風險　(C)市場風險　(D)非系統風險

【券商高業】【投信業務】

（　）25.資本資產評估模式評價證券報酬率所依據的風險因素為何？

(A)可分散性風險　(B)非系統性風險　(C)財務會計風險　(D)系統性風險

【券商高業】

（　）26.假設你投資一百萬於某一檔股票，三年來的報酬率分別為 5%、−10%、+15%，三年後總共的報酬率為：

(A) 15%　(B) 8.68%　(C) 7.25%　(D) 5%　　　　　【券商高業】

（　）27.假設一債券的面額為二十萬元，票面利率為 5%，每年付息一次，債券的收益率 (Yield) 為 5%，則其價格：

(A)大於二十萬元　(B)小於二十萬元　(C)等於二十萬元　(D)無法判斷，此將決定於債券之到期日　　　　　　　　　　　【券商高業】

（　）28.若 A 資產與 B 資產的報酬率相關係數為 +1，且此兩項資產的風險

值（標準差）分別為 0.09 與 0.16，若該投資組合投資於兩資產的比
率皆為 0.5，則投資組合的標準差為何？

(A) 0.25　(B) 0.144　(C) 0.125　(D) 0.15　　【券商高業】【投信業務】

（　）29.投資風險性資產的報酬率與無風險利率的差額，稱之為：

(A)投資利得　(B)投資報酬　(C)風險溢酬　(D)風險係數　【券商業務】

（　）30.下列何種不是零息債券所會面對的風險？

(A)利率風險　(B)違約風險　(C)再投資風險　(D)購買力風險

【券商業務】

三、計算題

1.南山公司兩年前發行十年期的公司債，面額 \$500,000，票面利率 6%，每
年付息一次，目前該債券類似風險程度的市場利率為 4%。（$p_{8, 0.04} = 0.731$，
$p_{10, 0.04} = 0.676$，$P_{8, 0.04} = 6.733$，$P_{10, 0.04} = 8.111$）

試作：計算南山公司債券的現在價值。

2.政府於今年初發行永續債券，面額 \$200,000，票面利率 6%，每半年付息
一次，當時公債的市場利率為 4%。

試作：計算永續債券現在之價值。

3.南江公司發行特別股之股利率為 8%，每股面值 \$10，投資者預期報酬率為
6%。

試作：計算特別股之每股價值。（求至小數第 2 位）

4.南台公司發行普通股，投資者之預期報酬率為 8%。

試作：計算下列各情況之普通股每股價值：

(1)假設在零成長模式，每年固定發放股利 \$3。

(2)假設在固定成長模式，每年股利成長率為 4%，且去年之股利為 \$3。

(3)假設在超常態成長情況，前三年超常態成長率為 10%，穩定成長率為
5%，且去年發放 \$3 之股利。（$p_{1, 0.08} = 0.926$，$p_{2, 0.08} = 0.857$，$p_{3, 0.08} = 0.794$）

5. 南北公司預期每股發放 $2 的股利，預期未來的成長率為 5%，目前股價為 $50。

　　試作：⑴南北公司股票之預期報酬率多少？

　　　　　⑵若投資者之必要報酬率為 10%，股價會發生什麼變化？

　　　　　⑶股價多少時，預期報酬率會等於必要報酬率 10%？

6. 假設目前股票整體市場的平均報酬率為 7%，無風險利率為 3%，已知 A、B 兩家公司股票的貝他值分別為 1.5 和 0.8。

　　試作：計算 A、B 兩家公司股票之預期報酬率。

7. 南僑公司股票之報酬率與市場報酬率之共變異數為 24%，市場報酬率之變異數為 15%。

　　試作：計算南僑公司股票的貝他值。

8. 根據 CAPM 理論，若甲投資組合之預期報酬率為 15%，其貝他值為 1.4，市場風險貼水為 5%。試作：無風險利率應為多少？

9. 某股票報酬率之標準差為 15%，其和市場報酬率之相關係數為 0.9，若市場報酬率之標準差為 10%，又整體市場報酬率為 8%，無風險利率為 4%。

　　試作：⑴該股票之貝他值。

　　　　　⑵該股票之預期報酬率。

10. 雷歐利採取某種投資組合策略，該投資組合之平均報酬率為 15%，其報酬率之標準差則為 20%，市場無風險報酬率為 5%。

　　試作：⑴計算該投資組合之夏普指標。

　　　　　⑵夏普指標愈高愈好，還是愈低愈好？

11. 南寶證券公司發行甲、乙兩種基金，其相關資料如下：

	甲基金	乙基金	加權股價指數	無風險利率
平均報酬率	20%	14%	12%	6%
標準差	25%	18%	10%	
貝他值	1.2	0.8	1	
判定係數	0.79	0.90	0.86	

　　試作：⑴計算甲、乙基金之夏普指標，並與大盤比較來評估績效。

　　　　　⑵計算甲、乙基金之崔納指標，並與大盤比較來評估績效。

　　　　　⑶解釋⑴、⑵兩者與大盤比較之差異。

Chapter 11

企業評價

Business Valuation

資訊補給 K

匯率變動對價值的影響

由於採用浮動匯率的關係，外匯買賣成了熱門的投機活動，猶太裔美籍金主索羅斯 (George Soros) 就是外匯投機客最佳代表之一，1992 年 9 月透過其所控制的避險基金大規模拋售英鎊，使英鎊匯價由 1 兌 2 美元，下降至 1 兌 1.5 美元。據說索羅斯補回空單時大賺十億美元❶。

匯率變動對索羅斯或許有利，對不同的對象或國家可能有害。《匯率拔河賽》書中第三章〈悲情的日本投資者〉，正好說明匯率變動的可怕，讓投資資產的價值降低兩、三成，甚至更多（當然，反向的投資者則賺了兩、三成或更多），悲情的主角為日本人，可分四個部分說明❷：

一、重大的直接投資：

例如松下電器於 1990 年底以 61 億美元購買環球片廠，然後在 1995 年以 57 億美元出售 80% 股權。表面上獲得了些許利潤，實際上因匯差之故，損失了 19 億美元。

又如三菱銀行在 1984 年以 8 億美元購進加州銀行，當時匯率為 250 日圓兌 1 美元，後來又增資 5 億美元，總投資額為 13 億美元。到了 1995 年日圓匯率升至 100 兌 1 美元，三菱銀行的帳面損失已超過投資額的一半。

二、商業房地產投資：

1980 年代，日本投資在美國商業房地產的金額超過佰億美元，特別集中在夏威夷、加州和紐約。因美國的不景氣，商業房地產的價格平均下挫 20～25%。由於這些投資抵押品價格下挫，提供融資的日本銀行被迫催債，於是很多房地產被迫折價求售，損失慘重。

三菱房地產公司，在 1989 年房地產市況最佳時，以 14 億美元取得紐約地標洛克斐勒中心的八成股權，當時匯率為 150 日圓兌 1 美元。這筆交易引起很大的社會喧騰，美國怎能坐視日本接收美國的地標；但是喧騰找錯了對

❶ Paul Erdman 著，霍達文譯 (1998)，《匯率拔河賽》，中國生產力中心，頁 91。

❷ 同前註，頁 35～46。

象。由於租金收入遠遠不如預期，加上匯率變動為 100 日圓兌 1 美元，三菱損失高達 10 億美元，而在 1995 年 5 月 12 日宣告破產。

三、股票投資：

從 1990 年至 1995 年以日股和美股相比，表面上日經指數從 4 萬點跌至 2 萬點以下，顯然留在日本的投資者虧損過半。而美股卻漲了 35%，看來把錢從東京調來紐約的日本投資者一定賺錢了吧！事實上，因為美元貶值了 41%，投資美股的日本客也損失了 23%。

四、貸款及債券投資：

此為日本人最慘重的投資損失，他們借給美國的錢愈多，損失就愈大。從 1980 年至 1994 年，日本累積的經常帳盈餘約為 9 仟億美元，根據這個帳面數字，日本海外貸款和投資的幣值損失高達 4 仟億美元。

約在 1992 年開始的經濟復甦，到了 1994 年突然發展成一股繁榮景象，美國國內生產毛額以 7% 的速率成長，Fed 主席葛林斯班 (Alan Greenspan) 相信經濟過熱，作為保護美元完整性的守護神，絕不允許通貨膨脹發生，於是宣布將聯邦基金利率從 3% 調高至 3.25%，起初大家不覺得如何，但在往後一年，葛林斯班又接著調高利率六次，結果引起世界金融市場近乎恐慌的反應，從紐約到倫敦到法蘭克福都出現債券價格大幅下挫的情形，無怪乎到了 1994 年底，日本投資者因為虧損慘重，準備撤資。投資美國證券卻因在 1995 年美元貶值而同樣虧慘的瑞士和德國人也開始撤資。

以上日本投資者的慘重經驗，證實了匯率變動的可怕，以及匯率變動對價值影響至鉅，想要在匯率與利率變動之中謀取利潤，並非易事。

究竟美元為何會在 1995 年大幅貶值呢？原來在 1995 年 2 月，由於受到墨西哥危機的影響，同時世人也開始擔心加拿大和拉丁美洲的情況，於是一段史無前例的大規模拋售美元過程開始了。此後一個月，美元兌日圓和德國馬克的匯價持續下挫，為 1995 年的美元兌日圓危機展開了序幕。

其實從 98 年底起，投資的 2 年期間，美元兌換臺幣匯率從 1：33 變成 1：29，筆者投資的海外基金，大多為美元計價的商品，匯率變動造成了很大的價值損失，再加上標準普爾下調美國主權信用評等，大摩（摩根史坦利）又下修全球 GDP，因此造成全球股市狂跌，基金價值當然也受到很大的影響，投資者的資產價值大約掉了一至二成。這種系統性風險對資產價值的影響，身為投資者必須常常謹記在心，我們又學了一課。

　　所謂評價係指評估評價標的之價值。評價可針對資產、負債、權益或是企業。本章主要針對企業評價加以介紹。影響企業價值高低的因素很多，諸如股東投入的資本、企業經營的績效、企業的財務結構與資產結構、產業的發展前景、企業所面臨的系統風險與非系統風險等等。會計師除了查帳工作外，常常也要對資產、負債、或是權益分別進行評價，當然也會對企業作整體的評價。而分析師或是投資者要購買或投資企業，或是管理者要扭轉企業的發展、增加企業的價值，必然的工作也是要對企業加以評價。

　　本章首先簡介會計研究發展基金會發布之評價準則公報，其次針對常用之評價方法作詳細之介紹，最後再對影響評價的基本分析，包括經濟分析與產業分析，作一淺顯的說明。

第一節　評價準則公報

　　隨著時代的演變、經濟的發展，評價的需求日增，也日趨重要。會計研究發展基金會遂於 96 年 5 月 30 日成立了「評價準則委員會」，專門負責訂定評價準則公報及推動評價相關研究，以建立公正合理之評價方法，有助於交易之進行、風險之降低及市場秩序之維持，進而活絡經濟，促進社會繁榮。

　　至目前為止總共訂定了 12 號公報，第 1 號「評價準則總綱」、第 2 號「職業道德準則」、第 3 號「評價報告準則」、第 4 號「評價流程準則」、第 5 號「評價工作底稿準則」、第 6 號「財務報導目的之評價」、第 7 號「無形資產之評價」、第 8 號「評價之複核」、第 9 號「評價及評價複核之委任書」、第 10 號「機器設備之評價」、第 11 號「企業之評價」、第 12 號「金融工具之評價」。

一、公報目的

　　第 11 號公報「企業之評價」第 3 條規定，企業評價之目的通常包括：
1.交易目的，例如合併、收購、分割、出售、讓與、受讓、籌資或員工認股。

2.法務目的,例如訴訟、仲裁、調處、清算、重整或破產程序。

3.財務報導目的。

4.稅務目的。

5.管理目的。

二、評價流程

　　根據公報第 4 號「評價流程準則」之第 4 條規定,評價流程應包含下列主要項目:

1.評估評價案件之承接

2.簽定委任書

3.取得及分析資訊

4.評估價值

5.編製評價工作底稿

6.出具評價報告

7.保管評價工作底稿檔案

三、評價方法

　　根據第 4 號第 15 條規定:「評價人員應依據專業判斷,考量評價案件之性質及所有可能之常用評價方法,採用最適用於評價案件並最能合理反映評價標的價值之評價方法。」第 15 條列出了幾個評價方法如下:

㈠針對個別資產或負債,常用之評價方法包括:

1.市場法 (Market Approach)

2.收益法 (Income Approach)

3.成本法 (Cost Approach)

㈡針對企業或業務常用之評價方法包括：

1.市場法

2.收益法

3.資產法 (Asset Approach)

　　評價人員採用非屬常用之評價方法時，應敘明理由。

第二節　成本法與資產法

　　市場法與收益法較為複雜，於第三第四節詳述，本節首先介紹成本法與資產法。

一、成本法（參閱第 4 號公報第 25、26 條規定）

　　成本法係以取得或製作與評價標的類似或相同之資產所需成本為依據，以評估單一資產價值。成本法下常用之評價方法包含：

1.**重置成本法**

　　係指評估重新取得與評價標的效用相近之資產之成本。

2.**重製成本法**

　　係指評估重新製作與評價標的完全相同之資產之成本。

　　成本法主要適用於沒有市場交易之評價標的，評價人員應該考慮影響評價標的陳舊過時之因素，包括物理性、功能性、技術性與經濟性。

二、資產法（參閱第 4 號公報第 21 至 24 條規定）

　　資產法係經由評估評價標的涵蓋之個別資產及個別負債之總價值，以反映企業或業務之整體價值。此法是以企業繼續經營為前提，倘若企業不再繼續經營，則應以清算價值評估之。

　　採資產法評估時，當然以資產負債表為基礎，但是也要注意表外資產與表外負債，以免評估失真。

評估時，個別資產與個別負債應分別視為單一評價標的，並就該單一評價標的之性質，採用適當之市場法、收益法、成本法或其他評價方法，在繼續經營前提下，除因評價標的之特性而慣用資產法外，不得以資產法為單一評價方法。

第三節　市場法

市場法又稱市場比較法 (Market Comparable Approach)，根據第 4 號公報第 16 條規定，所謂市場法，係以可類比標的之交易價格為依據，考量評價標的與可類比標的間之差異，以適當之乘數估算評價標的之價值。其常用之特定評價方法包含：

1. 可類比上市上櫃公司法

參考相同或類似營運項目之企業，其股票於活絡市場交易之價格，決定價值乘數，作為評價之依據，此法通常適用於企業或業務之評價。

2. 可類比交易法

參考可類比標的之交易價格，或評價標的過去之交易價格，決定價值乘數，作為評價之依據，此法通常是適用於企業、業務、個別資產或個別負債之評價。

所謂「類似」意指產品類似、獲利類似、風險類似、成長也類似。產品類似問題不大，重點是獲利、風險與成長性都要類似，可能找尋不易，甚至是沒有所謂的類似公司。此時若仍要採用此法，就必須採取一些調整方式加以處理，或許是調整風險，或是選取同業的平均數字再加以調整。

至於比較之指標有本益比（股價對每股盈餘之比）、股價淨值比（股價對每股淨值之比）、銷售比（股價對每股營收之比）等，本章僅介紹本益比和股價淨值比兩種指標方法，此兩種指標之定義與公式在第七章曾詳細介紹過。

一、本益比法

本益比法係採用類似公司之本益比，乘以目標公司之每股盈餘，以求得

目標公司之預估股價。如前所述若無類似公司，則可能採用同業的平均本益比（是否調整，或是調整多少，將視受評公司當時狀況而定）。

　　本益比就是每股市價除以每股盈餘，影響本益比的因素很多，例如盈餘多寡與成長率、企業經營的風險性、股利政策（包括股利支付率與股利成長率）、產業的循環等。

㈠優　點

1. 計算簡單，容易解釋。
2. 易於取得資料。

㈡缺　點

1. 若同業盈餘品質不佳，例如包含非營業損益，其本益比就不標準。
2. 若同業淨利為負值，則本益比就無意義，預估股價並不合理。
3. 景氣過熱或過冷將影響盈餘，也影響本益比，預估股價容易偏差。

㈢釋　例

　　為了簡單起見，以水泥業為例說明之，步驟如下：

1. 計算上市公司水泥業之平均本益比。

　　上市公司水泥業包括台泥、亞泥、嘉泥、環泥、幸福、信大與東泥。其本益比請參考表 11-1。

表 11-1　上市公司水泥業民國 108 年底本益比

	台泥	亞泥	嘉泥	環泥	幸福	信大	東泥
股價（元）	43.70	47.95	22.35	19.60	8.38	20.10	17.45
每股盈餘（元）	4.43	5.56	2.02	1.74	0.11	2.82	0.06
本益比	9.86	8.62	11.06	11.26	76.18	7.13	290.83
平均本益比	9.59 ($\frac{9.86 + 8.62 + 11.06 + 11.26 + 7.13}{5} \doteqdot 9.59$)						

註：幸福與東泥因為每股盈餘太小，其本益比過大，失去意義，故不列入平均本益比之計算。

2.以平均本益比乘以目標公司之每股盈餘，求得公司價值。公式如下：

$$目標公司預估股價 = 同業平均本益比 \times 目標公司每股盈餘 \qquad (11\text{--}1)$$

假設目標公司為台泥，則其預估之股價為 $9.59 \times \$4.43 \doteqdot \$42.48$

假設目標公司為信大，則其預估之股價為 $9.59 \times \$2.82 \doteqdot \$27.04$

若要計算公司之總價值，只要用預估股價乘以其流通在外股數即可。

當然，若目標公司風險、獲利與成長性與同業不同，則可將平均本益比作一調整再加以計算。

二、股價淨值比法

股價淨值比法或稱為市值帳面價值比法，即採用類似公司之股價淨值比，乘以目標公司之每股淨值，以求得目標公司之預估股價。若無類似公司，則採用同業平均股價淨值比（亦可視情況加以調整）。

每股淨值即每股帳面價值，所謂股價淨值比就是每股股價與每股帳面價值的比值。

㈠優　點

1.計算簡單，容易解釋。

2.易於取得資料。

3.當盈餘為負值時，可取代本益比法。

㈡缺　點

1.每股帳面價值為歷史成本，與公允價值有很大落差。不過在 IFRS 之下，此種落差將會縮小。

2.每家公司採用之會計原則與方法可能不同，造成評價基礎不一致。

㈢釋　例

為了簡單起見，仍然以水泥業為例說明之，步驟如下：

1.計算水泥業上市公司之平均股價淨值比。請參考表 11–2。（每股淨值可在公開資訊觀測站，查詢「彙總報表」、「財務報表」、「資產負債表」取得）

表 11–2　上市公司水泥業民國 108 年底股價淨值比

	台泥	亞泥	嘉泥	環泥	幸福	信大	東泥
股價（元）	43.70	47.95	22.35	19.60	8.38	20.10	17.45
每股淨值（元）	34.23	43.45	35.40	27.51	10.68	19.94	14.96
股價淨值比	1.277	1.104	0.631	0.712	0.785	1.008	1.166
平均股價淨值比	\multicolumn{7}{}{$0.955\ (\dfrac{1.277+1.104+0.631+0.712+0.785+1.008+1.166}{7} \doteqdot 0.955)$}

2.以平均股價淨值比乘以目標公司之每股淨值，求得公司價值。公式如下：

$$目標公司預估股價 = 同業平均股價淨值比 \times 目標公司每股淨值 \quad (11\text{–}2)$$

假設目標公司為台泥，則其預估之股價為 $0.955 \times \$34.23 \doteqdot \$32.69$

假設目標公司為信大，則其預估之股價為 $0.955 \times \$19.94 \doteqdot \$19.04$

若要計算公司之總價值，只要用預估股價乘以其流通在外股數即可。

第四節　收益法

根據第 4 號公報第 18 條規定，所謂收益法，係以評價標的所創造之未來利益流量為評估基礎，透過資本化或折現過程，將未來利益流量轉換為評價標的之價值。此種利益流量即現金流量，因此本法又稱現金流量折現法 (Discounted Cash Flow Method)。

採用此法時，應定義利益（現金）流量，並採用與該利益流量相對之資

本化率或折現率。利益（現金）流量，有各種不同之範圍，一般常用者為自由現金流量，將自由現金流量，按適當之折現率折算現值予以合計，即企業之總價值。若要表達每股價值，將總現值除以流通在外股數即可。

一、自由現金流量意義與公式

自由現金流量 (Free Cash Flow, FCF) 一詞為邁克爾・詹森 (Michael C. Jensen) 於 1986 年針對代理問題影響企業價值所提出之觀念，當時之定義難以度量與計算，經過多年的發展，而將此觀念作為企業評價的折現基礎。

後來的學者對自由現金流量提出了各種不同之公式，根據維基百科全書，自由現金流量 = 營運現金流量 − 資本支出 − 利息 − 稅金。柯普藍 (Tom Copeland) 認為，自由現金流量 = 稅後淨營業利潤 + 折舊及攤銷 − 資本支出 − 營運資本增加。康納爾 (Bradford Cornell) 認為，自由現金流量 = (營業利潤 + 股利收入 + 利息收入)×(1 − 所得稅率) + 遞延所得稅增加 + 折舊 − 資本支出 − 營運資本增加。由於太多學者提出不同的計算觀念與方法，筆者加以歸納用簡潔的方式介紹。

㈠自由現金流量之意義

簡單而言，所謂自由現金流量，係指公司在不影響正常營運的情況下，可以自由使用的現金餘額。

從現金流量表觀之，包含營業、投資、籌資活動三種現金流量，說明如下：

1. 營業活動之現金流量，本就是企業正常營業所賺的，為自由現金流量的主要來源。

2. 投資活動通常為了企業的長期營運發展，因此必須保留適當之現金流量作資本支出或長期投資，所以資本支出與長期投資之淨額應該在計算自由現金流量時予以扣除。簡單而言就是扣除本期投資活動之變動數額。

3. 籌資活動所流入之現金流量，基本上應該專款專用，並非企業賺來，亦無

法隨意自由使用，因此不必理會。

4.企業支付的股利究竟應否扣除，筆者認為有兩種觀點：

(1)以企業立場看：基於長期而穩定的政策，通常需要回饋給股東（投資者）股利，故企業無法自由運用，應予扣除。

(2)以股東立場看：因為投資者要評定企業之投資價值，所以計算自由現金流量時，自然不應扣除股利。

本章主題為企業評價，是以股東（投資者）之立場評價，在實施 IFRS 後，股利支出可視為籌資或營業活動，若視為籌資活動，則不必扣除，若視為營業活動，在計算營業而來的現金時已經扣除，此時應予加回。

㈡自由現金流量之公式

自由現金流量 = 營業活動淨現金流入 − 投資活動淨現金流出　　　(11–3)

既然上市櫃公司都有現成的現金流量表，直接套用其營業活動淨現金流入即可，不必從頭計算。另外澄清幾點：

1.公式 11–3 中，若投資活動為淨現金流入，應予加回。

2.若是不影響現金之投資與籌資活動，例如發行普通股收購企業，或是舉債購買土地房屋，其為籌資活動且專款專用至投資活動，屬於現金流量表之補充揭露部分，不會列入相關活動金額之計算，因此對公式 11–3 毫無影響。

二、自由現金流量成長率

自由現金流量除了當年度可以計算外，未來各期就必須要預估其成長率以確定相關金額。通常成長率會受產業競爭的影響，也會受經濟景氣與通貨膨脹的影響，要準確預估顯然不易，讀者可以採用消費者物價指數 (CPI) 當作參考來預估。茲列出主計處統計之 CPI 資料如下：

表 11-3　CPI 指數

年(民國) CPI	102	103	104	105	106	107	108
CPI 基期： 105 年 = 100	97.76	98.93	98.63	100.00	100.62	101.98	102.55
年增率 (%)	0.79	1.20	−0.30	1.39	0.62	1.35	0.56

資料來源：行政院主計處（以民國 105 年為基期）

　　成長率當然不會一成不變，可能衰退，也可能為區間式的成長，如前幾期快速成長，後幾期緩慢成長，或許是不規則的成長或衰退等等變化，為了避免過於複雜，本書將簡化假設來運算。

三、加權平均資金成本 (WACC)

　　由於採用收益基礎法，必須選取適當之折現率，此時應該先計算企業之資金成本。企業資金的來源為負債與權益，舉債付息，發行股票支付股利，利息與股利就是企業負擔的資金成本，為避免付現資金成本的偏誤，因此要採用加權平均資金成本的觀念，舉例如下：

　　假設甲公司資金共計 2,000 萬元，包括銀行抵押借款 300 萬元，利率 3%；平價發行公司債 500 萬元，票面利率 5%；以及權益 1,200 萬元，資金成本 6%，假設所得稅率為 20%，則甲公司之加權平均資金成本為：

$$\frac{300 \text{ 萬元} \times 3\% \times (1-20\%) + 500 \text{ 萬元} \times 5\% \times (1-20\%) + 1{,}200 \text{ 萬元} \times 6\%}{2{,}000 \text{ 萬元}}$$

$$= \frac{7.2 \text{ 萬元} + 20 \text{ 萬元} + 72 \text{ 萬元}}{2{,}000 \text{ 萬元}}$$

$$= 4.96\%$$

　　亦可計算如下：

$$\frac{300}{2,000} \times 3\% \times (1-20\%) + \frac{500}{2,000} \times 5\% \times (1-20\%) + \frac{1,200}{2,000} \times 6\%$$

$$= 0.36\% + 1\% + 3.6\%$$

$$= 4.96\%$$

故加權平均資金成本的公式可表達為：

$$WACC = w_1k_1 + w_2k_2 + \cdots + w_nk_n = \sum_{i=1}^{n} w_ik_i$$

有關權益資金成本較為複雜，因為包含外部權益之普通股，內部權益之保留盈餘，可能還有特別股，其資金成本各有不同，特別股資金成本比較明確，可參考第十章特別股之評價公式，即 $V_0 = \dfrac{D}{k} \rightarrow k = \dfrac{D}{V_0}$，k 為預期報酬率，也是資金成本。

至於普通股與保留盈餘資金成本略有差異，此屬於財務管理之範疇，本書無意耗費篇幅詳述，且將兩者資金成本視為相同，而其估算方法有股利折現模式法、債券殖利率加風險溢酬法、資本資產訂價模式法等，此三者之資金成本分別為：

1. 股利折現模式法 $k = \dfrac{D_1}{V_0} + g$ （此為一般常用之固定成長模式，請參考第十章）

2. 債券殖利率加風險溢酬法 $k = \overline{Y} + \pi$

3. 資本資產訂價模式法 $k = R_r = R_f + \beta(R_m - R_f)$ （請參考第十章）

四、收益法釋例

收益法計算企業價值之公式為（假設為固定成長模式）：

$$\text{企業價值 } (V_t) = \frac{FCF_{t+1}}{WACC - g} \qquad (11-4)$$

分子 FCF_{t+1} 為第 $t+1$ 期之自由現金流量，以此計算第 t 期之企業價值 V_t。此公式與第十章普通股評價中之固定成長模式類似。

茲利用台光電現金流量表說明（請參閱第二章）。107 年度營業活動淨現金流入 \$2,086,676 仟元，投資活動淨現金流出 \$874,857 仟元，107 年 FCF = FCF_{107} = \$2,086,676 − \$874,857 = \$1,211,819 （仟元），為了方便計算，茲將 FCF_{107} 改為 \$1,211,000（仟元）。另外假設台光電 WACC 為 6%，分別依下列情況計算台光電之企業價值。

㈠情況 1：自由現金流量成長率為零。

107 年 FCF = FCF_{107} = \$1,211,000（仟元）

因為成長率為零，故 $FCF_{108} = FCF_{107}$（每期 FCF 均同）

$$\text{企業價值 } V_{107} = \frac{FCF_{108}}{WACC} = \frac{\$1,211,000}{6\%} = \$20,183,333 \text{（仟元）}$$

㈡情況 2：自由現金流量固定成長率為 5%。

$$\text{企業價值 } V_{107} = \frac{FCF_{108}}{WACC - g} = \frac{\$1,211,000 \times (1+5\%)}{6\% - 5\%} = \frac{\$1,271,550}{1\%}$$
$$= \$127,155,000 \text{（仟元）}$$

㈢情況 3： 自由現金流量前 3 年固定成長率為 5%，第 4 年以後
成長率為 3%。

$$FCF_{108} = \$1,211,000 \times (1 + 5\%) = \$1,271,550 \text{（仟元）}$$

$$FCF_{109} = \$1,271,550 \times (1 + 5\%) \fallingdotseq \$1,335,128 \text{（仟元）}$$

$$FCF_{110} = \$1,335,128 \times (1 + 5\%) \fallingdotseq \$1,401,884 \text{（仟元）}$$

$$FCF_{111} = \$1,401,884 \times (1 + 3\%) \fallingdotseq \$1,443,941 \text{（仟元）}$$

$$V_{110} = \frac{FCF_{111}}{WACC - g} = \frac{\$1,443,941}{6\% - 3\%} \fallingdotseq \$48,131,367 \text{（仟元）}$$

$1，6% 前三期之複利現值分別為：0.943396、0.889996、0.839619。

$$
\begin{aligned}
\text{企業價值 } V_{107} &= \$1,271,550 \times 0.943396 + \$1,335,128 \times 0.889996 \\
&\quad + \$1,401,884 \times 0.839619 + \$48,131,367 \times 0.839619 \\
&\fallingdotseq \$1,199,575 + \$1,188,259 + \$1,177,048 + \$40,412,010 \\
&= \$43,976,892 \text{（仟元）}
\end{aligned}
$$

心靈饗宴 K

追求價值

　　從人類開始有需求，便開始有所謂的價值，也不知發明貨幣究竟是幸或不幸？於是人類便花費時間去追逐金錢，起先為了溫飽，然後為了舒適，接著為了享受，最後為了驕奢與虛榮。

　　平常的百姓或上班族，通常是為了五斗米折腰，然後為了家庭與兒女忙碌，最後是為了退休來打算，說不上享受與虛榮。企業家與政客，通常是為了權力與權勢忙碌，然後是所謂的榮華富貴。

　　於是乎整體國家社會都為了金錢而爭相競逐，這時金錢的多寡已經代表一個人的價值高低。雖然人類也能反省「金錢不是萬能」，但是礙於「沒錢萬萬不能」，大家當然不能自甘於「貧賤夫妻百事哀」，為了前途與錢途，從小要好好讀書，長大要勤奮工作，這是多數人的生命歷程。其實這也算是好的，既不偷又不搶，勵志走向人生的光明面。最可惡的是那些偷搶拐騙之徒，掠取無辜者的血汗錢，最可恨的是那些賣國賣民掏空企業的商人，破壞金融影響經濟。

　　你是否有這樣的經驗？夜深人靜時，皎潔的月色、冰清的星光就會悄悄翻閱我們的心靈帳簿，讓我們對自己的生命作一番省思，重新思索生活的意義與生命的價值。今天恰巧重讀《市場外的價值》這本書❸，第十篇〈真正的價值〉這麼寫著：

　　「……他今天可能會想，股市和利率是否已經毫無章法可言。」

　　「……金錢畢竟是為了人的方便使用所出現的東西，如此而已。」

　　「老實說，我發現，最近所有的市場都令人非常失望。我在想，許多人是否和我一樣。今天，我擁有的少數持股更加縮水了；我不認為我的房子具有市場，我也不敢主動去找這個市場。我在猜，我的退休養老金再也不像以前所想像的那麼多，而中年大學教師的就業市場更是一片黯淡。有人說，我的個人淨值顯然不斷在縮水。」

---

❸ 霍達文譯，《市場外的價值》，中國生產力中心，1999 年 11 月初版，原著為英國管理大師查爾斯‧韓第 (Charles Handy)。

　　「我的淨值──不過感謝老天爺──還不是我的真正價值。我說『感謝老天』是嚴格的說法，因為我認為，我仍然服膺祂的啟示，無論市場的動向如何，我的確擁有自己的真正價值。在這個世界令人沮喪時，這個想法使我保持清醒。除此之外，我必須指出，一些所謂的老生常談其實還是有它們的道理，生命最重要的課題在於如何保持自由；它們是不受任何市場的約束。」

　　「這天清晨，我鬆了一口氣地發現，鳥兒在唱歌。我從未，也無法買到這一些。你我都不能以金錢買到友誼或者朋友的尊重，或者孩子的眼神。……」

　　「我從一些不堪回首的經驗中知道，你不能以金錢買到清澈的良知。……我想，你不以金錢換取身邊人的愛、真理、虔誠，或者忠誠。這絕非偶然。很明顯的，上帝根本不需要藉由任何市場來告訴祂自己，哪些事物是值得追求的。我們也應該如此。對真正重要的事物來說確實是如此。」

　　不知道各位看了這番話，是否有所啟發？能否滌淨俗世的紛擾？是的，人的生命有其先天的限制，重點是如何在生命的限制當中，保持自由，這種自由才是我們應該追求的價值。

第五節　影響評價的基本分析

　　影響公司價值的因素非常多，但大致可以分為三大類：一、影響整個投資市場的因素：包括財政、金融、經濟景氣、政局等因素，稱為總體因素。二、影響個別產業的因素：包括市場供需的變化、市場結構的狀況、競爭情形與產業景氣等。三、影響個別企業的因素：包括財務狀況、經營績效、主管變動、策略訂定等。

　　針對上述三類因素分別予以評估分析的方式，就稱為經濟分析、產業分析以及公司分析。一般分析的順序可以由上而下 (Top-Down Method) 或由下而上 (Bottom-Up Method)。請參考圖 11–1。

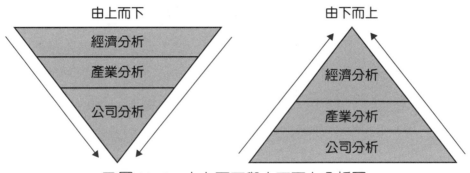

↗圖 11–1　由上而下與由下而上分析圖

　　由上而下法認為經濟分析效果最大，應先予分析。由下而上法認為公司才是真正投資的標的，故應先予詳細的分析，孰優孰劣實為見仁見智之問題。

一、經濟分析

㈠財政政策

　　政府的財政政策對企業可能有利影響，不利影響或沒有太大影響，端視政策本身而定，例如稅率調高、降低或免除，對不同產業就會有不同的影響。又如證券交易所得稅，對企業可能不會有影響，卻對投資者造成不利影響，應予以注意。

㈡金融政策

金融政策主要是對貨幣問題的管理，這又與利率、匯率相關。而利率影響的層面又包括債券、銀行存款、商業匯票及其他衍生性金融商品，匯率當然牽涉到與各國貨幣的關係。

貨幣供給有不同的表達定義，包括下列三種：

1. M_{1A} = 通貨發行額 + 支票存款 + 活期存款
2. M_{1B} = M_{1A} + 活期儲蓄存款
3. M_2 = M_{1B} + 郵政儲金 + 定期存款 + 定期儲蓄存款

可由上述公式得知 $M_2 > M_{1B} > M_{1A}$，重點在於 M_2 中的郵政儲金、定期存款和定期儲蓄存款，如果這三者減少的話，意味著資金移轉到活存中，造成 M_{1B} 增加，可能準備投資於其他地方，故對其他投資標的而言，例如股市，其貨幣供給就增加了，投資者預期股價將上漲。相反的，若郵儲、定存增加了，其他投資的貨幣供給就減少了。

有時候政府為了國家經濟發展，而不願意臺幣升值，因此在市場上大量拋售臺幣以穩定或降低臺幣匯率，因而造成了貨幣供給的增加，若操作方向相反，則貨幣供給就會減少。

㈢景氣循環

景氣循環 (Business Cycle) 係指整體經濟狀況呈現蕭條、復甦、繁榮又衰退的循環，此四段的循環亦可用谷底、成長、高峰和衰退表達。

一般認為股票價格是景氣的領先指標，所以在谷底時就應買入股票，在高峰時就要賣出股票。而黃金與不動產的反應又比景氣循環遲緩，因此在景氣成長時買進最佳，景氣衰退時賣出最宜。理論上如此，但實務上對四個階段的區分並非易事，讀者可能無法掌握詳細狀況，但如果能掌握大方向，投資時就比較不容易失策。

政府對景氣成長率多為每季公布，應用上過於遲緩，無益決策的執行，

因此一般都使用別的指標來替代，例如我國以經建會每月下旬發布的「景氣對策信號」最具代表性，運用極為普遍。

　　景氣對策信號簡稱「景氣燈號」，由九項經濟指標組成，分別按其變動率給予 1～5 分，加總後為「綜合判斷分數」，可以歸納為五種燈號。如下表所示。投資者可就景氣對策信號來研擬投資的大致方向。

分數	9～16	17～22	23～31	32～37	38～45
燈號	藍燈	黃藍燈	綠燈	黃紅燈	紅燈
說明	景氣過冷、景氣明顯衰退	景氣略冷、景氣停滯或傾向衰退	景氣在穩定成長	景氣略熱，景氣成長迅速	景氣過熱，可能導致某些不利後果

二、產業分析

　　產業分析包括對各類產業的基本認識、產業結構的瞭解、產業的生命週期以及產業景氣循環。

㈠產業分類

　　產業分類的界定或許容易瞭解，例如水泥業、電子業，但是其細分卻非需要有更多的知識不可，例如 CPU（中央處理器）、DRAM（動態隨機存取記憶體）、PCB（印刷電路板）、LED（發光二極體）等，投資者可能要多花一些時間，才能夠進一步去認識。

㈡產業結構

　　產業結構係指組成產業的廠商結構，依據經濟學的分類，區分為四種，即獨占、寡占、完全競爭以及獨占性競爭。究竟廠商處於哪種結構，而地位（市場占有率）如何，都是投資者的重要資訊。

㈢產業生命週期

產業生命週期即產品的生命週期，一般分為引介期、成長期、成熟期、衰退期。就投資的立場言，能夠在引介期結束之前投資最為理想，成熟期才投資雖時效過晚，但仍可接受，在衰退期才投資未免不智，因為衰退期已成「夕陽產業」，能浴火重生的情況容或有之，但確實不易。

三、產業景氣與整體經濟景氣

個別產業與整體經濟之間的景氣關係，也是投資者應予瞭解的，其大致分為三種情形：

㈠同步關係

意指產業景氣與整體經濟景氣的變化相似。整體景氣繁榮，該產業也繁榮，整體景氣衰退，該產業也跟著衰退。此種產業稱為景氣循環產業 (Cyclical Industries)，其股票稱之為景氣循環股 (Cyclical Stocks)，例如汽車產業。

㈡關係不大──成長型

意指產業景氣有持續成長的情形，而不受整體經濟景氣之影響，此類產業為成長產業 (Growth Industries)，其股票稱為成長股 (Growth Stocks)。

㈢關係不大──防禦型

意指產業景氣循環不明顯，其成長與衰退都很有限，跟整體經濟景氣幾乎不相關。此類產業即所謂的防禦產業 (Defensive Industries)，其股票稱為防禦股 (Defensive Stocks)。例如水電、瓦斯等「公用事業股」或食品業亦屬之。

股票的型態除了景氣循環股、成長股與防禦股之外,還有其他型態如下:

㈣轉機股

所謂轉機股,通常是指過去營利不佳,甚至是虧損的股票,因為某種題材性而開始轉虧為盈,甚至出現良好的獲利。然而有些學者會擴大解釋,認為只要有突出的獲利題材,也都可以稱為轉機股。例如高成長轉機股、中概轉機股、低價轉機股等等,有別於過去專屬的轉虧為盈轉機股。

㈤超級成長股

所謂超級成長股,意指成長型的股票,其成長比率超過 20% 或 25% 以上者。當然超級成長股之超級成長情形不可能持續太久,也許在一年半載後,就會恢復正常的成長狀況,而時間久了總是會跟著景氣緩步成長或負成長。

㈥資產股

所謂資產股,並非只有營建類股,而是意指擁有龐大的不動產,當景氣翻揚,而營建業行情大好之後,擁有龐大不動產的公司就會水漲船高,股票跟著大漲,如南港輪胎除了本業景氣的加持,加上坐擁南港地區的土地利多,其股價從 95 年底的 $40 左右,到 96 年 7 月漲到將近 $69,若以股價 $46 為基準還原權值,大約也有 $63 左右。

個案研習 K
雙 D 產業

雙 D 產業，係指 DRAM（動態隨機存取記憶體）、TFT-LCD（薄膜電晶體液晶顯示器）產業，其經營成績，實在令人鼻酸，即使偶有佳作，但是最近幾年，幾乎都在虧損。

以 DRAM 的力晶 (5346) 和茂德 (5387)、以及 TFT-LCD 的友達 (2409) 和奇美電 (3481) 來看，其過去三年的淨利（損）與 EPS 如下：

	公司	97 年	98 年	99 年
力晶 (5346)	淨利（損）（仟元）	−57,531,725	−20,712,755	3,905,906
	EPS（元）	−7.42	−2.52	0.71
茂德 (5387)	淨利（損）（仟元）	−36,090,061	−23,226,914	−12,662,539
	EPS（元）	−5.24	−3.20	−4.98
友達 (2409)	淨利（損）（仟元）	21,267,386	−26,769,335	6,692,657
	EPS（元）	2.50	−3.04	0.76
奇美電 (3481)	淨利（損）（仟元）	4,850,950	−2,397,073	−14,835,437
	EPS（元）	1.56	−0.74	−2.29

除了友達還稍有看頭外，其餘的三家真的很慘，其中茂德更是慘不忍睹。

茲再列出 96 年與 100 年上半年之 EPS，並列出 99 年底之負債總額及負債比率：

公司	96 年 EPS（元）	100 年上半年 EPS（元）	99 年底負債總額（比率） 金額（仟元）	比率
力晶	−1.60	−1.17	81,294,528	70.68%
茂德	−1.11	−	70,616,839	88.85%
友達	7.22	−2.81	277,903,178	50.89%
奇美電	6.51	−3.67	413,182,419	61.49%

以 96 年來講，友達與奇美電都獲利許多，但是力晶與茂德都是虧損，以 100 年上半年看，四家公司都在虧損，而且四家公司負債比率都超過 50%，最高者竟然有 88.85%。

站在公司的立場，當然希望政府能救助他們。但是站在全民的立場，或是以資金流向的角度來看，當然不應該向無底洞灑錢，因為錢將收不回來。網路上有篇出自「元毓說」部落格，發表於 2008 年的文章〈雙 D 產業不能救，政府的經濟白痴卻不能擋〉，內文頗為精彩，其中有一段敘述如下：

「……雙 D 產業不但沒為台灣賺進多少錢，甚至還享有傳統產業難以奢求的租稅減免。反觀傳統產業繳了許多稅，卻少見政府有這些關愛垂憐的眼神動作。從財富觀點，政府出手救雙 D 產業，等於是拿其他賺錢的優等生的稅金，去給這個只會燒錢的歹子。對納稅人公平嗎？值得嗎？至少得問一下其他納稅人的意見吧？但政府有嗎？……」

99 年 6 月左右，筆者的親戚憑著多年來對友達股價的認知，認為股價在 $30 有支撐，應該可以投資獲利，我立刻上網查尋友達相關資料，發現前年（98 年）EPS 為 −3.04，99 年雖然有由虧轉盈的可能（的確賺了 EPS0.76），但是前景似乎不很理想，馬上回電請其另尋投資標的，切莫投資友達。後來友達的股價在 $30 以上盤桓許久，雖然有投資獲利的機會，但是獲利空間不大，今年以來股價直直落，最低來到 $11.9（至 8 月 22 日止）。順便列出力晶、茂德、友達和奇美電 8 月 22 日收盤的股價，分別是 $2.33、$0.36、$12.25、$11.10。99 年底的每股淨值分別為 $6.09、$3.48、$30.38、$35.39。（註：茂德、力晶於 101 年分別下市了。）

◆問　題：

1.以力晶現在的股價，相較於其淨值，請問你願意投資嗎？
2.若你是銀行經理，是否同意繼續貸款給茂德公司？
3.你認為政府是否應該繼續救雙 D 產業？

 **本章公式彙整**

本益比法

目標公司預估股價 = 同業平均本益比 × 目標公司每股盈餘

股價淨值比法

目標公司預估股價 = 同業平均股價淨值比 × 目標公司每股淨值

自由現金流量

自由現金流量 = 營業活動淨現金流入 − 投資活動淨現金流出

企業價值

$$企業價值\ (V_t) = \frac{FCF_{t+1}}{WACC - g}$$

■ 思考與練習 ■

一、問答題

1. 何謂評價？評價之標的包含哪些類別？

2. 我國之評價準則公報由什麼單位訂定？目前發布共有幾號？

3. 評價準則公報所提之評價方法包括哪些？

4. 何謂資產法？

5. 何謂收益法？

6. 何謂市場法？

7. 何謂自由現金流量？請列出其公式。

8. 景氣對策信號包括哪五種燈號，寫出其所代表之意義。

二、選擇題

( )　1. 明光公司最近一年每股稅前盈餘是 8 元，公司所得稅率是 40%，目前公司股價是 48 元，則該股票之本益比是多少倍？

　　　(A) 10　(B) 6　(C) 1/10　(D) 1/6　　　　　　　　　　【券商高業】

( )　2. 假設其他條件一樣，公司的股利成長率愈高，合理本益比倍數：

　　　(A)愈低　(B)不變　(C)愈高　(D)無法直接判斷　　　　　【券商高業】

( )　3. 下列何者為影響本益比的因素？

　　　(A)預期未來盈餘成長率　(B)企業經營風險　(C)股利政策　(D)選項

　　　(A)、(B)、(C)皆是　　　　　　　　　　　　　　　　　　【證券分析】

( )　4. 以下敘述何者正確？

　　　(A)投資人應買進每股盈餘低的公司

　　　(B)投資人應賣出每股盈餘高的公司

　　　(C)每股盈餘需搭配股價水準，才具有買進或賣出的投資意義

　　　(D)股票股利或股票分割均不影響每股盈餘　　　　　　　【證券分析】

( )　5. 估計股票之合理本益比倍數，較不可能用到下列哪一種數據？

　　　(A)股利支付比率　(B)股利成長率　(C)每股盈餘　(D)速動比率

【券商高業】

（　）6. 甲公司目前股價是 40 元，已知該公司淨值為 2 元，試求該公司目前
市價淨值比倍數是多少倍？

(A) 2　(B) 20　(C) 1/2　(D) 1/20　　　　　　　　　　【券商高業】

（　）7. 甲公司產業循環為成長期，而乙公司產業循環為成熟期，資本結構
相同下，則甲公司的本益比應較如何？

(A)低　(B)高　(C)相等　(D)沒影響　　　　　　　　　【投信業務】

（　）8. 當一家公司普通股之本益比 (Price-Earnings Ratio) 偏低時，最可能
代表何種意義：

(A)股價被低估　(B)股價被高估　(C)公司處於高成長階段　(D)市場預
期當年度 EPS 相較於未來 EPS 異常的偏高　　　　　　【證券分析】

（　）9. 當一家公司普通股之價格淨值比 (Price/Book Value Ratio) 偏低時，
最可能代表何種意義：

(A)股價被低估　(B)股價被高估　(C)公司未來較可能無法獲得正常利
潤　(D)公司未來較可能賺取超額盈餘　　　　　　　　【證券分析】

（　）10. 某公司之本益比為 15 倍，假設本益比變為 10 倍時，有可能是因為
發生什麼事？

(A)股價下跌　(B)股價上漲　(C)負債變大　(D)股本變大　【券商業務】

（　）11. 自由現金流量 (Free Cash Flow) 的定義為：

(A)收入 + 費用 + 投資　(B)收入 + 費用 − 投資
(C)收入 − 費用 − 投資　(D)收入 − 費用 + 投資

【券商高業】【投信業務】

（　）12. 下列那項屬於 M2 的成份，但不屬於 M1 的成份？

(A)流通貨幣　(B)信託公司的活儲　(C)定存　(D)支票存款

【券商業務】

（　）13. 請問汽車產業係屬於：

(A)成長性產業　(B)防禦性產業　(C)循環性產業　(D)夕陽產業

【券商業務】

( ) 14.對整體經濟的敏感度低於一般產業平均數的產業，稱為：

    (A)資產類股產業   (B)景氣循環產業   (C)防禦性產業   (D)轉機產業

【券商業務】

( ) 15.我國景氣對策信號之燈號總共有幾種？

    (A) 3 種   (B) 4 種   (C) 5 種   (D) 6 種   【投信業務】

( ) 16.投資人將定期存款解約，轉存活期存款時，會使：

    (A) M2 減少   (B) M2 增加   (C) M2 不變   (D)選項(A)、(B)、(C)皆非

【券商業務】

( ) 17.「景氣對策信號」呈現「藍燈」時，表示：

    (A)景氣過熱   (B)景氣略熱   (C)景氣略冷   (D)景氣過冷   【投信業務】

( ) 18.貨幣供給額 M2 係指：

    (A)通貨發行淨額   (B)通貨發行淨額 + 存款貨幣   (C)通貨發行淨額 + 存款貨幣 + 準貨幣   (D)通貨發行淨額 + 存款貨幣 + 準貨幣 + 在國外存款

【投信業務】

( ) 19.下列何者非我國狹義貨幣供給 (M1a) 所包含項目？

    (A)通貨   (B)支票存款   (C)活期存款   (D)活期儲蓄存款   【券商高業】

( ) 20.「景氣對策信號」呈現「綠燈」時，表示：

    (A)景氣過熱   (B)景氣穩定   (C)景氣過冷   (D)選項(A)、(B)、(C)皆非

【券商高業】

( ) 21.若中央銀行降低商業銀行的存款準備率會使得貨幣供給：

    (A)增加   (B)減少   (C)不變   (D)不一定   【券商高業】

( ) 22.「景氣對策信號」由「黃紅燈」轉為「紅燈」時，政府財金政策應：

    (A)大幅放鬆   (B)繼續放鬆   (C)適度緊縮   (D)選項(A)、(B)、(C)皆非

【券商高業】

( ) 23.當預期未來的整體經濟衰退，投資人應投資於股價對整體景氣：

    (A)較敏感產業   (B)較不敏感產業   (C)毫不敏感的產業   (D)負相關的產業

【券商業務】

( ) 24.有關由上而下投資策略 (Top Down Strategy) 的敘述，何者正確？

甲. 先由國內外總體經濟面著眼，再尋求各產業景氣狀況，最後依照公司因素進行選股；乙. 不論總體環境及產業景氣好壞，若公司體質優良即進行投資；丙. 資產配置受國別不同、產業景氣差異之影響程度較大

(A)僅甲、乙對　(B)僅甲、丙對　(C)僅乙、丙對　(D)甲、乙、丙均對

【證券分析】

(　) 25.「景氣對策信號」由「黃藍燈」轉為「綠燈」表示：

(A)景氣轉好　(B)景氣轉壞　(C)景氣時好時壞　(D)選項(A)、(B)、(C)皆非

【投信業務】

(　) 26.基本分析有所謂的由下而上 (Bottom-Up) 分析法，此分析法認為選股應該最先考慮的因素是：

(A)產業因素　(B)總體因素　(C)公司因素　(D)市場交易制度

【券商高業】

(　) 27.當預期 M1b 年增率減緩，投資人將預期整體股價：

(A)下跌　(B)上漲　(C)不一定上漲或下跌　(D)先跌後漲　【券商高業】

(　) 28.請問當定期存款增加時影響哪一種貨幣供給組成？

(A) M1a　(B) M1b　(C) M2　(D)以上皆是　【券商業務】

(　) 29.下列何者現象發生時，政府將會採取緊縮的貨幣政策？

(A)藍燈轉為黃藍燈　(B)黃紅燈轉為紅燈

(C)黃藍燈轉為綠燈　(D)選項(A)、(B)、(C)皆非　【券商業務】

(　) 30.其他因素不變下，央行握有的外匯存底減少，貨幣供給額會：

(A)增加　(B)減少　(C)不變　(D)無關係　【券商高業】

三、計算題

1. 以下為造紙業上市公司民國 99 年之相關資料：

	台紙	士紙	正隆	華紙	寶隆	永豐餘	榮成
股價（元）	17.65	75.20	13.80	15.65	8.70	14.95	12.90
每股盈餘（元）	2.53	−0.68	1.52	1.54	0.12	0.89	0.90
本益比							
平均本益比							

試作：(1)計算各家公司本益比，與平均本益比（無法計算以「−」表示，求至小數第二位）。

(2)以本益比法分別計算台紙與華紙公司之預估股價（求至小數第二位）。

2. 以下為汽車業上市公司民國 99 年之相關資料：

	裕隆	中華	三陽	和泰車	裕日車
股價（元）	61.70	29.00	18.50	89.20	140.00
每股盈餘（元）	2.60	2.09	0.84	8.89	9.61
本益比					
平均本益比					

試作：(1)計算各家公司本益比，與平均本益比（求至小數第二位）。

(2)以本益比法分別計算裕隆與三陽公司之預估股價（求至小數第二位）。

(3)假設和泰車以裕日車為類比之公司，計算和泰車之預估股價（求至小數第二位）。

3. 以下為造紙業上市公司民國 99 年之相關資料：

	台紙	士紙	正隆	華紙	寶隆	永豐餘	榮成
股價（元）	17.65	75.20	13.80	15.65	8.70	14.95	12.90
每股淨值（元）	16.34	17.13	16.50	14.69	13.80	15.43	14.68
股價淨值比							
平均股價淨值比							

試作：(1)計算各家公司股價淨值比，與平均股價淨值比（求至小數第二位）。

(2)以股價淨值比法分別計算士紙與寶隆公司之預估股價（求至小數第二位）。

4.以下為汽車業上市公司民國 99 年之相關資料：

	裕隆	中華	三陽	和泰車	裕日車
股價（元）	61.70	29.00	18.50	89.20	140.00
每股淨值（元）	39.87	30.11	16.14	43.51	57.22
股價淨值比					
平均股價淨值比					

試作：(1)計算各家公司股價淨值比，與平均股價淨值比（求至小數第二位）。

　　　(2)以股價淨值比法分別計算中華與裕日車公司之預估股價（求至小數第二位）。

　　　(3)假設和泰車以裕日車為類比之公司，計算和泰車之預估股價（求至小數第二位）。

5.美利達公司第一年度營業活動淨現金流入 $967,000 仟元，投資活動淨現金流出 $102,000 仟元。另外假設美利達公司 WACC 為 8%，分別依下列假設計算美利達公司之價值。

(1)自由現金流量成長率為零。

(2)自由現金流量固定成長率為 6%。

(3)自由現金流量前 3 年固定成長率為 6%，第 4 年以後為 3%。

　（$1，8% 前三期之複利現值分別為：0.925926、0.857339、0.793832。）

　（各年相關數字計算，均四捨五入求至整數）

6.亞聚公司第一年度營業活動淨現金流入 $1,317,330 仟元，投資活動淨現金流出 $571,860 仟元。另外假設亞聚公司 WACC 為 7%，分別依下列假設計算亞聚公司之價值。

(1)自由現金流量成長率為零。

(2)自由現金流量固定成長率為 5%。

(3)自由現金流量前 3 年固定成長率為 5%，第 4 年以後為 4%。

　（$1，7% 前三期之複利現值分別為：0.934580、0.873439、0.816298。）

　（各年相關數字計算均四捨五入求至整數）

Chapter 12

毛利分析與兩平分析

Analysis of Gross Profit and Break-Even

資訊補給 L

利潤原則

竹田陽一，在日本號稱「中小企業救世主」，在其書●階段2「利潤原則」中，教導中小企業如何改善毛利，因而讓淨利倍增的方法。

因為「營業毛利－營業費用＝營業利益」，所以要增加員工的平均營業利益，就要先增加員工的平均營業毛利，然後努力減少員工的平均營業費用，以行銷業在營運所花的時間將近93%是費用來說，就得改變業務員的「工作內容」與工作的「時間比例」，重點有下列三項：

1. 移動時間（交通時間）減少10%，淨利多一倍。

2. 內部開會時間減少10%，淨利多一倍。

3. 與客戶溝通時間增加10%，淨利多一倍。

前兩項係直接減少營業費用，第三項係直接增加營業毛利，可以分別由下列兩張圖表說明。

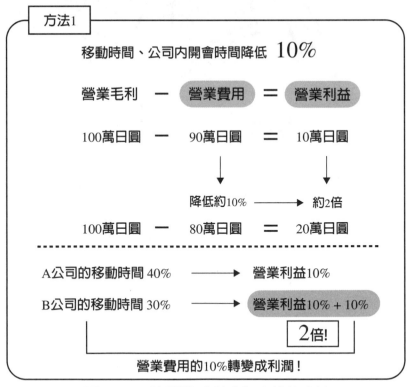

↗圖 12-1　讓營業毛利成為兩倍的方法 1

● 資料來源：竹田陽一著，范志仲譯，《賺錢公司都這麼做》，大是文化，2007 年 9 月 3 日初版，頁 65～69。

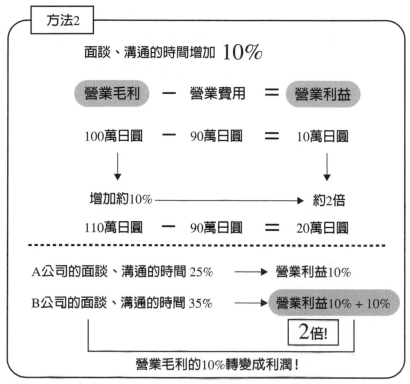

↗圖 12-2　讓營業毛利成為兩倍的方法 2

　　雖然交通、開會與溝通是業務員的三項主要工作，但是只有面談與溝通才能真正有產出價值，才能真正生出錢來，因此應該加重與客戶的「面談與溝通」時間比例，這正是「利潤原則」的重要關鍵。

　　銷貨毛利即銷貨收入減銷貨成本後之餘額，如果公司的成本占收入的比例是穩定的，則毛利所占之比例也大致穩定。然而企業經營在全球化的競爭環境下，常有變化，如售價變動、原物料漲跌、技術改變、工會抗爭等都會影響毛利，因此作好毛利分析，瞭解其變動因素與對企業之影響，企業經營分析是不可或缺的。

　　影響毛利變動的因素有三：

1. 產品售價改變，其造成之差異稱為銷貨價格差異 (Sales Price Variance)。

2. 各項製造成本改變，即直接材料、直接人工與製造費用的變動，其造成之差異稱為成本價格差異 (Cost Price Variance)。

3. 銷售數量改變，銷量改變當然會影響銷貨收入與銷貨成本，故包括了銷貨數量差異 (Sales Volume Variance) 及成本數量差異 (Cost Volume Variance)，又分下列兩項：

　(1)出售產品的總數量改變，其差異稱為最後銷貨數量差異 (Final Sales Volume Variance)。（另有英文 Sales Quantity Variance，學者翻譯成銷貨數量差異，其實即為最後銷貨數量差異之意思；而對前述 Sales Volume Variance 翻譯成銷貨能量差異。究竟「銷貨數量差異」所指為何？有時高考、特考逕稱銷貨數量差異，此時可由英文用字辨認。）

　(2)出售產品的組合改變，其差異稱為銷貨組合差異 (Sales Mix Variance)。

　　分析毛利時，可用今年實際數與預算數或標準數比較，亦可與去年數字比較，或者以今年實際數與同業比較。

　　如果採直接成本法時，分析邊際貢獻之方式與毛利分析方式一樣，故不另贅述。

第一節　單一產品毛利分析

　　單一產品毛利分析架構如下：

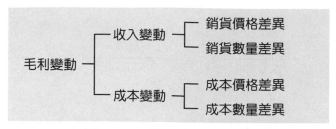

↗圖 12-3　單一產品毛利分析

　　單一產品沒有產品組合的問題，故其毛利分析比多種產品簡單，又分下列三種情形：

一、已知售價、成本與數量之變動

㈠銷貨部分

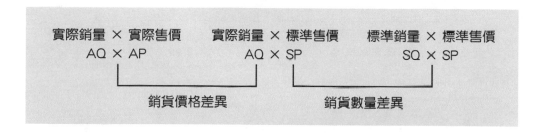

㈡成本部分

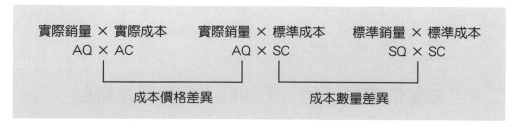

　　A：代表實際，S：代表標準，若與預算比較則 S 代表預算，若與去年或同業比較則 S 代表去年或同業之意。

　　當實際數大於標準數，在銷貨部分為有利，成本部分為不利；反之，若實際數小於標準數，在銷貨部分為不利，成本部分為有利。舉例說明之，假設大忠公司實際與標準損益資料如下：

	實際	標準	增（減）
銷貨收入	$30,800	$30,000	$ 800
銷貨成本	19,600	18,000	1,600
銷貨毛利	$11,200	$12,000	$ (800)
銷貨數量	2,800	3,000	(200)
單位售價	$ 11	$ 10	$ 1
單位成本	7	6	1

分析如下：

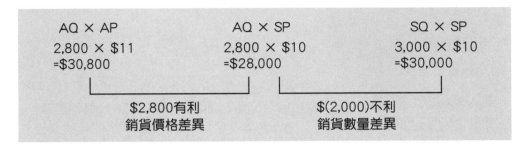

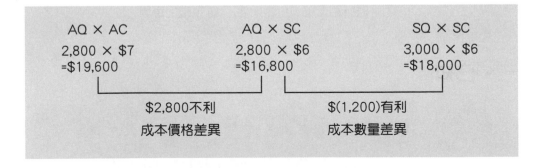

二、已知售價變動比例，不知成本與數量之變動

假設大孝公司今年與去年資料如下，並已知今年售價為去年之 110%。

	今　年	去　年
銷貨收入	$48,400	$50,000
銷貨成本	25,000	30,000
銷貨毛利	$23,400	$20,000

分析如下：

關鍵在於確定 AQ×SP，既然 AQ×AP 為 $48,400，只要將 AP 改按 SP 計算即可，既知今年售價為去年之 110%，則 $48,400 ÷ 110% = $44,000，即為 AQ×SP。

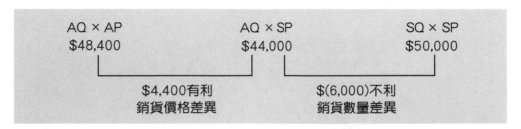

成本部分的 AQ×SC 也是未知，可利用 AQ×SP，以及去年之成本率（$30,000 ÷ $50,000 = 60%）推算，故 $44,000×60% = $26,400，此即為 AQ×SC。

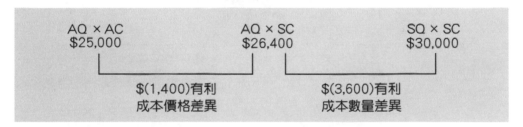

三、已知數量變動比例，不知售價與成本之變動

假設大仁公司今年與去年資料如下，並且已知今年銷量比去年增加 10%。

	今　年	去　年
銷貨收入	$21,000	$20,000
銷貨成本	12,500	11,000
銷貨毛利	$ 8,500	$ 9,000

分析如下：

關鍵在於確定 AQ×SP，既然 SQ×SP 為 $20,000，只要將 SQ 改按 AQ 計算即可。既知今年銷量比去年增加 10%，則 $20,000×(1 + 10%) = $22,000，即為 AQ×SP。

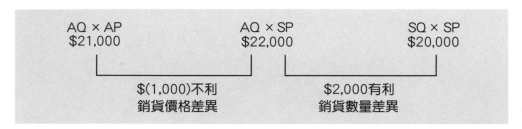

成本部分之 AQ×SC 也是未知，可利用 AQ×SP，以及去年之成本率 ($11,000 ÷ $20,000 = 55%) 推算，故 $22,000×55% = $12,100，即為 AQ×SC。

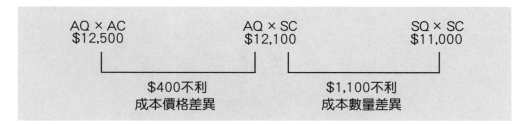

第二節　多種產品毛利分析

當產品有兩種以上時，除了前述之分析以外，還可以進一步將數量差異的部分再細分成「銷貨組合差異」與「最後銷貨數量差異」兩項，通常此種分析係針對「毛利」，而不再將「銷貨」與「成本」分開計算，以免增加困擾。而一般分析時多按銷貨數量比例為基礎，很少按銷貨金額比例為基礎，故本書僅以銷貨數量比例為準來說明。

多種產品毛利分析架構如下：

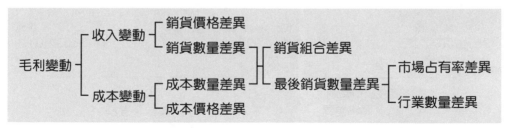

↗圖 12-4　多種產品毛利分析

茲假設大愛公司產銷甲、乙兩種產品，實際與標準資料如下：

	實際		標準	
	甲	乙	甲	乙
單位售價	$51	$32	$50	$30
單位成本	31	21	30	20
單位毛利	$20	$11	$20	$10
銷貨數量	1,800	1,800	1,000	2,000
銷量比例	1 ：	1	1 ：	2

先分析銷貨價差、銷貨量差及成本價差、成本量差如下：

甲產品：

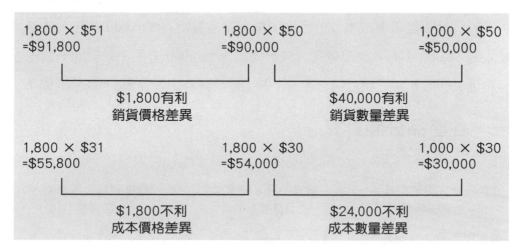

乙產品：

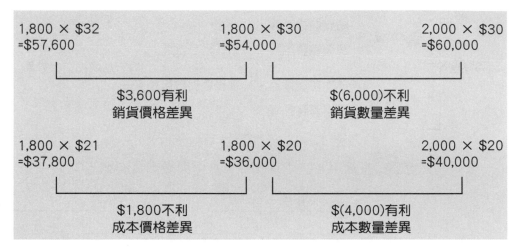

茲將以上之差異彙總如下：

	銷貨價差	成本價差	銷貨量差	成本量差
甲產品	$1,800 有利	$1,800 不利	$40,000 有利	$24,000 不利
乙產品	$3,600 有利	$1,800 不利	$ 6,000 不利	$ 4,000 有利

若將銷貨量差與成本量差合併，則甲產品量差為 $16,000 有利，乙產品量差為 $2,000 不利，全部量差合併，仍然為 $14,000 有利。針對此一量差，可再進一步分析成「銷貨組合差異」與「最後銷貨數量差異」。茲分析如下：

一、各產品分開計算

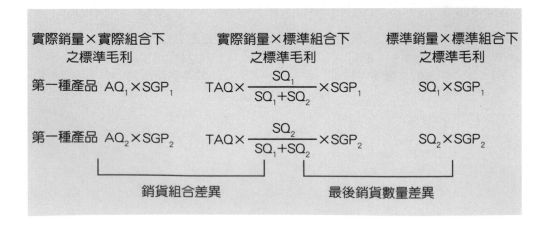

以大愛公司資料分析如下：

甲產品：

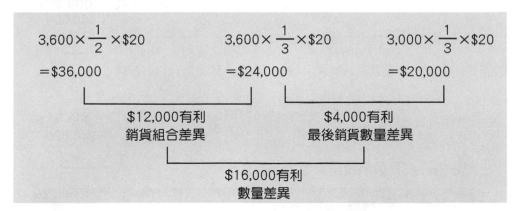

乙產品：

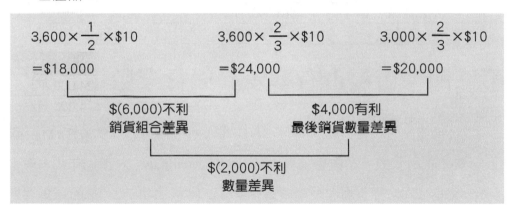

二、各產品合併計算

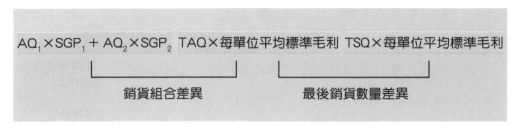

茲以大愛公司資料代入：

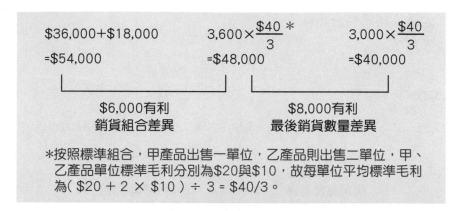

彙總組合差異與最後銷貨數量差異如下：

	銷貨組合差異	最後銷貨數量差異
甲產品	$12,000 有利	$4,000 有利
乙產品	$(6,000) 不利	$4,000 有利
合計	$6,000 有利	$8,000 有利

第三節　市場占有率差異與行業數量差異

對於最後銷貨數量差異，可以再進一步分析成市場占有率差異 (Market-Share Variance) 以及行業數量差異 (Market-Size Variance)。所謂市場占有率差異，係指公司實際市場占有率與預計市場占有率之間的差異；行業數量差異，係指公司按預計占有率計算之該行業全體實際銷量與全體預計銷量之間的差異，又稱為市場規模差異。因為公司營運的好壞成敗，不僅與市場占有率有關，更與整個行業的需求相關，若能仔細分析此兩種差異，自然可以採取有效的策略因應。

假設前述大愛公司預計整個行業之產銷量為 30,000 單位，實際整個行業之產銷量為 40,000 單位。則預計與實際占有率計算如下：

預計市場占有率：3,000 ÷ 30,000 = 10%

實際市場占有率：3,600 ÷ 40,000 = 9%

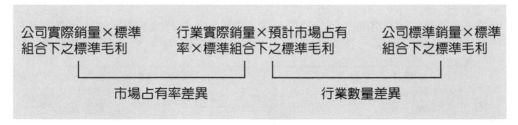

一、各產品分開計算

甲產品

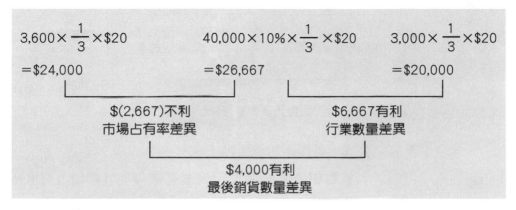

乙產品

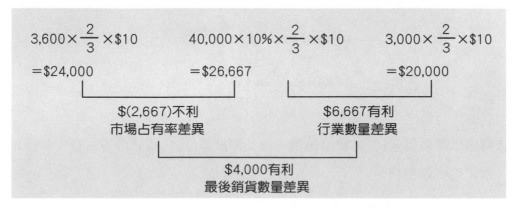

　　注意上述分析甲產品三個數字中，$\frac{1}{3}$ 與 \$20 均相同，關鍵數字純粹在總數量上，分別為 3,600、40,000 × 10% = 4,000 及 3,000。乙產品亦相同，三個總數量亦為 3,600、4,000 及 3,000。甲、乙之差別在於 $\frac{1}{3}$ × \$20 與 $\frac{2}{3}$ × \$10 而已。

二、各產品合併計算

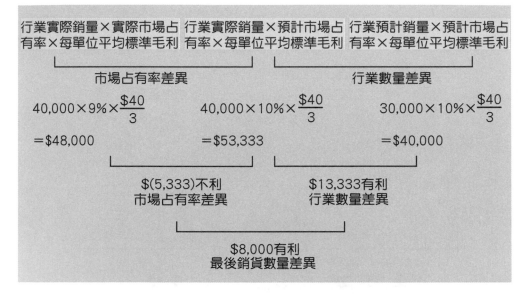

上述合併計算之公式，若兩兩相減即為

1. 市場占有率差異＝行業實際銷量×(實際市場占有率－預計市場占有率)×每單位平均標準毛利。

$$40,000 \times (9\% - 10\%) \times \frac{\$40}{3}$$

$$= (400) \times \frac{\$40}{3} = (\$5,333) \text{ 不利}$$

2. 行業數量差異＝(行業實際銷量－行業預計銷量)×預計市場占有率×每單位平均標準毛利。

$$(40,000 - 30,000) \times 10\% \times \frac{\$40}{3}$$

$$= 10,000 \times 10\% \times \frac{\$40}{3} = \$13,333 \text{ 有利}$$

心靈饗宴 L 人生均衡點

經營企業講究利潤，若要立於不敗之地，至少要能夠損益兩平，因此「損益兩平點」成為企業規劃分析中的關鍵數字。

萬物之靈的人類，置身於天地之間，想要成家立業，或許要通過「人生均衡點」，才能夠成功。

學生時期，必須在學習與玩樂之中得到均衡；初入社會，必須在待遇和興趣之間求得均衡；交友戀愛，也要在愛情與麵包中間取得均衡；有了家庭，又要在工作與家庭當中謀求均衡。

人的一生常常會同時面對許多人、事、物，在有限的時間下，我們即使能夠獲得想要的目標，卻也必須放棄一些心中的願望。即便我們偶爾能夠兼得熊掌和魚，卻也必須拿捏好其中的均衡，否則便會顧此失彼，終究得不償失。古代的女人哀嘆「悔教夫婿覓封侯」，現代的父母後悔「孝子做盡子不孝」。

現代人最常犯的一項錯誤，就是為了安頓現實的生活，卻將夢想拋棄或放在退休後，等到退休時，早年的夢想已然褪色。「錢有四隻腳，人只有兩隻腳」，再怎麼追，不是你的終將難獲。這裡並非要大家放棄努力，只要理想不顧現實，而是希望大家在每一個當下謀求人生的均衡，在每一個當下活得心安、自在而且快樂。

看看這個年代與社會，躁鬱症、自殺案、家暴、性侵、車禍、詐騙等，負面消息不斷，個中的原因或許很多，但是其中一定跟人的「性情」還有生活所需的「錢」有關。因為這個年代大家太看重錢，卻少了怡情悅性的休閒與閱讀，心靈的成長跟不上時代與科技的發展，導致「忙與盲」。

如何求取人生的均衡點，每個人按照自己的個性與理想必然有所不同，建議可多閱讀能夠讓心靈成長的典籍，靠著自己的培養與省思，去謀求適合自己的理想人生，重視「當下」卻不要太「現實」，並且學習「放下」。

拙著《管理會計》第十一章的實務櫥窗「人生平衡點」，男女主角對人生平衡點有一番討論，茲摘錄於下，希望有助於大家對人生會有更多元的想法：

「嗯！那我們不妨一起研究這個人生大問題。先想一想我們要追求的是什麼？生活中所碰觸的又是什麼？」小江起個頭，問自己也是問小婷。

「以有價的時間看，我們面對的就是『人、事、物』，以無價的生活看，我們面對的是『自我』。」小婷還蠻有哲思的。

「對『物』而言，最根本的就是金錢，我們必須賺取滿足我們基本生活或者舒適生活的金錢，因此它的均衡點就是滿足需要的那一個時點，倘若要再追求更多，破壞了均衡，可能得不償失，所以這個均衡點可以低一點。」小江好像解決了「物」的問題。

「對『事』而言，我們必須花時間去學習經驗，充實能力，例如我們的專業能力在會計，學生時代去學習能力，工作時期能力與經驗要一起充實，這個平衡點感覺不容易拿捏，好像可以要求高一點，例如我的工作除了要讓學長滿意，也要對自己有所交代。」小婷似乎解決了「事」的問題。

「妳的工作績效保證很好，至於對『人』而言，在工作場合中，有同事、有長官、有部屬，以我們公司而言好像沒有那種難以相處的人，而且大家都很團結，這真是值得慶幸與驕傲，有這種工作環境是一種福氣。」小江對自己的公司讚譽有加。

「對好朋友而言，好像應該培養共同的興趣，能互相關懷，互相包容與體貼。」小婷接著說。

「小婷，妳說得很對，因為我們生活與工作中，最常在一起的應該就是最要好的朋友，對朋友的付出與對自己的立場，這個平衡點應該是『人、事、物』三者中最高的。不過朋友之間應該加一個互相的諍言，才不會一起向下沉淪，成為沆瀣一氣的酒肉朋友。」小江與小婷共同解決了「人」的問題。

「至於無價的生活，應該要有什麼樣的平衡點呢？」小婷似乎期待著滿意的答案。

「如果以妳所說的『自我』來看，可以說就是每個人的人生哲學了，那每個人的答案應該不相同，因為每個人的自我都不同，甚至同一個人在不同時期的人生哲學也不同。」小江眼睛看著遠方邊想邊說。

「例如，自己半年前改變生活方式，多唸書又學英語，就減少看連續劇的時間，這種生活方式是目前的一種均衡嗎？」小婷自問也問小江。

「要看妳是否覺得快樂又充實，如果是的話，表示妳對生活的調整達到

比較滿意的均衡點。」小江建立了一種判斷。

「是啊！看電視雖然讓自己放鬆心情，但常常看電視的結果卻讓人感覺空虛，還是目前的生活比較充實而且快樂。」小婷誠實的回答。

「其實生活並非一成不變，人生一定會面臨不同的考驗，『生老病死』、『貪嗔痴怨憎慤』，我們在平時就應該思考逆境的哲學，免得措手不及，也避免自己建立的均衡點毀於一旦。」小江很成熟的說道。

「這倒是真的，人難免遇到挫折，也許工作、也許感情、也許家庭，如果能夠建立處世的哲學，當能減少心靈的痛苦。學長，你有什麼處世的哲學嗎？」小婷好奇的問。

「學習儒家入世的積極作為，學習道家出世的虛己精神。」小江自信的回答，接著又說「也就是『出世之思，入世之為』，尤其是要學習虛無，學習放下，學習捨棄。不是為了要得到才捨棄，應該純粹放下自己。」

「聽來好像很棒，但是也有一點矛盾。要積極卻又要放下？」小婷直言無諱。

「沒錯，我們對人對事認真，應該沒錯吧！但是如果沒有回報，又能如何呢？埋怨嗎？生氣嗎？報復嗎？這些都無法讓我們心情好轉，只有學習放下、學習忘記，無所爭、無所欲、無罣礙。」小江肯定的說。

「真不容易做到啊！」小婷覺得很難。

「是啊！我也沒有做得很好，只是慢慢學習罷了，能夠想得透徹，就能夠學習，至於程度的深淺，就看自己的造化與領悟了。」小江客氣的回答。

「竹影掃階塵不動，月輪穿沼水無痕」「綠水青山是乃大富貴，清風朗月無異真功名」，小江突然唸了兩句詩詞。

小婷黑珍珠般的眸子，亮澄澄的映照在小江的眼中，良久……。

第四節　損益兩平分析

損益兩平分析即成本數量利潤分析，重點在於損益兩平點 (Break-Even Point)，因為損益兩平，公司便可立於不敗之地，能夠不虧損，將來就有創造利潤的機會；相反地，若達不到損益兩平，就會有虧損，是否要繼續投資經營，便要預測未來的營業額是否能夠突破兩平點而定了。

一、損益兩平點的意義與公式

所謂損益兩平點意指公司在某營業額或營業量下，既無利潤亦無損失之情形，亦稱為損益平衡點或盈虧兩平點、盈虧分界點。公式有兩種：

1. 兩平點銷貨量 $= \dfrac{\text{固定成本總額}}{\text{每單位邊際貢獻}}$

2. 兩平點銷貨額 $= \dfrac{\text{固定成本總額}}{\text{邊際貢獻率}}$

兩平點銷貨額公式的演變如下：

假設 S：代表實際銷貨額

　　S_b：代表兩平點銷貨額

　　V：代表變動成本總額

　　F：代表固定成本總額

　　CM：代表邊際貢獻

　　CM_r：代表邊際貢獻率

　　P：代表淨利

注意 V 與 S 有比例之關係，兩者均隨數量的變動成正比例的變動，故可將 V 改成 $S \times \dfrac{V}{S}$（即 $V = S \times \dfrac{V}{S}$），$\dfrac{V}{S}$ 即變動成本率。本期淨利如下：

$$S - V - F = P$$

$$\Rightarrow S - S \times \frac{V}{S} - F = P$$

$$\Rightarrow S(1 - \frac{V}{S}) = F + P$$

$$\Rightarrow S = \frac{F + P}{(1 - \frac{V}{S})}$$

當 P = 0 時，代表沒有利潤亦無損失。

則 $S = \dfrac{F}{(1 - \frac{V}{S})}$

以 $S_b = \dfrac{F}{(1 - \frac{V}{S})}$ 表示之或 $S_b = \dfrac{F}{CM_r}$

舉例說明如下：

假設松根公司生產某單一產品，每單位售價 \$60，單位變動成本 \$36，固定成本每年為 \$60,000，則：

1. 兩平點銷貨額 $= \dfrac{\$60,000}{1 - \frac{\$36}{\$60}} = \$150,000$

2. 兩平點銷貨量 $= \dfrac{\$60,000}{\$60 - \$36} = 2,500$ 單位

二、損益兩平點公式的變化運用

損益兩平點公式加以變化運用，可以幫助企業作利潤規劃。茲分述如下：

㈠（預計銷貨額 – 兩平點銷貨額）× 邊際貢獻率 = 預計淨利

$$(S - S_b) \times CM_r = P$$

如前例，假設公司預計銷貨 $200,000，則：

$$預計利潤 = (\$200,000 - \$150,000) \times 0.4 = \$20,000$$

(二)銷貨收入 $= \dfrac{固定成本 + 預計利潤}{邊際貢獻率}$

$$S = \frac{F + P}{CM_r}$$

假設公司預計利潤為 $30,000，則銷貨金額應該為 $S = \dfrac{\$60,000 + \$30,000}{0.4}$ $= \$225,000$。

若預計稅後利潤多少，則先換算成稅前利潤，再代入原公式即可，亦即 $P \div (1-t)$，t 代表稅率，P 為稅後淨利，$P \div (1-t)$ 即為稅前淨利。原公式變成：

$$S = \frac{F + P \div (1 - t)}{CM_r}$$

假設公司稅率為 40%，則預計稅後利潤 $30,000，先換算成稅前利潤，則 $30,000 \div (1-40\%) = \$50,000$，代入原公式為 $S = \dfrac{\$60,000 + \$50,000}{0.4}$ $= \$275,000$。

(三)銷貨收入 $= \dfrac{固定成本}{邊際貢獻率 - 利潤率}$

$$S = \frac{F}{CM_r - P_r}$$

假設公司預計利潤率為銷貨的 10%，則代入原公式：

$$S = \frac{\$60,000}{0.4 - 0.1} = \$200,000$$

若預計稅後利潤率為 P_r，只需先換算成稅前 $P_r \div (1-t)$ 即可，原公式變成：

$$S = \frac{F}{CM_r - P_r \div (1-t)}$$

假設公司預計稅後利潤率為 12%，稅率 40%，則稅前利潤率為 $12\% \div (1-40\%) = 20\%$，代入原公式則 $S = \frac{\$60,000}{0.4 - 0.2} = \$300,000$。

三、安全邊際與安全邊際率

所謂安全邊際 (Margin of Safety) 係指實際或預計銷貨額超過兩平點銷貨額之數。既然兩平點銷貨額已令公司立於不敗（沒有損失）之地，實際銷貨額若能夠超出兩平點愈多，淨利就愈大，公司就愈安全，故超過兩平點之銷貨就稱為安全邊際。如果以安全邊際除以實際或預計銷貨額，則為安全邊際率 (Margin of Safety Ratio)。安全邊際與安全邊際率都是愈大愈好，公司經營就愈安全，風險就愈小。

㈠安全邊際與安全邊際率公式

假設 MS 代表安全邊際，MS_r 代表安全邊際率，則：

1. $MS = S - S_b$
2. $MS_r = \dfrac{MS}{S} = \dfrac{S - S_b}{S}$

㈡安全邊際與安全邊際率之運用

1. 前述 $(S - S_b) \times CM_r = P$，其實 $S - S_b$ 即 MS，則：

$$MS \times CM_r = P$$

$$\Rightarrow MS \times \frac{CM}{S} = P$$

$$\Rightarrow \frac{MS}{S} \times CM = P$$

$$\Rightarrow MS_r \times CM = P$$

2. 又 $MS \times CM_r = P$

$$\Rightarrow \frac{MS \times CM_r}{S} = \frac{P}{S}$$

$$\Rightarrow MS_r \times CM_r = P_r$$

茲以前述松根公司為例，假設今年度實際銷貨額為 \$240,000（即 4,000@ 銷量），則以上各公式之解答如下：

1. $MS = \$240,000 - \$150,000 = \$90,000$

2. $MS_r = \dfrac{\$240,000 - \$150,000}{\$240,000} = 37.5\%$

3. $P = (\$240,000 - \$150,000) \times 0.4 = \$36,000$

   或 $P = 37.5\% \times \$96,000^* = \$36,000$

   * $\$240,000 \times 0.4 = \$96,000$

4. $P_r = 37.5\% \times 0.4 = 15\%$

   證明：$\$36,000 \div \$240,000 = 15\%$

安全邊際或安全邊際率之運用，一般多以金額來計算，但亦可用數量來表達，若用數量表達安全邊際，應予註明。則：

$$安全邊際數量 = 4,000 - 2,500 = 1,500$$

$$安全邊際率 = \frac{1,500}{4,000} = 0.375 = 37.5\%$$

四、營業槓桿與安全邊際率

第九章曾介紹過營業槓桿，可用邊際貢獻除以營業利益計算而得，亦即：

$$DOL = \frac{CM}{P}$$

CM：代表邊際貢獻

P：代表營業利益

$\because CM = S \times CM_r$

且 $P = (S - S_b) \times CM_r$

S：代表實際銷貨

S_b：代表兩平點銷貨

CM_r：代表邊際貢獻率

$$\therefore DOL = \frac{CM}{P} = \frac{S \times CM_r}{(S - S_b) \times CM_r} = \frac{S}{S - S_b}$$

而 $\dfrac{S}{S - S_b}$ 即為安全邊際率之倒數。

因此，營業槓桿度 = 安全邊際率之倒數。

秋天，一個輕風徐徐，秋陽送暖的午後，憑欄眺望，朦朧的九份引人遐思，約三、五好友泡一壺茶、飲一杯生命的甘甜、聊一晌人生的樂趣……。

「老師！」一個學生跑來，我只好從白日夢裡抽身而回，準備迎向這充滿「意外」的有趣人生。「附錄中的價格差異為 SQ×(AP－SP)、數量差異為 (AQ－SQ)×SP；另外有一個聯合差異 (AP－SP)×(AQ－SQ)，而正文裡只分成價格差異 AQ×(AP－SP) 及數量差異 (AQ－SQ)×SP。為什麼聯合差異併入價格差異即正文之價格差異，那能否將聯合差異併入數量差異呢？併入的結果變成價格差異為 SQ×(AP－SP)，數量差異為 (AQ－SQ)×AP」。

我心裡想，這學生是否在考我呢？正確的公式當然是 AQ×(AP－SP)，亦即價格差異是用「實際數量」計算，而 (AQ－SQ)×SP，數量差異用「標準價格」計算。倘若數量差異用「實際價格」計算，則在前後期，若 (AQ－SQ) 相同，而 AP 不同時，就算出不同的數量差異，此為不合理之處。

另外，價格差異用「實際數量」計算是合理的，若用「標準數量」計算，則必須多計算一個 (AQ－SQ)×(AP－SP) 的差異，不是嗎，此就是聯合差異了。

◆問　題：

1.假設九份公司每個月標準數量 100，標準價格 $5。

　1月份實際數量 120，實際價格 $6。

　2月份實際數量 120，實際價格 $5.5。

　⑴試用：AQ×(AP－SP) 與 (AQ－SQ)×SP 計算兩個月之價差與量差。

　⑵試用：SQ×(AP－SP) 與 (AQ－SQ)×AP 計算兩個月之價差與量差。

2.前一題中的兩個方法，嘗試在課堂中當小老師講解何者正確的觀念給所有同學瞭解。

■ 思考與練習 ■

一、問答題

1.影響毛利變動有哪些因素？

2.何謂市場占有率差異？

3.何謂行業數量差異？

4.何謂損益兩平點？

5.何謂安全邊際？

二、選擇題

( )　1.安全邊際係指：

(A)銷貨收入－變動成本　(B)銷貨收入－固定成本　(C)銷貨收入－損益兩平銷貨收入　(D)銷貨收入－銷貨成本　【券商業務】【券商高業】

( )　2.計算損益兩平銷售量（單位數）的式子是：

(A)固定成本÷邊際貢獻率　(B)固定成本÷每單位變動成本　(C)固定成本÷每單位售價　(D)固定成本÷每單位邊際貢獻金額

【券商高業】

( )　3.欲算出損益兩平的銷售金額，我們需要知道總固定成本與：

(A)每單位變動成本　(B)每單位售價　(C)每單位變動成本占售價比率　(D)每單位售價減去平均每單位固定成本　【券商高業】

( )　4.已知損益兩平點時之銷貨為 \$600,000，邊際貢獻為 \$300,000，則銷貨 \$900,000 時之營業槓桿度為：

(A) 8　(B) 6　(C) 3　(D) 2　【券商高業】

( )　5.某企業今年度的銷貨收入為 300 萬元，變動成本為 180 萬元，固定費用為 90 萬元，預估明年度固定成本為 120 萬元，邊際貢獻率不變，但企業希望明年度的淨利能達 50 萬元，請問其目標銷貨收入成長率應為多少？

(A) 16.7%　(B) 41.7%　(C) 0　(D) 33.3%　【券商業務】

（　）6.假設力山企業產品每單位售價為 100 元，單位變動成本為 80 元，則力山企業的單位邊際貢獻為？

(A) $8,000　(B) $20　(C) $0.8　(D) $0.2　　　　【券商高業】

（　）7.大西洋公司當年度固定成本及費用 $10,000，營運槓桿度 1.2，銷貨收入 $100,000，試問該公司邊際收益率為何？

(A) 60%　(B) 50%　(C) 40%　(D)選項(A)、(B)、(C)皆非　【券商業務】

（　）8.南投公司 X1 年銷貨額 $1,000,000，變動營業成本及費用 $600,000，稅後淨利 $90,000，財務槓桿 1.6，固定營業費用 $200,000，所得稅率 25%，稅後普通股股利 $20,000，稅後特別股股利 $18,000，則其營業損益兩平銷貨額？

(A) $500,000　(B) $600,000　(C) $700,000　(D)選項(A)、(B)、(C)皆非

【券商高業】

（　）9.天津公司 2007 年銷貨 20,000 單位，每單位產品價格 $20，每單位變動成本 $4，固定成本及費用 $250,000，利息費用 $50,000，則其損益兩平銷貨量為何？

(A) 18,750 單位　(B) 25,000 單位　(C) 15,625 單位　(D) 43,750 單位

【券商業務】

（　）10.在產品售價不變的情況下，若生產某商品的總固定成本與單位變動成本都下降，對其邊際貢獻率與損益兩平銷貨收入有何影響？

(A)邊際貢獻率下降，損益兩平點上升

(B)邊際貢獻率上升，損益兩平點下降

(C)邊際貢獻率下降，損益兩平點下降

(D)邊際貢獻率不變，損益兩平點上升　　　　　【投信業務】

（　）11.大王光碟製造廠今年初推出其最新產品 S100 快速光碟機，此新產品線的邊際貢獻率為 40%，損益兩平點為 $200,000，假設今年度此新產品替大王公司帶來 $48,000 的利潤，其今年度所出售的 S100 光碟機約為：

(A) $462,222　(B) $320,000　(C) $325,000　(D) $120,000

【投信業務】【券商高業】

(　) 12.某企業今年度的銷貨收入為 150 萬元，變動成本為 90 萬元，固定費
用為 45 萬元，預估明年度固定成本為 60 萬元，邊際貢獻率不變，
但企業希望明年度的淨利能達 25 萬元，請問其目標銷貨收入成長率
應為多少？

　　(A) 16.7%　(B) 41.7%　(C) 0　(D) 33.3%　　　　【券商高業】

(　) 13.力麗成衣工廠今年年初的預估財務報表如下：銷貨收入（9,000 件）
$1,440,000、變動成本 $1,080,000、固定製造成本 $125,000、固定銷
管費用 $175,000、淨利 $60,000，力麗今年實際銷貨量不如預期，只
有 8,500 件，請問其今年淨利約為多少？

　　(A) $20,000　(B) $106,667　(C) $32,000　(D) $40,000　　【投信業務】

(　) 14. (營業收入減變動成本) 除以營業利益稱為：

　　(A)利潤率　(B)毛利率　(C)風險值　(D)營業槓桿程度　　【證券分析】

(　) 15.某產品 10,000 單位之銷貨收入 $300,000，變動成本 $240,000，固定
成本 $42,000，則損益兩平點銷售量為：

　　(A) 7,000 單位　(B) 8,000 單位　(C) 6,000 單位　(D) 5,000 單位

　　　　　　　　　　　　　　　　　　　　　　　　　【券商業務】

(　) 16.設甲產品之單位售價由 $1 調為 $1.2 ，固定成本由 $400,000 增至
$500,000，變動成本仍為 $0.6，則損益兩平數量會有何影響？

　　(A)增加　(B)下降　(C)不變　(D)不一定　　　　　【券商高業】

(　) 17.瀋陽公司當銷貨量增加 30%，則營業利益增加 60%，民國 91 年銷
貨額 $600,000，稅後淨利 $90,000，無利息費用，稅率 25%，則其
變動成本及費用為何？

　　(A) $360,000　(B) $240,000　(C) $200,000　(D)以上皆非　【券商高業】

(　) 18.速捷公司生產下列三種邊際貢獻率不同的產品，50cc 機車： 銷貨
$600,000、邊際貢獻率 30%，90cc 機車銷貨：$400,000、邊際貢獻
率 20%，125cc 機車：銷貨 $1,000,000、邊際貢獻率 25%，請問以
整個公司而言，速捷的邊際貢獻率為多少？

　　(A) 25.5%　(B) 69.5%　(C) 33.3%　(D)以上皆非　　【券商高業】

( ) 19.假設有一投資計畫，期初投資一百萬元，其折舊年限為五年，無殘
值，依直線法提折舊，其生產產品之單位售價為 $2,000，變動成本
為 $1,500，每年之付現固定成本為十萬元，稅率為 25%，折現率為
10%，請問各年度的會計損益兩平點為多少？

　　(A) 200 個　(B) 300 個　(C) 400 個　(D) 600 個　　　【投信業務】

( ) 20.下列何種情況下，邊際貢獻率一定會上升？

　　(A)損益兩平銷貨收入上升

　　(B)損益兩平銷貨單位數量降低

　　(C)變動成本占銷貨淨額百分比下降

　　(D)固定成本占變動成本的百分比下降　　　【投信業務】

( ) 21.邊際貢獻率的定義是：

　　(A)總製造費用 ÷ 銷貨收入　(B) (銷貨收入 − 總變動成本) ÷ 銷貨收
入　(C) 1 − (銷貨毛利 ÷ 銷貨收入)　(D) 1 − (邊際貢獻金額 ÷ 銷貨收
入)。　　　【券商業務】

( ) 22.一個產品多樣化的廠商要計算營業額的損益兩平點，必須作那些假
設？A. 產品售價不變；B. 每單位產品變動成本不變；C. 產品組合
比率不變

　　(A) A.、B.　(B) A.、C.　(C) B.、C.　(D) A.、B.、C.　　　【投信業務】

( ) 23.採用損益平衡 (Breakeven) 分析時，所隱含的假設之一是在攸關區
間內：

　　(A)總成本保持不變　(B)單位變動成本不變　(C)變動成本和生產單位
數間並非直線的關係　(D)單位固定成本不變　　　【券商高業】

( ) 24.下列財務比率何者通常愈高愈佳？

　　(A)負債比率　(B)固定成本比率　(C)邊際貢獻率　(D)應收帳款週轉天
數　　　【券商高業】

( ) 25.計算一項產品損益平衡的銷售單位數時，不需考慮下列那一項目？
　　(A)單位售價　(B)單位變動成本　(C)總固定成本　(D)毛利率

　　　【投信業務】【券商業務】

( ) 26.許多公司利用帳面的數字來計算損益兩平點，但根據帳面數字計算
之損益兩平點常較依淨現值計算之兩平點為：
⑷低　⑻高　⒞相等　⑼無法判斷，尚需計畫殘值的資訊

【券商高業】

( ) 27.台南公司只生產一種飲料，每瓶售價 $50，已知其固定成本為
$120,000，必須出售 8,000 瓶才能損益兩平，該公司原預計明年可賣
出 12,000 瓶，但銷售部經理建議如能增加廣告費 $30,000，可增加
銷售量 3,000 瓶。如果採用銷售部經理之建議，則台南公司
⑷利潤增加 $150,000　⑻利潤增加 $45,000　⒞利潤增加 $15,000
⑼利潤減少　　　　　　　　　　　　　　　　【證券分析】

( ) 28.點漢公司所生產的礦泉水每瓶售價 $20，其中變動成本占 50%，已
知目前每年產量為 18,900 瓶，該公司剛好損益兩平，請問其固定成
本約為多少？
⑷ $180,000　⑻ $189,000　⒞ $300,000　⑼ $100,000　【券商高業】

( ) 29.佳能公司生產三種邊際貢獻率不同的產品：

產品	銷貨	邊際貢獻率 (%)
甲	$ 60,000	40
乙	40,000	30
丙	100,000	25

佳能公司整體的邊際貢獻率為何？
⑷ 28.5%　⑻ 29.5%　⒞ 30.5%　⑼ 31.5%　　【證券分析】

( ) 30.下列哪一個項目不會影響到損益兩平點？
⑷總固定成本　⑻每單位售價　⒞每單位變動成本　⑼現有銷貨數
量　　　　　　　　　　　　　　　　　　　　【券商高業】

三、計算題

1. 福元公司銷售甲、乙兩種產品，最近兩年度銷貨毛利如下：

	去年度		今年度	
	甲產品	乙產品	甲產品	乙產品
銷貨收入	$ 270,000	$ 270,000	$ 396,000	$216,000
銷貨成本	(162,000)	(108,000)	(240,000)	(97,200)
銷貨毛利	$ 108,000	$ 162,000	$ 156,000	$118,800

今年初，因市場需求變動，甲產品的售價提高 10%，乙產品的售價降低 10%。

試作：(1)依下列各項因素，分析今年度銷貨毛利變動的原因：

① 售價變動。

② 成本變動。

③ 銷量變動。

④ 銷貨組合變動。

(2)說明銷貨毛利分析的目的為何？ 【高考】

2. 福寶公司銷售甲、乙兩種產品，相關資料如下：

	實際資料		預計資料	
	甲產品	乙產品	甲產品	乙產品
銷貨收入	$ 20,000	$ 20,000	$ 27,500	$ 15,000
銷貨成本	(16,000)	(15,000)	(22,500)	(10,000)
銷貨毛利	$ 4,000	$ 5,000	$ 5,000	$ 5,000
銷貨數量	4,000	5,000	5,000	5,000
單位售價	$ 5	$ 4	$ 5.5	$ 3
單位成本	4	3	4.5	2

預計整體市場銷量為 100,000 單位，實際整體市場銷量為 120,000 單位。

試作：甲、乙分開計算

(1)銷貨價格差異　(2)銷貨數量差異

(3)成本價格差異　(4)成本數量差異

(5)銷貨組合差異　(6)最後銷貨數量差異

(7)市場占有率差異　(8)市場銷量差異（行業數量差異）

3.元大公司製造並銷售甲、乙、丙三種不同款式之背包，今年預計及實際之
銷售量及每個背包之邊際貢獻如下：

款式	預計		實際	
	單位邊際貢獻	銷售量	單位邊際貢獻	銷售量
甲	$110	4,000	$125	4,200
乙	350	3,600	375	3,000
丙	650	2,400	600	1,800
		10,000		9,000

元大公司預計今年背包市場之總銷量為 100,000 個，該公司之市場占有率
為 10%，但實際上市場之總銷量為 120,000 個。

試作：計算下列差異之金額：

⑴邊際貢獻差異 (Contribution Margin Variance)。

⑵銷售組合差異 (Sales-Mix Variance)。

⑶純銷售數量差異 (Sales-Quantity Variance)。

⑷市場占有率差異 (Market-Share Variance)。

⑸市場銷量差異 (Market-Size Variance)。　　　　　　　　　【CPA】

4.濟南公司依直接成本法編製之損益表，列示如下：

銷貨收入（20,000 件）	$ 300,000
減：變動成本	(180,000)
邊際貢獻	$ 120,000
減：固定成本	(105,000)
營業利益	$　15,000

該公司目前產能達 85%，目前企劃部門提出一擴充方案，預期將可增加營
業利益 30%，但同時必須增加固定成本 60%。擴充後，該公司最高產能為
50,000 件。

試作：⑴計算濟南公司之損益兩平點。

　　　⑵擴充後維持原利潤之銷售額及銷售量。

　　　⑶擴充後獲得預期利潤之銷售額及銷售量。

　　　⑷擴充後達最高產能之利潤。

　　　⑸評估該擴充方案是否可行。　　　　　　　　　　　　【高考】

5. 德華公司今年銷貨額 $1,000,000，稅後淨利 $60,000，其他資料：

(1)營業槓桿度 (DOL) 為 2.5，財務槓桿度 (DFL) 為 2。

(2)所得稅率為 40%。

(3)普通股股利 $20,000，特別股股利 $15,000。

試作營業損益兩平銷貨額。　　　　　　　　　　　　　　【高考】

6. 學友公司今年相關資料如下：

銷貨數量	3,000 單位
單位售價	$200
單位變動成本	140
每年固定成本	$150,000
稅率	20%

試作：(1)損益兩平點銷貨量

(2)今年淨利

(3)安全邊際

(4)今年之營業槓桿度

7. 黎明公司今年相關資料如下：

營業槓桿度 = 3

財務槓桿度 = 1.5

變動成本率　60%

利息費用　$6,000

試作：(1)計算損益兩平點

(2)計算安全邊際

8. 天達公司有一項五年期的投資計畫，期初固定資產之投資金額為 $10,000,000，此固定資產的折舊年限為五年，五年後殘值為零，該公司將以直線法提列折舊。投資計畫所生產產品每單位之售價為 $3,000，每單位變動成本為 $1,500。此外，每年有 $1,000,000 付現的固定開銷，假設該公司適用的稅率為 20%，折現率為 10%，且除了期初的固定資產投資外，所有的現金流量均於年底發生。

試作：⑴各年度會計上的損益兩平點為多少單位？

　　　⑵使該計畫淨現值為零之銷售數量為多少單位？

　　（10% 折現率下五期的普通年金現值因子為 3.79079）【證券分析】

9.台北公司最近三年之售價、變動成本率與總固定成本均未改變，其第一年及第二年資料如下表：

	第 1 年	第 2 年
銷貨收入	$8,000	$9,000
銷貨成本	6,800	7,400
銷貨毛利	$1,200	$1,600
營業費用	900	950
本期淨利	$ 300	$ 650

如果台北公司第三年之銷貨收入為 $9,400，試計算該公司第三年之邊際貢獻及銷貨毛利各為若干？　　　　　　　　　　　　【證券分析】

Chapter 13

技術分析

Technical Analysis

資訊補給M 財務重點專區

　　身處網路發達的時代，要查詢資料真的很方便，可說是花費少而時間省，十之八九都能找到想要的資訊。這個年代，政府對人民提供的部分服務也很便利，我們可以透過網頁資訊的連結，解決一些經濟民生的疑問，而不必四處奔波舟車往返。

　　例如上考選部的網站 (http://wwwc.moex.gov.tw)，可以查詢各類公職人員考試的考古題與解答、考試日程以及榜單等等。上臺北市稅捐處的網站 (http://www.tpctax.gov.tw)，在全功能服務櫃檯中，包括房屋稅、牌照稅等有三十多項的資訊提供查詢，可以下載表格、線上查詢或網路申辦等等。

　　與股票投資者最相關者，就是證交易所的公開資訊觀測站 (http://mops.tse.com.tw)，提供了非常多的資訊，投資者可以依據自己的需求來查詢。2007 年因為力霸案的關係，特別在投資專區中，增加了「財務重點專區」，目的在讓投資者瞭解應該注意的公司狀況，以免誤踩地雷股。

　　「財務重點專區」可以分別依下列九項指標查詢：

1. 變更交易方法或處以停止買賣者。
2. 最近期財務報告每股淨值低於 10 元且上市後最近連續三年度虧損者。
3. 最近期財務報告每股淨值低於 10 元且負債比率高於 60% 及流動比率小於 1.00 者（金融保險業除外）。
4. 最近期財務報告每股淨值低於 10 元且最近兩年度及最近期之營業活動淨現金流量均為負數者。
5. 最近月份全體董事監察人及持股 10% 以上大股東總持股數設質比率達九成以上者。
6. 最近月份資金貸與他人餘額占最近期財務報告淨值比率達 30% 以上者（金融保險業除外）。
7. 最近月份背書保證餘額占最近期財務報告淨值比率達 150% 以上者（金融保險業除外）。
8. 董事、監察人連續三個月持股成數不足者。
9. 其他經臺灣證券交易所綜合考量應公布者。

　　證交所表示，指標 5、6、7 每個月會作更新，指標 2、3、4 因為必須等

每季季報出爐才會調整，無法每月更新，而指標1、8、9則隨時可以更新。指標5是每月15日前上市公司上傳最新資料才在當天晚上更新，指標6、7則在每月10日前才更新資料。

　　去年底因為復興航空突然解散，因而2017年證交所對「財務重點專區」進行宣導及補強，首波調整新增「指標1～9名單彙總（依公司代號排序）」與「指標1～9名單彙總（依符合指標數量排序）」。進入公開資訊觀測站網站，點入「投資專區」再點選「財務重點專區」，之後不論點入上市、上櫃或興櫃公司，三者都可以點選「全體上市」、「全體上櫃」或「全體興櫃」公司，接著跑出的畫面，包含1至9項指標查詢以及新增的兩種彙總方式查詢。

　　筆者實際點入「上市公司」內之「全體上市公司」，再點入「指標1～9名單彙總（依公司代號排序）」，就跑出列入財務重點專區之所有上市公司之單獨畫面，表格中會有紅色標記指標1～9之警示。實際算了一遍，共有95家上市公司列入財務重點專區之中。因為依公司代號排序，第一家為味全公司（1201），其符合指標中的2、3、4項，倒數第三的中視（9928），符合1、2、3、4、9共五項。符合愈多指標，投資者就更要多加小心注意，若要知道哪些公司符合較多的指標，可以另外點入「指標1～9名單彙總（依符合指標數量排序）」，觀察表格最右邊一欄為符合指標數量，發現前六家符合五項指標，接著有七家符合四項指標，這兩種查詢方式真的方便許多。

　　證交所表示，在財報出爐後會增加新增及剔除的名單於各項指標中，可以方便投資人曉解，此為第二波的調整，預計在五月上線。

投資分析有技術分析和財務報表分析兩種方式，許多投資者，除了藉由財務報表分析來瞭解企業的基本面好壞以外，也希望能有技術分析的觀念，以幫助自己在有利的時機「進」、「出」股票。聰明的投資者一定會綜合所有分析層面來作最後的決策。

因此，本書特別將技術分析納入最後一章，促使基本面與技術面兩者得兼，以收相輔相成之效，以竟投資獲利之功。

第一節　技術分析的基本概念

所謂技術分析是以股市過去的成交價、成交量及成交值之資料，來預測股市未來可能上漲或下跌的分析方法。

技術分析類似經濟學上之供需理論，當多數人對股市樂觀時，股票需求會增加，股價會上漲，反之當多數人對股市悲觀時，股票需求減少，股價就下跌。股價從某一個均衡價格到新的均衡價格，如同產品的供需一般，需要一段時間慢慢趨向一個均衡價格。在這段時間的成交價與成交量的變化，就是技術分析賴以預測股價漲跌的依據。

技術分析不僅可用來預測股市整體，亦可以預測個別之股票，其為道瓊斯 (Dow Jones) 公司創辦人道查理 (Charles H. Dow) 於 19 世紀末發展出來，其過世後由漢米頓先生整理，命名為道氏理論 (Dow Theory)，後來學者又據此發展出不同的技術分析技巧，故道氏理論實為技術分析之鼻祖。

一、道氏理論

道氏理論認為股票市場中有三種趨勢：

1. 主要趨勢 (Primary Trend)

主要趨勢亦稱基本趨勢或基本波動 (Primary Moves)，係指股價長期（一年以上）的持續上漲或持續下跌的一種趨勢。

2. 次級趨勢 (Secondary Trend)

次級趨勢亦稱次級波動 (Secondary Moves)，係指主要趨勢中的反向的變動，是一種技術修正，為期可能幾週或幾個月之橫向盤整。

3. 日常波動 (Day to Day Moves)

日常波動係指股價每天的變動情形，或稱為短期波動，在為期數週後便形成次級趨勢。

道氏理論強調的是主要趨勢，而不必理會日常波動，只要能確定主要趨勢是向上，則為多頭市場，有如浪潮一波比一波高。相反的，若主要趨勢向下，則為空頭市場。而次級趨勢的盤整期，其修正的幅度大約是前一波漲幅的三分之一至三分之二。以多頭行情而言，每次技術修正都不會低於前一波的低點，而且都會高於前一波的高點，但是若修正的幅度低於前一波的低點時，則出現反轉信號，將由多頭市場轉為空頭市場，如圖 13–1。

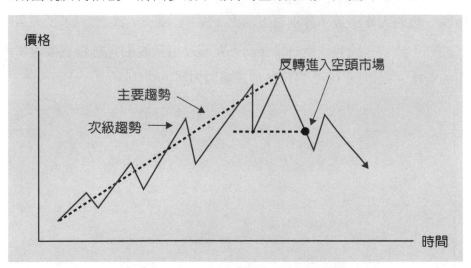

↗圖 13–1　道氏理論基本法則圖示

道氏理論的缺點如下：

1. 以偏概全

僅選取鐵路及工業股來論證整個市場走勢，基礎薄弱。

2. 信號落後

當確知行情為向上或向下之趨勢，或者行情反轉時，距離最低點或最高點已經有段距離。

3. 次級趨勢無法掌握

　　道氏理論對長期走向有較高的準確性，但無法掌握次級趨勢何時開始變動。

二、波浪理論 (Wave Theory)

　　波浪理論係針對道氏理論趨勢變動的形狀提出明確的判斷準則，提升了實務上運用的價值。波浪理論認為在多頭市場時，有三波上漲的波段，分別為初升段、主升段和末升段，另有兩波下跌的修正波。五波段完成後會面臨一個跌兩段漲一段的大修正波，分別以 a、b、c 波稱之，a、c 為下跌波，b 為上升波。修正完成後又展開另一個五波段的上升趨勢。

　　當行情在空頭時，則會有三波下跌與兩波上漲波段，下跌的波段則稱為初跌段、主跌段及末跌段，上漲波段稱為修正波。五波段完成後則會面臨漲兩段跌一段的大修正波，分別為上漲之 a 波、c 波及下跌之 b 波。

　　此外，波浪理論也注意日常波動，並認為這種波動也符合五波段和三波修正的規律。茲以圖 13–2 表示波浪理論的內容。

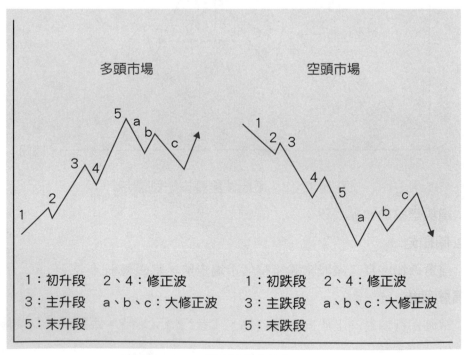

↗圖 13–2　波浪理論的基本波型

波浪理論的缺點：

1. 會有例外

亦即會有一些例外的「失敗波」破壞原本五波段的理論，此時分析者便難以自圓其說。

2. 信號落後

亦如道氏理論一般，無法讓投資者即時掌握多空行情。

三、趨勢線 (Trend Lines)

所謂趨勢線，係根據股價變動的趨勢而畫出的切線，分為「上升趨勢線」與「下降趨勢線」兩種。在股價上升期間，連結兩個明顯的低點而形成「上升趨勢線」；而在股價下跌期間，連結兩個明顯的高點而形成「下降趨勢線」。國內實務，常在起漲與起跌的第一波高低點上，另外畫一條與趨勢線平行的輔助線，學者主張股價應該在這兩條線之間波動。請參考圖 13–3。

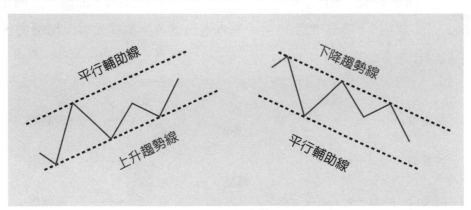

↗圖 13–3　上升與下降趨勢線

由於兩點即可形成一直線，因此可能繪出多條趨勢線，究竟以何者為準呢？一般學者認為短期分析就以短期之高點或低點連結；長期分析就以歷史性之高點或低點連結。但即使如此，趨勢的切線角度難免還會有變動，最合理角度介於 30 度至 60 度之間，而且必須視情況去調整趨勢線，不能一味死守原來的趨勢線。

第二節　K 線分析與線形型態

上一節所述為技術分析中最基本的理論觀念，本節將進一步介紹股市運用最普遍之 K 線圖與各種名詞和觀念。

一、K 線理論

K 線又稱陰陽線或蠟燭線 (Candle Stick)，相傳為 18 世紀日本的本間宗久所創。K 線可按日、按週或按月繪製而成日 K 線、週 K 線及月 K 線。分別代表短、中、長期的趨勢。K 線是利用股票的開盤價、最高價、最低價及收盤價繪製而成。其中開盤價與收盤價以短橫線表示，兩者之間以「實體」的紅黑線形成柱狀，若收盤價高於開盤價，表示上漲，以紅色或空白表示，稱為「陽線」；反之，若收盤價低於開盤價，表示下跌，以黑色表示，稱為「陰線」。而最高價、最低價與「實體」之間用垂直線連接，形成所謂的「上影線」、「下影線」。請參考圖 13–4。基本上而言，上影線代表上檔壓力，反之下影線代表下檔支撐。

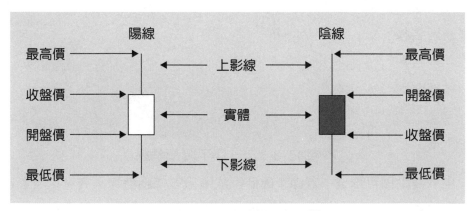

↗圖 13–4　K 線基本架構

上圖只不過是 K 線圖中的兩種情形，其實 K 線圖會因為當日行情不同，而有不同之圖形，分別代表不同之義涵。茲說明如下：

㈠基本型態

K 線基本型態除了圖 13–4 兩種基本架構外，還有以下幾種，見圖 13–5。

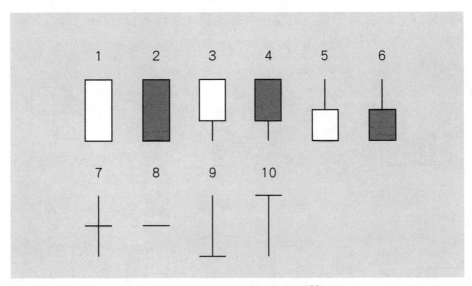

↗圖 13–5　K 線基本型態

1. 光頭長陽線，表示多方大勝，空方疲弱。

2. 光頭長陰線，表示空方大勝，多方疲弱。

3. 無特別名稱，該圖形表示，雖然盤中曾有空方力道，但最後仍然多方大勝。

4. 無特別名稱，該圖形表示，雖然有些買氣，但最後空方較強。

5. 無特別名稱，該圖形表示，雖然有些賣壓，但最後多方較強。

6. 無特別名稱，該圖形表示，雖然盤中曾有多方力道，但最後仍然空方勝利。

7. 十字型，十字線表示多空雙方力道均衡，為市場的猶豫和不確定性，若上、下影線較長，則稱為長腳十字線，很可能是變盤的前兆。

8. 一字線，常常發生在跳空漲停或跌停的情況，表示超強的買氣或賣壓。

9. 墓碑十字，或墓碑線、雷公針，表示空方獲勝。但若發生在高檔時，則表示股價趨弱。反之若發生在低檔時，很可能意味著低檔無多的訊息。

10. 蜻蜓十字或丁字線、鐵釘線，表示多方獲勝。若發生在低檔時，則表示探底回升，轉多意味濃。若發生在高檔時，很可能意味著高檔無多的訊息。

(二)特殊型態

　　單一的 K 線參考價值有限，通常應該多看幾根 K 線以瞭解更多資訊，這種多根 K 線的組合可形成下列幾種特殊型態，請參考圖 13–6。

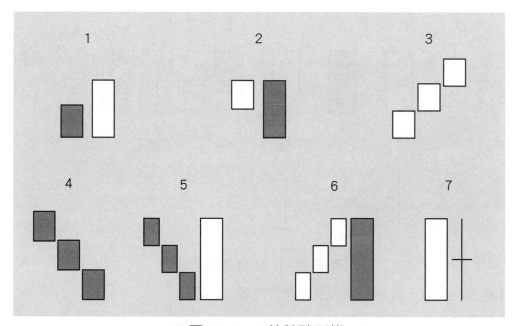

↗圖 13–6　K 線特殊型態

1. 陽包線，昨天空方勝利，今日多方反敗為勝。
2. 陰包線，昨天多方勝利，今日空方反敗為勝。
3. 三陽線，多方連下三城。若在多頭市場初期，則為強勢股，不可輕易賣出，但若在股價高檔時，則可能是起跌的開始。
4. 三陰線，空方連下三城。若在空頭市場初期，則為弱勢股，不可輕易進場，但若在股價低檔時，則可能是起漲的開始。
5. 一陽包三陰，多方一舉突破三日前之高檔，吃掉空頭行情，股價可能持續上攻。
6. 一陰包三陽，空方一舉突破三日前之低檔，吃掉多頭行情，股價可能繼續下跌。
7. 孕育十字線，當日的十字線完全包含在前一日的大陽線內，顯示買盤力道轉弱，賣盤力道增強，行情即將反轉向下，為賣出訊號。

二、反轉、整理與缺口

前面或多或少已介紹過一些 K 線型態，此處再就反轉型態、整理型態與缺口理論等來介紹相關之線形型態。

㈠反轉型態

最典型的反轉型態為頭肩頂 (Head-and-Shoulders Top) 及頭肩底 (Head-and-Shoulders Bottom)。請參考圖 13-7。

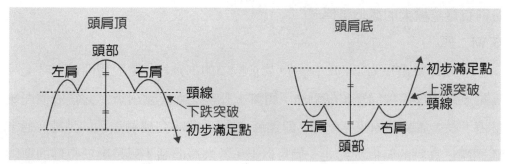

↗圖 13-7　反轉型態──頭肩頂及頭肩底

1.頭肩頂

頭肩頂由四個階段組成，即左肩、頭部、右肩及突破，在過程發展中會形成三個高峰。茲分述如下：

⑴左　肩

為一段大成交量的上升，然後是量縮拉回，至某一低點。

⑵頭　部

由左肩價格回跌之低點，然後再回升，且量能擴大，股價突破左肩頂點，到某一高點後，形成另一次的量縮拉回，其價格將接近於上次下跌的低點，連接此兩個低點即所謂的「頸線」(Neck Line)。

⑶右　肩

由頭部價格回跌之低點，再度回升，價格大致與左肩頂部接近，但低於頭部之高點，而且成交量比左肩及頭部必定更少，之後價格就開始下跌。

⑷突　破

當右肩價格下跌穿過頸線，而且收盤價低於頸線約 3%，則頭肩頂的型態才算確定。之後股價開始形成下跌走勢，而下跌幅度通常不會少於頸線到頭部的漲幅，此種推估之幅度位置，稱為「初步滿足點」。例如：頭部價格為 $100，頸線價格為 $80，則下跌之「初步滿足點」，以等幅計算，應為 $60。

2. 頭肩底

頭肩底的型態與頭肩頂相反，其頭肩部是朝下的，亦由左肩、頭部、右肩、突破四個階段組成，前半部的成交量與頭肩頂差不多，但後半部的成交量則有量能擴大的遞增特性。

3. M　頭

M 頭即雙重頂 (Double Tops)，屬於股價的末升段。當股價開始上升至某高點，之後量縮拉回至某低點後，再度上升至上次高點附近，之後股價開始量縮下跌，並突破原來之低點（即頸線位置），此時完成雙重頂的型態。通常 M 頭兩個高點的時間大約要一個月以上，若太短的話，只是屬於整理的型態而已。

4. W　底

W 底即雙重底 (Double Bottoms)，形成於股價之末跌段，形狀恰巧與雙重頂相反。當股價開始下跌，至某一低點，之後反轉上漲至某高點後，再度拉回至上次低點附近，之後股價開始量能擴大而上漲，並突破原來之高點（即頸線位置），此時打底完成形成雙重底的型態。

5. 三重頂 (Triple Tops)

當 M 頭突破頸線後，若無法達到初步滿足點，則將上探測試，此時頸線的壓力是否會被突破，形成一個關鍵。若被突破時，則可能形成三個高點，而成為三重頂，甚至於 M 頭轉變成 W 底的型態，之後的道理都差不多，就不再贅述。

6.三重底 (Triple Bottoms)

　　當 W 底突破頸線後，若無法達到初步滿足點，則將拉回測試，此時頸線能否發揮支撐作用，也是一個關鍵。若被突破時，則價格將回測底部，而可能形成三個低點，成為三重底。甚至於形成型態的陷阱，W 底轉變成 M 頭的型態。

7.尖頭反轉及 V 型反轉

　　尖頭反轉及 V 型反轉為一日反轉 (One Day Reversal) 的情形，通常是基本面突然發生重大的變化而造成。此種反轉沒有什麼分析價值，因為無法預測未來的股市走向。以上這些反轉型態請參考圖 13–8。

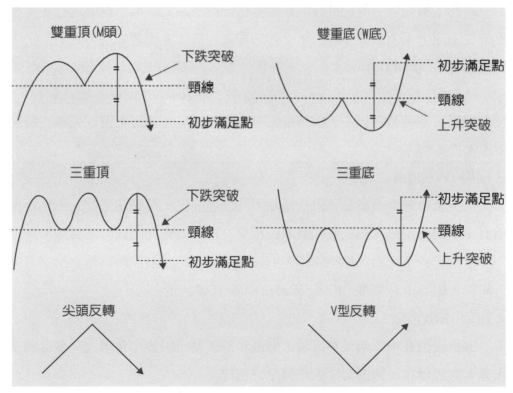

↗圖 13–8　其他反轉型態

㈡整理型態

股市價格趨勢不外就是漲、跌或盤整，第一節所述的各種理論，可提供漲、跌趨勢外，上述之反轉型態亦可幫助讀者確認何時由漲變跌，何時由跌變漲。至於盤整狀況及盤整後可能之漲跌，則統稱為整理型態。

整理型態是以盤整、收斂或者暫時與趨勢相反的運動方式，而造成籌碼換手。整理並不會改變股價的趨勢，故其發生時之成交量常呈現穩定或萎縮的狀態。整理的種類很多，茲分述如下：

1.旗型 (Flag)

為向上斜或向下斜的平行四邊形，在一段快速上漲或下跌的過程後，接著價格上上下下而形成一段上下平行的範圍，然後會繼續之前的走勢。

2.三角旗型 (Pennant)

為對稱的三角形，也是先有一段快速的上漲或下跌，接著價格上上下下，至少經過四個轉折點以上，但幅度愈來愈小而形成三角形，整理完後也將持續原來之走勢。

3.楔型 (Wedge)

楔型至少有兩個高點和兩個低點，高點連高點、低點連低點，形成不對稱而傾斜的三角形，但在收斂至兩線相交之前，就會向上或向下突破。

楔型若向下傾斜，即下降楔型 (Falling Wedge)，為多頭行情。反之若向上傾斜，則為上升楔型 (Rising Wedge)，為空頭行情。

4.箱型 (Box)

係指股價在上下兩條平行線之間溫和的波動，由於沒有重大利多或利空訊息，故股價在一段期間之內作箱型之整理。

這些整理型態列示於圖 13-9。

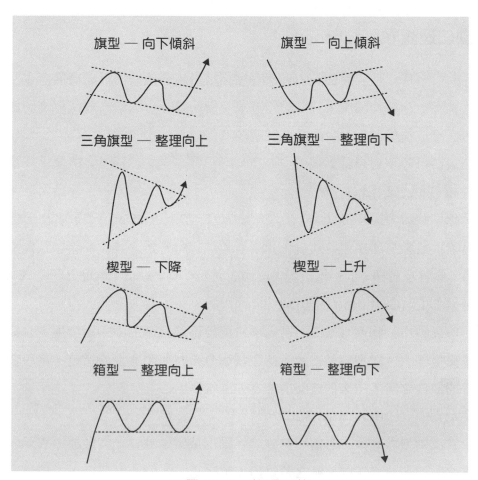

旗型 — 向下傾斜　　　　旗型 — 向上傾斜

三角旗型 — 整理向上　　三角旗型 — 整理向下

楔型 — 下降　　　　　　楔型 — 上升

箱型 — 整理向上　　　　箱型 — 整理向下

↗圖 13-9　整理型態

　　讀者參考上列圖形，當可發覺，整理後與整理前之走勢維持一致，這是一般的觀念與通例。但技術分析本身，有點像看圖說故事，常常都是事後諸葛亮，一旦出現的圖形突然不同以往，便有另一套說詞，因此以上之整理型態，亦有可能會出現反轉情況，亦即整理後之走勢與整理前相反，此種情況則有賴「精明」的分析者去找出原因與理由了。

㈢缺口理論 (Gap Theory)

缺口 (Gap)，又稱為跳空缺口，係指某日成交價與前日成交價產生不連貫的情況，在日線圖中，某日的最低成交價比前一日的最高價還要高，或某日的最高成交價比前一日的最低價還要低。

缺口可分下列幾種：

1. 除權或除息缺口

除權缺口 (Ex-Right Gap) 或除息缺口 (Ex-Dividend Gap)，顧名思義，即因為除權或除息所產生的缺口，此兩者較無趨勢分析之意義。除息缺口通常很小，故容易封閉；而高權值股（超過 3 元）形成之缺口，填權之壓力較大。

2. 普通缺口 (Common Gap)

普通缺口又稱區域缺口，在價格密集或區間整理的中末期發生，其缺口之成交量不大，故很容易封閉，此在技術分析亦無預測上的意義。當股價出現普通缺口之時，未來的走勢通常為先漲後跌。

3. 突破缺口 (Breakaway Gap)

當反轉型態完成，若價格突破時，則形成突破缺口，突破缺口表示一種價格移動的開始。如同前述之頭肩頂、頭肩底、M 頭、W 底等，當價格突破水平關口或頸線位置時所造成，此時因為可以確認價格走勢，故此一資訊極具參考價值。

4. 逃逸缺口 (Runaway Gap)

逃逸缺口又稱繼續缺口，此種情況發生在大量進出時，價格快速的上漲或下跌，而且可能持續發生，藉由缺口與起漲或起跌點的距離；可以幫助預測價格可能的位置，故具有技術分析的意義，也稱為「測量缺口」。其預測價格走勢的距離大致與已走的距離相當。故逃逸缺口表示價格處於變動的中點位置。

5. 竭盡缺口 (Exhaustion Gap)

竭盡缺口係暗示股價接近於終點，行情很快就要反轉。此一缺口通常成交量遠大於近期之一般水準。若股價以大成交量向上突破而留下缺口，則應大舉投資，因為這是多頭行情之徵兆。若是向下突破產生竭盡缺口，則應趕快出脫持股，因為已變成空頭市場。以上五種缺口之後面三種極具參考價值，茲以圖 13–10 列示參考之。

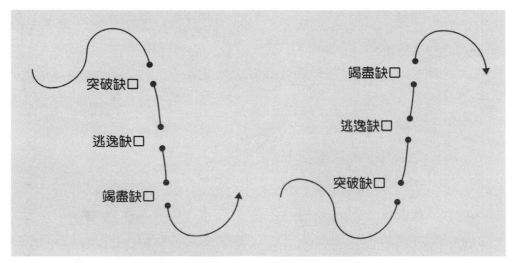

↗圖 13–10　突破、逃逸與竭盡缺口

心靈饗宴 M

弈

這場生命的對話	黑子沉穩如山
適合在舟中	可以安心倚靠
柳絲青青的江邊	白子靈動似雲
鳥聲啁啾	可以無羈飛躍
水光粼粼	山水交錯間　誰與
一手棋是一句	你是松　讓我諦聽
懇切的疑問	每一針　低語
風在為誰吹拂	我是潭　向你傾訴
旗在為誰飄動	每一釣　情懷
人生何捨　何取	漣漪下的祕密　誰知
一手棋是一句	黑與白　得與失
深刻的哲思	適合在茶茗間
從有限的格局	暮色靄靄的山中
延伸想像無限	炊煙裊裊
一顆子　一世界	俯仰相忘

　　年輕時在工作之餘，很喜歡下圍棋，也湊巧先後有兩位實力相當之棋友，在相與相知的棋中世界開懷對話。當時大家棋力都屬半吊子，卻也興致昂然，樂以忘憂。兩位棋友先後退休，我也封棋多年，後來發現可以免費下網路圍棋，也重拾圍棋的樂趣。

　　下圍棋可以訓練並提高思考力與專注力，也能增進智慧、鍛鍊品格。有些圍棋愛好者，也是大企業家，例如台積電的張忠謀、宏碁的施振榮、聯電的曹興誠、中環的翁顯明、矽品的林文伯等。他們甚至將圍棋的心得應用在企業經營上，實在令人佩服。

　　下圍棋時雙方都很認真求勝，但是博弈本來就有輸有贏，若為了輸贏而飲恨懊惱，倒不如在得失之間俯仰相忘，不如在圍棋的對話當中，樂以忘憂。因心有所感，遂於 92 年 12 月 14 日寫下此詩。

第三節　移動平均線與葛蘭碧八大法則

　　前面所述均是將股價直接運用，畫出各種線型。而移動平均線則是將價格賦予變化之後的運用，而使其參考價值更具意義。美國的葛蘭碧 (Joseph Granville) 又針對移動平均線提出著名的八大法則，可提供作為買賣時機的重要指標。

一、移動平均線 (Moving Averages Curve, MA)

　　移動平均線為統計學上的時間數列分析方法所求出之平滑曲線，也就是將股市各期之移動平均數連結而成的曲線。移動平均數有簡單平均、加權平均與指數平滑等方法，國內多採簡單平均 (即算術平均) 之方式。公式如下：

$$MA_t = \frac{1}{T} \sum_{i=0}^{T-1} P_{t-i}$$

MA_t：第 1 日至第 t 日的移動平均數

T：移動平均數之期間

P_{t-i}：第 $t-i$ 日的收盤價

　　若要計算 MA_{t+1} 的移動平均數，就可利用前一日的 MA_t 來計算，而不必全部重新計算。即：

$$MA_{t+1} = \frac{1}{T}(T \times MA_t + P_{t+1} - P_{t-T+1})$$

　　此意思係指同樣為 T 期的平均數，將新的一天的價格加上，並扣除最前面一天的價格。例如原為第 1 天至第 6 天的 6 日平均數，公式為：

$$MA_6 = \frac{1}{6} \sum_{i=0}^{6-1} P_{6-i}$$

當計算第 2 天至第 7 天 6 日平均數時，公式變成

$$MA_{6+1} = \frac{1}{6}(6 \times MA_6 + P_{6+1} - P_{6-6+1})$$

$$\Rightarrow MA_7 = \frac{1}{6}(6 \times MA_6 + P_7 - P_1)$$

國內實務常用的移動平均數，在日線中多為 6 日、10 日、12 日、24 日、50 日、72 日、144 日、288 日。週線則以 6 週、13 週、26 週、52 週最常見。移動平均線所涵蓋的期間愈短則愈敏感，起伏愈大，若涵蓋期間較長，則較平穩。移動平均線只研究成交價而忽略成交量的變化，為其缺點所在，但其提供的幫助有幾點：

1. 消除不規則波動，提供股市走向。若移動平均線逐期上升，則趨勢向上，屬多頭行情；反之，下降則屬空頭行情。

2. 移動平均線也代表投資人的平均成本，成為支撐或壓力的指標。若目前股價高於移動平均線，表示投資人平均是獲利的，則形成支撐；反之若股價低於移動平均線，表示投資人平均是損失的，則形成壓力。此種支撐或壓力可提供投資人買進、賣出的參考。

3. 同時觀察短期與長期之均線，可研判股價走勢。若短期均線由下穿越長期均線而上，則為多頭排列 (Bullish Array)，例如 $MA_6 > MA_{12} > MA_{24}$ ⋯⋯。又長、短期均線都是在上升情況，則該交叉稱為黃金交叉 (Golden Cross)。反之若短期均線由上穿越長期均線而下，則為空頭排列 (Bearish Array)。例如 $MA_6 < MA_{12} < MA_{24}$ ⋯⋯。又長、短期均線同時是下跌情況，則該交叉稱為死亡交叉 (Dead Cross)。

4. 股價與移動平均線的遠近，即為乖離 (Bias) 現象，讀者可計算乖離率 (Percentage Bias) 來衡量股價偏離均線的程度，有助於分析應該買進或賣出。乖離率公式如下：

$$乖離率 = (P_t - MA_t) \div MA_t$$

若 $P_t > MA_t$ 為正乖離，反之 $P_t < MA_t$ 則為負乖離。當乖離過大時，常會因為獲利了結或搶反彈，而使股價向平均線移動修正。至於乖離多少才算大，則各人看法不同，也因均線期間長短有所不同，並無一定標準。大致要根據過去實務經驗來判斷。

二、葛蘭碧八大法則

葛蘭碧 (Joseph Granville) 為美國著名的技術分析師，其運用股價與 200 日移動平均線的關係，包括相互的關係、股價穿越均線的狀況、乖離率大小等，提出了如何買賣股票的八大法則。

㈠買進時機

1. 均線由下降逐漸轉為水平或上升，而股價從均線下方突破而上。
2. 股價雖跌落均線之下，不久又回到均線之上，而且均線仍然是上揚。
3. 股價走勢在均線之上，突然下跌時卻未跌破均線，隨後股價又上漲。
4. 股價走勢突破均線而下，突然爆跌遠離均線（乖離過大），極可能再趨向均線。

㈡賣出時機

5. 均線由上升逐漸轉為水平或下降，而股價從均線上方往下跌破均線。
6. 股價雖上升突破均線，不久又回到均線之下，而且均線仍然持續下降。
7. 股價走勢在均線之下，突然上升時卻未突破均線，隨後股價又下跌。
8. 股價走勢突破均線而上，突然暴漲遠離均線，極可能再趨向均線。

以上八大法則可參考圖 13–11。

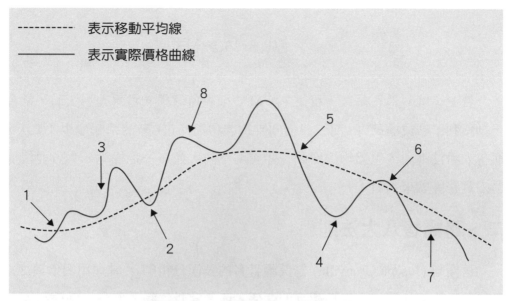

．．．．．．．．．．　表示移動平均線

━━━━━　表示實際價格曲線

↗圖 13–11　葛蘭碧八大法則圖示

第四節　其他技術指標

技術分析指標相當多，是否每種指標都具代表性，實見仁見智，不過經過前人多年累積之經驗，其可信度約有七、八成。本節再介紹國內一般分析師常用之指標，如 MACD、RSI、KD 值、OBV 等。

一、MACD

MACD 全名為「指數平滑異同移動平均線」(Moving Average Convergence Divergence)，係根據移動平均線再發展出來的分析技術，乃利用兩條不同速度的移動平均線，即長天期和短天期的指數平滑移動平均價，計算其間之差離值 (DIF)，然後再計算差離值之指數平滑移動平均數，即為 MACD。實務上通常採用 26 天及 12 天作為長期、短期天數之依據來計算。

(一) MACD 之說明

在線形圖上，多用柱狀圖表示 DIF 與 MACD 相減的差異。若差異為正

值，則柱狀由水平軸線（0 軸）向上延伸，差值愈大，則柱體愈高。反之若差異為負值，則柱狀由 0 軸向下延伸。在實務界的 MACD 分析圖中，DIF 連線為實線，其值以 D 表示，MACD 以虛線表示，其值以 M 表達。請參考圖 13-12。

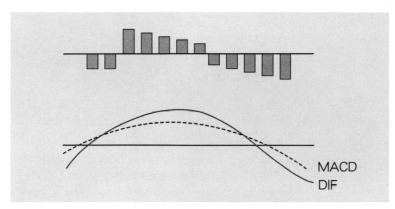

↗圖 13-12　MACD 分析圖

㈡ MACD 之運用原則

MACD 運用原則如下：

1. D－M（DIF 減 MACD）為正，大勢屬多頭格局，反之為空頭格局。

2. 在低檔時，若 DIF 向上突破 MACD，可視為進場買點；若在高檔，DIF 向下跌破 MACD，可視為出場賣點。

3. DIF 由負轉正是進場買點，DIF 由正轉負則為出場賣點。

4. 牛差距：股價連創新低，但 MACD 並未出現新低點，則為背離現象，可視為多頭之訊號。

5. 熊差距：股價連創新高，但 MACD 並未出現新高點，此一背離可視為空頭訊號。

6. 週 MACD 用於中長期操作有較高之準確率，可單獨應用之。

7. 盤整時 MACD 之失誤率較高，最好參考其他指標。

二、RSI

RSI 全名為相對強弱指標 (Relative Strength Index)，為韋德 (Welles Wilder) 在 1978 年發表，係指個別股價表現上的相對強弱高低之意。公式如下：

$$RSI_t = 100 - (\frac{100}{1 + RS_t})$$

RSI_t：代表第 t 日之 RSI 值

$$RS_t = \frac{過去\ t\ 日之漲幅平均數}{過去\ t\ 日之跌幅平均數}$$

假設過去 6 天當中漲三天也跌三天，若上漲數合計 $6，漲幅平均數為 $6÷6 = $1，若下跌數合計 $2，則跌幅平均數為 $2÷6 = $$\frac{1}{3}$，則 RSI 為 75，計算如下：

$$RS = \$1 \div \$\frac{1}{3} = 3$$
$$RSI = 100 - (\frac{100}{1 + 3}) = 75$$

㈠ RSI 架構

RSI 的架構可用 0、50、100 來加以說明，即 RSI 介於 0 和 100 之間，50 正好位居中點。

1. 若過去 t 日股價只跌不漲，則 RS 為 0，RSI 也等於 0。
2. 若過去 t 日漲跌平均數相同，則 RS 為 1，RSI 就等於 50。
3. 若過去 t 日股價只漲不跌，則 RS 為無限大，RSI 將接近 100。

㈡ RSI 運用原則

　　RSI 具有先於股價而行的特性，投資者可依頭部或底部型態，作為買點或賣點的訊號，其運用之原則如下：

1. RSI > 50 為多頭市場，RSI < 50 為空頭市場。

2. 在 6 日 RSI > 80 時為超買，應予注意要出場。6 日 RSI < 20 時，則為超賣，可以進場。

3. 6 日 RSI 由下而上穿越 12 日 RSI，可視為買點，反之 6 日 RSI 由上而下跌破 12 日 RSI 時，可獲利了結。

4. RSI 在低點形成上升趨勢線時，表示行情翻多，反之在高點形成下降趨勢線時，表示行情轉空。

5. RSI 與股價背離時，若在一段期間連續發生一次以上，為多空反轉的強烈訊號。亦即當股價創新低，RSI 未創新低，則股價在谷底，很可能反轉為多頭。當股價創新高，RSI 卻未創新高，股價正處高檔，很可能反轉為空頭。

　　以上運用原則為一般情況，其實股市瞬息萬變，很難掌握一個確定的買賣時機，聰明的投資者當會靈活運用資訊來配合這些技術指標，且必須有「得之我幸，不得我命」之開拓胸懷，才不會迷失在貪婪的股海中。

三、KD 值

　　KD 值全名為隨機指標，為美國圖表學家喬治蘭恩 (George C. Lane) 所創。K 值表示本日收盤價與過去幾日之最低價差和過去幾日最高最低價差之比值，而 D 值是 K 值的移動平均數。

㈠ KD 值之公式與範圍

　　先計算「未成熟隨機值」RSV (Row Stochastic Value) 如下：

$$RSV = (C - L_t) \div (H_t - L_t) \times 100$$

C：代表當日收盤價

L_t：代表 t 日內之最低價

H_t：代表 t 日內之最高價

通常 t 值取 9 天，則 $RSV = (C - L_9) \div (H_9 - L_9) \times 100$，而最初始的 K、D 值取 50。

則 KD 值公式如下：

$$當日 K 值 = 前日 K 值 \times \frac{2}{3} + 當日 RSV \times \frac{1}{3}$$

$$當日 D 值 = 前日 D 值 \times \frac{2}{3} + 當日 K 值 \times \frac{1}{3}$$

RSV 是衡量股價收盤強弱之用，K 值用來衡量 RSV 趨勢，為 RSV 的慢速指標，而 D 值用來衡量 K 值的趨勢，為 K 值的慢速指標，K、D 值都有均線的涵意。

K 值的範圍介於 0 至 100 之間，若收盤價等於過去 t 日之最低價，即 C = L_t，則 K 值為 0，若收盤價等於過去 t 日之最高價，即 C = H_t，則 K 值為 100。

由於 D 值為 K 值之移動平均數，其變動比 K 值緩慢。故 D 值為慢速隨機指標。

㈡ KD 值之運用

國內實務上，常用之 KD 值多以 9 日、9 週及 9 月較常見，其線圖上多用實線表示 K 值，用虛線表示 D 值。從 KD 指標的波動，藉以觀察市場起落的動能，判斷是否處於超買或超賣的狀態。分析師可透過 KD 值之位置及穿

越情形，以及股價走勢等資訊來加以判斷。

運用原則如下：

1. K 值 > D 值代表多頭行情，K 值 < D 值代表空頭行情。

2. D 值 > 80 為賣出訊號，D 值 < 20 為買進訊號。

3. K 值下降至 20 以下，可能為落底，亦可能股價極度疲軟，若 K 值接近 0
   時會反彈，但若無法站上 20，則股價跌勢不變。

4. 在底部，K 值由下而上穿越 D 值為買進訊號，在頭部，K 值由上而下跌破
   D 值為賣出訊號。

四、OBV

OBV 全名為量能潮 (On Balance Volume)，係由葛蘭碧所創。OBV 是以
成交量之變化來推測股價走勢的分析方法，可以反映量先價行或價量同步的
觀念。

㈠ OBV 之計算與線圖

OBV 計算方式為：若今天收紅，累積成交量要加上今天成交量，若今天
收黑，累積成交量要減去今天成交量，若平盤，則今天成交量不計入，據此
逐日計算即可。而 OBV 線，則以日期為橫座標，成交量為縱座標，將前述
之計算結果逐日標出，連結成線即為 OBV 線。

例如，第一天上漲 $1.5，成交量 80 單位，則 OBV 即 80，第二天上漲
$2，成交量 120 單位，則 OBV 變成 80 + 120 = 200，第三天下跌 $1，成交量
90 單位，則 OBV 變成 200 − 90 = 110。請參考圖 13–13。

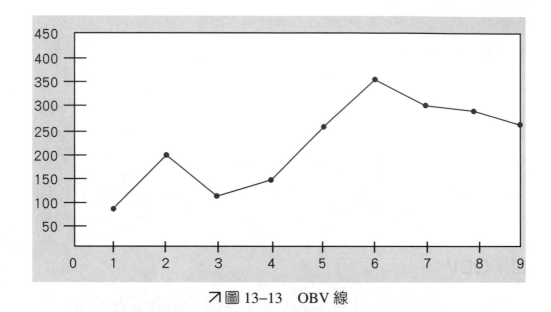

↗圖 13-13　OBV 線

㈡ OBV 之特性

葛蘭碧提出的 OBV，係利用成交量、重力與慣性定理三種特性來分析股市的走勢，分述如下：

1. 買賣雙方的合理價格認定愈不一致，成交量會愈大。雙方評價愈趨一致時，因為無利可圖，買賣雙方的人都會減少，故成交量愈小。
2. 上升所需的能量較下跌為多，而且上升到某一程度後，因為量能絕對無法持續往上推，成交量最終將會下跌，這種現象就是物理學中的重力原理。
3. 股性愈活潑的股票，投資者繼續投入的傾向愈高，因為有愈多的買方，就有愈多的成交；而靜止不動的股票則有繼續靜止的傾向，這就是物理學中的慣性定理。

㈢ OBV 之運用

OBV 之運用如下：

1. OBV 線若持續上升，則為多頭行情，反之為空頭行情。
2. OBV 線由負的累積數轉為正數，為買進訊號，反之由正轉負為賣出訊號。
3. OBV 線緩慢上升，為買進訊號，緩慢下降，為賣出訊號，但若暴起暴落，

則無法判定。

4.若股價與 OBV 背離時，可能表示趨勢已到盡頭，多空即將反轉。

　　本節提出的各項指標多數均提到所謂背離情況。包括兩種背離，即所謂的牛市背離 (Bullish Divergence) 與熊市背離 (Bearish Divergence)，或稱為牛差距、熊差距。當股價創新低但技術指標未創新低為牛市背離，代表空將翻多之訊息。反之當價格創新高，而技術指標未能創新高，則為熊市背離，代表即將轉多為空之訊息。請參考圖 13-14。

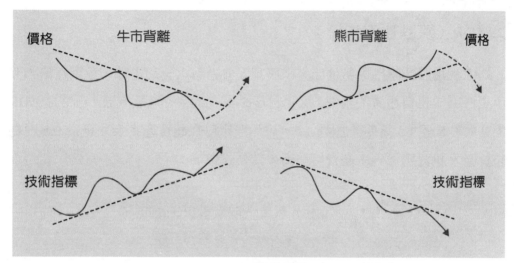

↗圖 13-14　牛市背離與熊市背離線圖

五、市場寬幅指標

　　市場寬幅指標包括騰落指標 (Advance Decline Line, ADL)、漲跌比率指標 (Advance Decline Ratio, ADR) 以及超買超賣指標 (Over Buy / Over Sell, OBOS)。

㈠ ADL（騰落指標）

　　係利用股市漲跌家數的累積差值來研判大盤指數之全面走勢，主要功能在反映股市漲跌力道的強弱。公式如下：

$$ADL = 前一日\ ADL + 上漲家數 - 下跌家數$$

由於指數容易受大型股之影響，ADL 用漲跌家數計算，可以彌補此一缺點。一般而言，大盤指數上漲時各類股票應該是漲多跌少，反之亦然。因此當大盤漲時，若 ADL 也漲，代表大盤將持續上攻；然而大盤漲，若 ADL 下跌，表示大盤可能會反轉。

㈡ ADR（漲跌比率指標）

係利用股市漲跌家數的比率來研判大盤指數之全面走勢，重點在研判股市是否處於超買超賣的情況，又稱騰落比率、回歸式騰落指標。正常之 ADR 值介於 0.5 至 1.5 之間，超過 1.5，表示股市已在超買區，反之低於 0.5 則為超賣區。超買應減碼，超賣可加碼。其公式如下：

$$ADR = \frac{N\ 日內股票上漲家數累計總和}{N\ 日內股票下跌家數累計總和}$$

通常所選用的期間為 10 天較為適當。

㈢ OBOS（超買超賣指標）

係利用一段期間內股市漲跌家數的累積差，來測量大盤漲跌氣勢的強弱以及未來走向。公式如下：

$$OBOS = N\ 日內股票上漲家數累計總和 - N\ 日內股票下跌家數累計總和$$

OBOS 起迄的期間若與 ADL 相同，兩者便相等。但是 ADL 是連續累積計算，而 OBOS 卻是擷取一段時間，通常為 10 天，故涵義與結果自然不同。

當大盤指數持續向上，而 OBOS 卻反轉下跌，表示大盤可能作頭下跌，為賣出訊號，反之若大盤持續下跌，而 OBOS 卻反轉向上，則為買進訊號。

六、VR

VR (Volumn Ratio) 為成交量比率指標，乃一段期間內股價上漲日的成交量（值）總和，除以一段期間內股價下跌日的成交量（值）總和。公式如下：

$$VR = \frac{(Qu\_n + \frac{Qf\_n}{2})}{(Qd\_n + \frac{Qf\_n}{2})}$$

Qu_n：代表 n 日內上漲日的成交總量

Qd_n：代表 n 日內下跌日的成交總量

Qf_n：代表 n 日內股價平盤的成交總量

n 為參數，一般設定為 26 日，不可設定太短，否則會使 VR 失去意義。

VR 主要的理論基礎是量為價的先行指標，通常底部區與高點區時的買賣盤行為均會由成交量表現出來，因此 VR 適合作買超與賣超的研判。

根據研究，在底部區時 VR 多在 40% 以下，在多頭行情時，VR 會超過 260%。不過每檔股票性質不同，數值各異。通常 VR 在 40% 以下可視為底部量，高過 450% 可視為頭部量。

七、寶塔線

寶塔線 (Tower) 是以空心棒線（陽線）和實心棒線（陰線），作為判斷股價漲跌趨勢的圖形。因篇幅所限，此處不詳述其繪製程序，僅作簡單說明。

投資者可以視其需要，觀察日、週、月或年之寶塔線，當寶塔線翻紅時（從實心棒線轉成空心棒線），股市可能會有一波上升行情，投資者可酌量投資股市，若持續出現空心棒線，投資者應可加碼。反之寶塔線翻黑時，股市

會有一波下跌行情，此時投資者應減碼或全部出清觀望。

　　其實任何技術分析，都無絕對的把握，因為影響股市的因素太多，只能大略作一個參考，有時候股價可能在盤整時，偶有維持小翻紅、小翻黑的情況，投資者可以選擇觀望，或是參考其他技術指標來輔助決定。

個案研習 M　完美指標

　　每一個人應該都想追求完美，雖然隨著年齡增長而發現那是 "Impossible dream"，然而潛意識仍然存在著「完美」二字。完美的情人、完美的配偶是戀愛婚姻的夢想，完美技術分析指標是投資致富的夢想。

　　事實上，完美是不可能存在世界上，如果有完美指標或操作系統，那麼股市就只有贏家，在沒有輸家的情況下，股市也就不會存在了。美國的指標發明者兼行情預測大師漢彌爾頓‧波頓 (Hamilton Bolton) 有一段評論：「在投資世界裡，不完美的指標才可以達成獲利的目標，完美的指標不可能存在，即使存在也不可能獲利。」❶

　　波頓在 1960 年代末期逝世，至今約五十年，這麼多年當然有新的技術分析方法或利用電腦的各種分析系統問世，但是哪種指標或操作系統能讓投資者獲利呢？我想這些答案不知道亦無妨，重要的是，我們可以利用這些技術指標，但千萬不要迷信，不要迷失在完美的夢中。

◆問　題：

1. 你同意波頓的評論嗎？試說明其意涵。

2. 研讀本章後，根據你的主觀意見，你最喜歡何種技術分析理論或指標？為什麼？

3. 選擇一種技術分析指標，然後在一個月內，詳細觀察市場實況是否符合該理論。

4. 如果有人堅稱某種分析技巧保證讓你投資致富，你會相信嗎？

---

❶ 寰宇證券投資顧問公司譯，《股票投資心理分析》，1999 年 12 月初版，頁 17。

■ 思考與練習 ■

一、問答題

1. 何謂技術分析？

2. 道氏理論認為股市中有哪三種趨勢？

3. 何謂 K 線？何謂十字線？

4. 何謂缺口？包括哪些種類？

5. 何謂 KD 值？

6. 何謂 MACD？

二、選擇題

（　）　1. 下列有關移動平均線之敘述，何者錯誤？

(A)當股價由上往下跌破移動平均線，且移動平均線由上升轉為下降為賣出時機

(B)當股價由下往上突破移動平均線，且移動平均線由下降轉為上升為買進時機

(C)年均線代表多空頭分界線

(D)當長期移動平均線由下往上突破短期移動平均線，為黃金交叉是買進時機　　　　　　　　　　　　　　　　　　　【投信業務】

（　）　2. 下列對 MACD 的描述，何者錯誤？

(A)以平均值測量趨勢　(B)指標計算過程中加以平滑化　(C)有二條平均線　(D)為成交量的技術指標　　　　　　　　　【券商高業】

（　）　3. 在投資策略中，道氏理論告訴投資人採用下列何種投資策略？

(A)長期持有　(B)波段操作　(C)反金字塔　(D)定時定額　【券商高業】

（　）　4. 在持續上漲走勢中，KD 線常有鈍化現象，指下列何種現象？

(A) K 值在 20% 以下的超買區　(B) K 值在 80% 以上的超買區，再下跌一段行情　(C) K 值在 80% 以上的超賣區　(D) K 值在 80% 以上的超買區，再上漲一段行情　　　　　　　　　　　【券商高業】

（　）5.通常根據型態理論，在下列型態中，何者表示股價將有可能上漲？
I. 頭肩頂；II. 雙重底（W 底）；III. 上升三角形；IV. 下降三角形
(A)僅 I.　(B)僅 I.、II.　(C)僅 I.、II.、III.　(D)僅 II.、III.　【券商高業】

（　）6.移動平均線通常應用在：
(A)日線圖上　(B) OX 圖上　(C)寶塔線上　(D)新三價線上
【券商業務】

（　）7.在 K 線中，所謂陽線係指：
(A)開低收高之紅 K 線　(B)開高收低之黑 K 線　(C)開收同價之十字
線　(D)開、收、高、低皆相同之四合一線　【券商業務】

（　）8.國內股市通常以何者為中期平均線：
(A) 24 日平均線　(B) 13 週平均線　(C) 52 週平均線　(D) 24 月平均線
【券商業務】

（　）9.股價在高檔盤旋後，出現向下跳空開低走低的突破缺口 (Breakaway Gap)，暗示：
(A)將有一波上漲行情　(B)將有一波下跌行情　(C)股價將繼續盤整
(D)沒有意義　【券商業務】

（　）10.以下關於 KD 值的敘述何者有誤？
(A) KD 值永遠介於 0 與 100 之間　(B)當 K 線突破 D 線時，為買進訊
號　(C) D 值在 80 以上時，為超賣現象　(D) KD 在 50 附近表多空力
道均衡　【券商業務】

（　）11.下列有關 KD 值之敘述，何者錯誤？
(A)理論上，D 值在 80 以上時，股市呈現超買現象，D 值在 20 以下
時，股市呈現超賣現象
(B)當 K 線傾斜角度趨於陡峭時，為警告訊號，表示行情可能回軟或
止跌
(C)當股價走勢創新高或新低時，KD 線未能創新高或新低時為背離
現象，為股價走勢即將反轉徵兆
(D) KD 線一般以短線投資為主，但仍可使用於中長線　【投信業務】

( ) 12.當多頭市場出現竭盡缺口 (Exhaustion Gap) 時，表示：

(A)上升行情即將結束　(B)買進股票的良好時機　(C)跌勢接近尾聲

(D)盤整即將結束　　　　　　　　　　　　　　　　【券商高業】

( ) 13.何者為移動平均線之賣出訊號？

(A)股價在上升且位於平均線之上，突然暴漲，離平均線愈來愈遠，
　　但很可能再趨向平均線

(B)平均線從下降轉為水平或上升，而股價從平均線下方穿破平均線
　　時

(C)股價趨勢低於平均線突然暴跌，距平均線很遠，極有可能再趨向
　　平均線

(D)股價趨勢走在平均線之上，股價突然下跌，但未跌破平均線，股
　　價隨後又上升　　　　　　　　　　　　　　　【券商高業】

( ) 14.逃逸缺口 (Runaway Gap) 通常出現在一波行情（無論上漲或下跌）
　　的：

(A)發動階段　(B)中間位置　(C)尾聲　(D)盤整階段　【券商業務】

( ) 15.在 K 線型態中，先陽後陰的孕育線 (Harami) 可視為：

(A)頭部訊號　(B)底部訊號　(C)盤整訊號　(D)連續型態　【券商業務】

( ) 16.請問在技術分析十字線指的是下列哪一項？

(A)收盤價＝開盤價　(B)收盤價＝開盤價＝最高價　(C)收盤價＝開
盤價＝最低價　(D)收盤價＝開盤價＝最低價＝最高價【券商業務】

( ) 17.葛蘭碧 (Joseph Granville) 八大法則採用何種期間之平均線？

(A) 10 日移動平均線　(B) 30 日移動平均線　(C) 72 日移動平均線

(D) 200 日移動平均線　　　　　　　　　　　　　【券商業務】

( ) 18.技術分析認為對過去的股價與交易量進行分析，可找出股價變動的
重複型態，進而預測股價變動的趨勢，可增進投資人：

(A)掌握股票買賣時機率 (Timing) 的能力

(B)掌握股票投資價位的能力

(C)掌握股票經濟價值的能力

(D)掌握股票的期望報酬率 　　　　　　　　　【券商業務】

（　）19.當股價向上有效突破箱形 (Rectangle) 整理的區間時，成交量配合放大，則股價通常會：

　　　　(A)繼續上漲　(B)回檔整理重回箱形　(C)反轉下跌　(D)方向不定

【券商業務】

（　）20.下列對於 RSI 的敘述何者錯誤？

　　　　(A) RSI 是以股價漲跌的變動關係來預測未來股價

　　　　(B)參考基期期數愈長，愈敏感

　　　　(C)以 RSI 之高低決定買賣時機是根據「漲久必跌，跌久必漲」的原則

　　　　(D) RSI 大於某個事先設定的區域界線，即表示股價進入買超區

【投信業務】

（　）21.在 MACD 中，實務上採用兩條指數平滑移動平均線 (EMA)，其天數為下列何者？

　　　　(A) 9：9　(B) 12：26　(C) 6：24　(D) 30：72　　　【投信業務】

（　）22.當股價完成上升三角形整理後，通常會：

　　　　(A)上漲　(B)下跌　(C)繼續整理　(D)不一定　　　【投信業務】

（　）23.下列有關 OBOS 指標之敘述，何者錯誤？

　　　　(A) OBOS　(Over Buy / Over Sell) 是超買、超賣指標，運用在一段時間內股市漲跌家數的累積差，來測量大盤買賣氣勢的強弱及未來走向　(B)當大盤指數持續上漲，而 OBOS 卻出現反轉向下時，表示大盤可能作頭下跌，為賣出訊號　(C)大盤持續下探，但 OBOS 卻反轉向上，即為買進訊號　(D)為時間之技術指標　　【投信業務】

（　）24.下列對寶塔線 (Tower) 的描述，何者錯誤？

　　　　(A)收盤價高於最近三日陰 K 線的最高價，為買進訊號

　　　　(B)收盤價低於最近三日陽 K 線的最低價，為賣出訊號

　　　　(C)寶塔線主要在於線路翻白或翻黑，來研判股價的漲跌趨勢

　　　　(D)寶塔線翻黑後，股價後市要延伸一段上漲行情　　　【券商高業】

（　）25.下列有關漲跌指標 ADR 之敘述，何者錯誤？

(A)又稱為迴歸式的騰落指標 (Advance Decline Line, ADL)

(B)構成的理論基礎是鐘擺原理

(C)主要研判股市是否處於超買或超賣

(D) ADR 愈大，顯示股市處於超賣，應考慮買進　　【投信業務】

（　）26.在波浪理論中之上升五波浪中，那一波屬於修正段？

(A) 1、5　(B) 2、4　(C) 1、3　(D) 2、5　　【券商業務】

（　）27.今天台化股價較昨天收盤價上漲 1 元，請問其今天的 K 線為：

(A)陰線　(B)陽線　(C)十字線　(D)資料不足　　【券商業務】

（　）28.下列何者較不受道氏理論所重視？

(A)基本波動　(B)次級波動　(C)日常波動　(D)選項(A)、(B)、(C)皆非

【券商業務】

（　）29.技術分析所謂的缺口 (Gap)，係指：

(A)日、週、月線圖上沒成交的區間　(B)日、週、月線圖上行情大漲的地方區間　(C)日、週、月線圖上行情大跌的地方區間　(D)日、週、月線圖上行情盤整的區間　　【券商業務】

（　）30. ADR 中，下列描述何者正確？

(A) ADR 可用以研判個股的強弱走勢

(B)在初升段、主升段、末升段中，ADR 的值不須隨時調整大小

(C) ADR 可用以研判大盤的超買區或超賣區的現象

(D) ADR 可用交叉買賣訊號的功能　　【券商高業】

參考書籍
Bibliography

1. 《中華民國台灣地區主要行業財務比率》財訊，2001 年 4 月初版。

2. 王泰昌、林修葳等五人合著《財務分析》證基會，2002 年版。

3. 呂美女譯《5/8 人生黃金律》天下雜誌，2006 年 11 月初版。

4. 吳偉文《財務報表分析》龍騰，1997 年初版。

5. 金雅萍譯《讀財務報表選股票》財訊出版社，2006 年初版。

6. 范志仲譯《賺錢公司都這麼做》大是文化，2007 年 9 月初版。

7. 施貞夙譯《董事會的前一夜》中國生產力中心，1999 年 9 月初版。

8. 唐峋譯《一個投機者的告白》商智文化，2002 年初版。

9. 許志瀚著《轉虧為盈學會計》星定石文化出版有限公司，2002 年初版。

10. 許崇源、林宛瑩、林容芊譯《財務報表解析全書──洞悉企業財務數字遊戲》商周文化，2004 年 3 月初版。

11. 郭敏華著《財務報表分析》智勝，2001 年初版。

12. 郭敏華編譯 《企業分析與評價──財務報表分析之應用》 華泰，1999 年初版。

13. 陳慕真、周萱譯《價值投資之父葛拉漢論投資》財訊，2001 年 4 月初版。

14. 黃嘉斌譯《財務會計管理》美商麥格羅‧希爾臺灣分公司，2002 年 6 月初版。

15. 黃瓊儀譯《認識公司評估》金錢文化公司，1998 年初版。

16. 黃子堅編著《企業獲利 100% 的細節管理》大利文化，2007 年 10 月初版。

17. 董更生譯《贏家管理思維》中國生產力中心，1999 年 3 月出版。

18. 葉日武著《財務報表分析》曉園，1998 年 4 月初版。

19. 葉日武著《現代投資學》前程企管公司，2002 年初版。

20.萬哲鈺、高崇偉著《財務報表分析——實務與應用》華泰，2001 年初版。

21.萬義賅譯《經營分析》小知堂文化，2002 年初版。

22.鄭丁旺著《中級會計學（上冊）》，2001 年 8 月 7 版。

23.鄭燦堂著《風險管理》五南圖書出版公司，1995 年 3 月初版。

24.劉順仁著《財報就像一本故事書》時報文化，2007 年 2 版。

25.霍達文譯《市場外的價值》中國生產力中心，1999 年 11 月初版。

26.霍達文譯《匯率拔河賽》中國生產力中心，1998 年 12 月出版。

27.盧文隆編著《成本會計（下）》華立圖書，2004 年 1 月 5 版。

28.盧文隆著《管理會計》華立圖書，2007 年 11 月初版。

29.寰宇證券投資顧問公司譯 《股票投資心理分析》，1999 年 12 月初版。

30.蕭仁志譯《新聞最錢線——讀懂財經新聞 37 堂課》時報文化，2007 年 3 月初版。

31.謝劍平著《現代投資學》智勝，1998 年初版。

索引 Index

國際貿易與通關實務

賴谷榮、劉翁昆／著

市面上的通關實務操作書籍相當稀少，雖然國際貿易得力於通關才能順利運行，但此部分一直是國際貿易中相當重要卻令人陌生的黑盒子，故本書之目的便是希望讓光照進黑盒子中，使讀者全面掌握國貿概念與通關實務。

本書第一篇為〈貿易實務〉，著重在國際貿易概念、信用狀以及進出口流程等國際貿易中的實務部分。第二篇〈通關實務〉大篇幅說明進出口通關之流程、報單、貨物查驗、網路系統等實務操作，亦說明關稅、傾銷、大陸物品進口以及行政救濟之相關法規。第三篇〈保稅與退稅〉，說明保稅工廠、倉庫以及外銷沖退稅之概念及相關法規。

全書皆附有大量圖表以及實際單據，幫助讀者降低產學落差，與實務接軌。而各章章末也收錄練習題，方便讀者自我檢測學習成果。

旅運經營與管理

張瑞奇／著

本書詳細說明旅遊產業的產品包裝，以及旅行社的設立、經營、服務與管理；也針對相關之航空業、飯店業以及餐飲業等觀光服務產業進行全盤介紹，帶領讀者綜覽旅運觀光之風貌。

除了收錄大量案例和圖表數據外，更在附錄提供旅遊契約書以及旅行業相關法規，理論與實務連結使讀者迅速掌握旅運知識。因應旅遊產業的瞬息萬變，本書大篇幅說明旅遊產業的最新發展和法規變動；第九章〈航空客運〉亦介紹近年來廣受遊客青睞的廉價航空及其營運模式。

本書適合一般讀者瞭解旅遊產業相關知識，也可幫助相關從業人員提升服務品質，亦或是作為業者在公司服務管理上之參考。

期貨與選擇權

廖世仁／著

本書在理論上詳細介紹期貨與選擇權的概念，在實務上則介紹我國的現況，以及世界上重要的交易所與商品。

本書的特色如下：

◎期貨與選擇權雖然是財金系的進階課程，但本書的敘述淺白、文字平易近人，適合大專院校學生和對期貨與選擇權有興趣的一般人士。

◎書中附有「小百科」來解釋專有名詞，有助於系統性的理解。

◎書中搭配例題和隨堂測驗，供讀者隨時掌握學習狀況。

◎於重要章節提供「衍生性商品災難事件簿」單元，以真實案例說明不慎操作期貨與選擇權帶來的傷害。

◎每章皆附有期貨業務員、期貨分析師等考古題。

國貿業務丙級檢定學術科教戰守策

張瑋／編著

本書內容主要是依據勞動部最新公告國貿業務丙級技能檢定學術科測試參考資料內容所編撰而成，其特色為：

◎學科部分

在每單元前增加重點提示，讓讀者不僅能釐清觀念，更能理解幫助記憶，達到背過即不忘之功夫。

◎術科部分

國貿業務丙級技能檢定術科所涵蓋的五大部分都有完整的重點提示，且放入模擬試題，幫助讀者從練習中達到學習的效果。

◎模擬試題

附有五回合完整的仿真模擬試題，可供讀者計算測驗時間之用。

◎最新年度試題解析

附有近兩年國貿業務丙級技能檢定術科試題解析，使讀者得以熟悉考題類型與出題趨勢。

國貿業務丙級檢定學術科試題解析

康蕙芬／編著

本書係依據勞動部公告之「國貿業務丙級技術士技能檢定」學科題庫與術科範例題目撰寫，其主要特色如下：

◎學科部分

本書將學科題庫 800 題選擇題，依據貿易流程的先後順序作有系統的分類整理。每章先作重點整理、分析，再就較難理解的題目進行解析，使讀者得以融會貫通，輕鬆記憶學科題庫，節省準備考試的時間。

◎學科部分

本書依據勞動部公告之範例分為五大章節分別解說。首先提示重點與說明解題技巧，接著附上範例與解析，最後並有自我評量單元供讀者練習。讀者只要依照本書按部就班的研讀與練習，必能輕鬆考取。

國際金融理論與實際

康信鴻／著

本書內容主要是介紹國際金融的理論、制度與實際情形。在寫作上強調理論與實際並重，文字敘述力求深入淺出、明瞭易懂，並在資料取材及舉例方面，力求本土化。

全書共分為十六章，循序描述國際金融的基本概念及演進，此外，每章最後均附有內容摘要及習題，以利讀者複習與自我測試。本次改版將資料大幅修訂成最新版本，並且新增英國脫歐之發展，讓讀者與時代穩穩接軌。

本書敘述詳實，適合修習過經濟學原理而初學國際金融之課程者，也適合欲瞭解國際金融之企業界人士，深入研讀或隨時查閱之用。

貨幣銀行學：理論與實務

楊雅惠／著

◎學習系統完善

章前導覽、架構圖引導讀者迅速掌握學習重點；重要概念上色強調，全書精華一目了然。另整理重要詞彙置於章節末，課後複習加倍便利。

◎實證佐證理論

本書配合各章節之介紹，引用臺灣最新的金融資訊佐證，例如以各國資料相互比較，分析臺灣的利率水準是否符合當前經濟基本面，使理論與實務相互結合，帶領讀者走出象牙塔，讓學習更有憑據。

◎最新時事觀點

各章皆設有「繽紛貨銀」專欄，作者以自身多年研究與實務經驗，為讀者指引方向、激發讀者思辨的能力，例如精闢分析比特幣的崛起如何影響金融市場、印度廢止鈔票是好還是壞、兩岸簽訂金融合作備忘錄會帶來什麼效果等當前重要金融現象及議題。

國家圖書館出版品預行編目資料

財務報表分析／盧文隆著.－－修訂二版一刷.－－臺
北市：三民，2020
　　面；　公分

　ISBN 978-957-14-6872-3 （平裝）
　1.財務報表 2.財務分析

495.47　　　　　　　　　　　　　　109010007

財務報表分析

作　　　者	盧文隆
發 行 人	劉振強
出 版 者	三民書局股份有限公司
地　　　址	臺北市復興北路 386 號 (復北門市) 臺北市重慶南路一段 61 號 (重南門市)
電　　　話	(02)25006600
網　　　址	三民網路書店 https://www.sanmin.com.tw
出版日期	初版一刷 2018 年 5 月 修訂二版一刷 2020 年 8 月
書籍編號	S562260
I S B N	978-957-14-6872-3